CAD/CAM/CAE 工程应用丛书·AutoCAD 系列

AutoCAD 2014 建筑设计
完全自学手册
第 2 版

刘 冰 李 波 等编著

U0322844

机械工业出版社

本书针对建筑设计领域，以 AutoCAD 2014 中文版为平台，详细而系统地介绍了 AutoCAD 在建筑设计领域的具体应用技术。本书共分为两个部分，共 13 章。第一部分（第 1～5 章）讲解了 AutoCAD 2014 软件基础及图形的绘制，包括 AutoCAD 2014 基础入门，AutoCAD 2014 绘图基础与控制，AutoCAD 2014 图形的绘制与编辑，尺寸标注与文本注释，使用块、外部参照和设计中心等；第二部分（第 6～13 章）讲解了建筑设计的相关专业知识与实用案例，包括建筑基础与 CAD 制图规范，建筑总平面图、建筑平面图、建筑立面图、建筑剖面图、建筑详图、建筑水电施工图的概述与绘制，整套办公楼施工图的绘制。

本书主要面向初、中级 AutoCAD 用户和建筑设计人员，适合作为建筑院校相关课程的教材和教学参考用书，并配套 PPT 课件。本书配套光盘中不仅提供了书中的实例文件，而且提供了多媒体教学视频。

图书在版编目（CIP）数据

AutoCAD 2014 建筑设计完全自学手册/刘冰等编著 . —2 版 . —北京：机械工业出版社，2014.10

（CAD/CAM/CAE 工程应用丛书）

ISBN 978-7-111-48474-5

Ⅰ．①A…　Ⅱ．①刘…　Ⅲ．①建筑设计—计算机辅助设计—AutoCAD 软件—手册　Ⅳ．①TU201.4-62

中国版本图书馆 CIP 数据核字（2014）第 260949 号

机械工业出版社（北京市百万庄大街 22 号　邮政编码 100037）
策划编辑：张淑谦　　责任校对：张艳霞
责任编辑：张淑谦　　责任印制：乔　宇
北京机工印刷厂印刷（三河市南杨庄国丰装订厂装订）
2015 年 1 月第 2 版·第 1 次印刷
184mm×260mm·28.75 印张·714 千字
0 001—3 000 册
标准书号：ISBN 978-7-111-48474-5
　　　　　ISBN 978-7-89405-606-1（光盘）
定价：79.00 元（含 1DVD）

凡购本书，如有缺页、倒页、脱页，由本社发行部调换
电话服务　　　　　　　　　　网络服务
服务咨询热线：(010) 88361066　机工官网：www.cmpbook.com
读者购书热线：(010) 68326294　机工官博：weibo.com/cmp1952
　　　　　　　(010) 88379203　教育服务网：www.cmpedu.com
封面无防伪标均为盗版　　金书网：www.golden-book.com

前　言

随着科学技术的不断发展，计算机辅助设计（CAD）技术也得到了改进和完善，而美国 Autodesk 公司的 AutoCAD 是目前应用较为广泛的 CAD 设计软件之一，在 20 多年的发展过程中，AutoCAD 相继进行了 20 多次升级，每次升级都带来一次功能的大幅提升，AutoCAD 2014 简体中文版已于 2013 年 3 月正式面世。

目前，绝大多数工程设计类人员均已采用计算机制图。如果读者希望从事建筑设计（如建筑设计、结构设计、室内设计、景观园林）工作，掌握 AutoCAD 软件设计和建筑设计技能，那么本书将会给读者提供较大帮助。本书共分为两部分，13 章。

第一部分（第 1～5 章）讲解了 AutoCAD 2014 软件基础及图形的绘制，包括 AutoCAD 2014 基础入门，AutoCAD 2014 绘图基础与控制，AutoCAD 2014 图形的绘制与编辑，尺寸标注与文本注释，使用块、外部参照和设计中心等。

第二部分（第 6～13 章）讲解了建筑设计的相关专业知识与实用案例，包括建筑基础与 CAD 制图规范，建筑总平面图的概述与绘制方法，建筑平面图的概述与绘制方法，建筑立面图的概述与绘制方法，建筑剖面图的概述与绘制方法，建筑详图的概述与绘制方法，建筑水电施工图的概述与绘制方法，整套办公楼施工图的绘制。

读者可以在工作和学习之余学习这门技术，在认真学完本书后，读者不仅会更加热衷于建筑设计，还有可能成为一位建筑设计高手。

再版升级的特点

《AutoCAD 2011 建筑设计完全自学手册》自 2011 年 4 月出版以来，受到了市场和读者的广泛好评，应广大读者的要求，我们修订再版了《AutoCAD 2014 建筑设计完全自学手册》。与 AutoCAD 2011 版相比，本书有以下几大特点。

1）内容丰富，结构清晰：从 AutoCAD 软件与建筑施工图绘制的实际应用出发，以 AutoCAD 2014 版本为基础，详细全面地介绍了 AutoCAD 辅助设计、各种建筑施工图的概述与绘制方法，使读者掌握技能，获得经验，快速成为建筑施工图绘制的高手。

2）专家编写，实战演练：由多位权威专业讲师和建筑工程师联合编写，融入作者多年的操作经验和绘图心得；针对主要知识点，通过实例进行配套学习，并在每章的最后进行课后练习和项目测试。

3）视频教学，配套课件：随书附赠的 DVD 光盘中，包含近 500 分钟的实例教学视频，手把手教会读者学习软件知识和实例操作；120 多个与图书相关的素材和实例文件，读者可以轻松对照练习；为满足教学与教师的需要，特别制作了 PPT 课件，解决教学难题。

4）技巧点拨，网络交流：关键内容讲解透彻，通过"软件技能"和"专业点滴"板块突出讲解，图解操作步骤，讲解细致，版式美观；提供 QQ 群（322791020），网络在线解答读者的学习问题，并提供无限的下载资源。

本书的读者对象

1）相关计算机培训机构及工程培训人员。

2）具备建筑专业的工程师和设计人员。

3）对 AutoCAD 软件感兴趣的读者。

4）各高等院校及高职高专的辅助设计专业的师生。

附赠光盘内容

1）本书所涉及的全部素材及实例文件。

2）本书所有实例的有声视频录像。

3）专门为教师提供的 PPT 教学课件。

学习 AutoCAD 软件的方法

AutoCAD 辅助设计软件可通过多种方法执行某个工具或命令，如工具栏、命令行、菜单栏、面板等。但是，学习任何一门软件技术，都需要坚持不懈的努力和自我思考。

因此，作者推荐以下 6 点学习技巧，希望读者严格要求自己进行学习：

1）制订目标，克服盲目；2）循序渐进，不断积累；3）提高认识，加强应用；4）熟能生巧，自学成才；5）巧用 AutoCAD 帮助文件；6）活用网络解决问题。

本书创作团队

本书主要由刘冰、李波编写，参与本书编写的人员还有师天锐、刘升婷、王利、李友、郝德全、王洪令、汪琴、张进、徐作华、姜先菊、王敬艳、李松林、冯燕、黎铮等。

感谢您选择了本书，希望我们的努力对您的工作和学习有所帮助，也希望您把对本书的意见和建议告诉我们（邮箱：helpkj@163.com　　QQ 高级群：329924658、15310023）。书中难免有疏漏与不足之处，敬请专家和读者批评指正。

目 录

第 1 章　AutoCAD 2014 基础入门

本章导读

随着计算机辅助绘图技术的不断普及和发展，计算机绘图全面代替手工绘图已成为必然趋势，只有熟练地掌握计算机图形的生成技术，才能够灵活自如地在计算机上表现自己的设计才能。

本章首先讲解了 AutoCAD 2014 的新增功能及操作界面，再讲解了图形文件的新建、打开、保存、输入与输出等操作，然后讲解了 AutoCAD 选项参数的设置、图形单位和界限的设置等，最后讲解了 AutoCAD 中命令的命令方法、系统变量的设置、鼠标的操作等，使用户初步掌握 AutoCAD 2014 软件的基础。

主要内容

- ☑ 了解 AutoCAD 2014 的新增功能和界面环境
- ☑ 熟练 AutoCAD 的文件管理操作
- ☑ 熟练掌握 AutoCAD 的绘图环境与工作空间设置
- ☑ 掌握命令的使用方法与系统变量的设置

效果预览

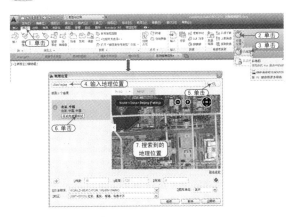

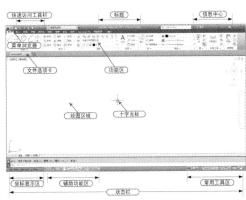

1.1 初步认识 AutoCAD 2014

AutoCAD 2014 软件是美国 Autodesk 公司开发的产品,是世界上目前应用最广泛的 CAD 软件之一。它已经在机械、建筑、航天、造船、电子、化工等领域得到了广泛应用,并且取得了较大的成果和巨大的经济效益。

1.1.1 AutoCAD 2014 的新增功能

从 AutoCAD 的不同版本可以看到,每一个新的版本都新增了相应的功能,在 AutoCAD 2014 版本中,主要新增了以下一些主要功能。

1. 自动更正、同义词、自定义搜索功能

如果命令输入错误,不会再显示"未知命令",而是会自动更正成最接近且有效的 AutoCAD 命令。例如,如果输入了"TABEL",就会自动启动 TABLE 命令,如图 1-1 所示。

用户还可以自定义自动更正和同义词条目:在"管理"选项卡中,通过在"编辑别名"下拉菜单中选择"编辑自动更正列表"或者"编辑同义词列表",来设置适合自己的拼写与更正的词汇,如图 1-2 所示。

图 1-1 自动更正命令

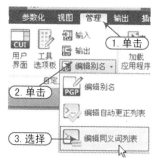

图 1-2 编辑自动更正

若要自定义搜索内容,可以在命令行单击鼠标右键,在弹出的快捷菜单中,选择"输入搜索选项"命令,如图 1-3 所示弹出"输入搜索选项"对话框,如图 1-4 所示,会发现 AutoCAD 2014 在命令行中新增了块、图层、图案填充、文字样式、标注样式、视觉样式等搜索内容类型。

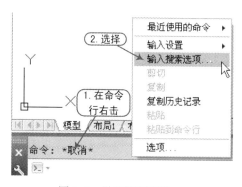

图 1-3 设置搜索选项

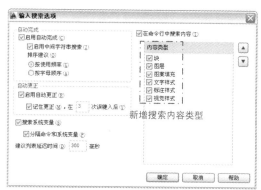

图 1-4 新增搜索内容类型

例如，在命令行中输入"CROSS"，在同义词搜索中，将会看到图案填充的样例名"图案填充：CROSS"，选择该命令，即可通过命令行对图形进行填充操作，如图1-5所示。

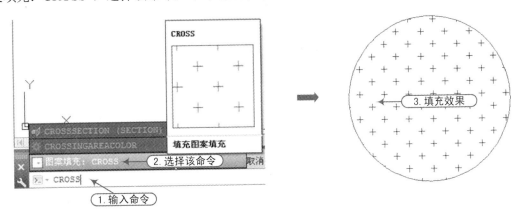

图1-5 应用命令行填充

2. 绘图增强

AutoCAD 2014包含了大量的绘图增强功能以帮助用户更高效地完成绘图。

1）圆弧：按住〈Ctrl〉键来切换要绘制的圆弧的方向，这样可以轻松地绘制不同方向的圆弧，如图1-6所示。

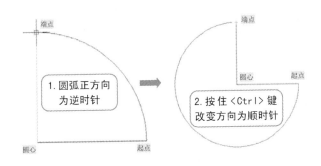

图1-6 切换绘制圆弧的方向

2）多段线：在AutoCAD 2014中，多段线可以通过自我圆角来创建封闭的多段线，如图1-7所示。而在AutoCAD 2014以前的版本中，对未封闭多段线进行圆角或倒角时，会提示"无效"。

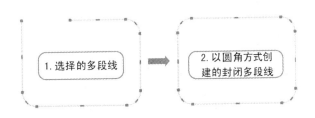

图1-7 以圆角方式创建封闭多段线

3. 图形文件选项卡

AutoCAD 2014 版本提供了图形选项卡工具条，该功能在打开的图形间切换或创建新图形时非常方便。

可以使用"视图"选项卡中的"文件选项卡"按钮来打开或关闭图形选项卡工具条。当文件选项卡打开后，在图形区域上方会显示所有已经打开的图形的选项卡，如图 1-8 所示。图形选项卡是以打开文件的顺序来显示的，可以拖动选项卡来更改图形的位置。

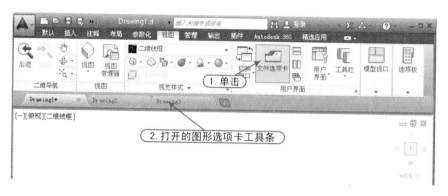

图 1-8　启用"图形选项卡工具条"

如果因打开的图形过多而已经没有足够的空间来显示所有的图形选项卡，就会在其右端出现一个浮动菜单，如图 1-9 所示。

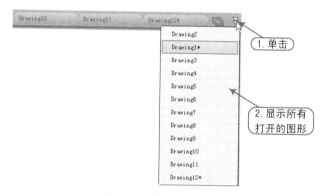

图 1-9　访问隐藏的图形

在图形选项卡工具条上单击鼠标右键，将弹出快捷菜单，可以新建、打开或关闭文件。用户可以关闭除当前文件外的其他所有已打开的文件，但不关闭软件程序，如图 1-10 所示，也可以复制文件的全路径到剪贴板或打开资源管理器并定位到该文件所在的目录。

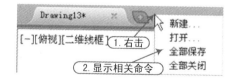

图 1-10　右键快捷菜单

图形右边的加号图标可用于新建图形，新建图形后，其选项卡会自动添加进来。

4. 图层的排序与合并功能

在 AutoCAD 中，显示功能区上的图层数量增加了，且图层以自然数序列显示出来。例如，假设图层名称是 1、4、25、6、21、2、10，现在的排序法是 1、2、4、6、10、21、25，而不像以前的 1、10、2、21、25、4、6。

在图层管理器上新增了合并选择，它可以从图层列表中选择一个或多个图层，并将在这些层上的对象合并到其他图层中，而被合并的图层将会自动被图形清理掉。

5. 地理位置

AutoCAD 2014 在支持地理位置方面有较大的增强，只要按如图 1-11 所示登录 Autodesk 360，就能将"实时地图数据"添加到所绘制的图形中。

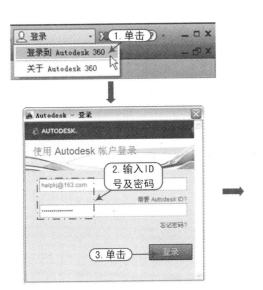
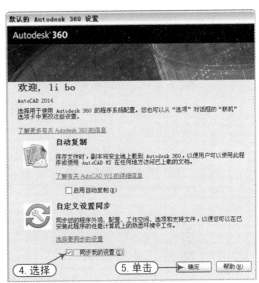

图 1-11　登录 Autodesk 360

当用户登录到 Autodesk 账户时，实时地图数据按如图 1-12 所示在 AutoCAD 2014 中将自动变成可用状态。当要从地图中指定地理位置时，可以搜索一个地址或经纬度。如果发现多个结果，可以在结果列表中单击每一个搜索结果来查看相应的地图，还可以显示这个地图的道路或航拍资料。

6. AutoCAD 点云支持

点云功能在 AutoCAD 2014 中得到增强，除了以前版本支持的 PCG 和 ISD 格式外，还支持插入由 Autodesk ReCap 产生的点云投影（RCP）和扫描（RCS）文件。

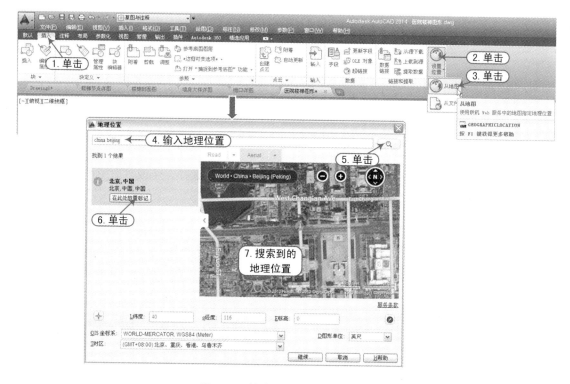

图 1-12　搜索到的实时地图数据

用户可以使用"插入"选项卡的"点云"面板上的"附着"工具来选择点云文件。

1.1.2　AutoCAD 2014 的启动与退出

与大多数应用软件一样，要启动 AutoCAD 2014 软件，可以通过以下任意一种方法。

☑　依次选择"开始｜程序｜Autodesk｜AutoCAD 2014-简体中文（Simplified Chinese）｜AutoCAD 2014-简体中文（Simplified Chinese）"命令，如图 1-13 所示。

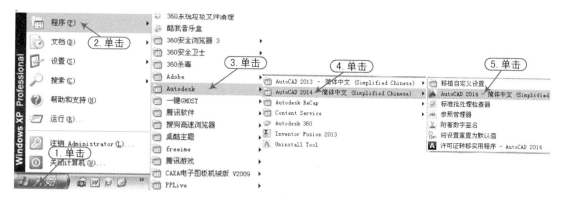

图 1-13　启动 AutoCAD 2014

- ☑ 成功安装 AutoCAD 2014 软件后，双击桌面上的 AutoCAD 2014 图标 。
- ☑ 打开任意一个 dwg 图形文件。
- ☑ 在 AutoCAD 2014 的安装文件夹中双击 acad.exe 执行文件。

要退出 AutoCAD 2014 软件，可以通过以下任意一种方法。

- ☑ 依次选择"文件丨退出"菜单命令。
- ☑ 在命令行中输入"Quit"或"Exit"命令后按〈Enter〉键。
- ☑ 在键盘上按〈Alt+F4〉组合键。
- ☑ 在 AutoCAD 2014 软件环境中单击右上角的"关闭"按钮 。

在退出 AutoCAD 2014 时，如果当前所编辑的图形对象没有得到最后的保存，此时会弹出如图 1-14 所示的对话框，提示用户是否对当前的图形文件进行保存操作。

图 1-14 提示是否保存

1.1.3 AutoCAD 2011 的工作界面

AutoCAD 软件从 2009 版本开始，其界面发生了比较大的改变，提供了多种工作空间模式，即"草图与注释""三维基础""三维建模"和"AutoCAD 经典"。

1. "草图与注释"工作空间

当用户启动 AutoCAD 2014 软件时，系统将以默认的"草图与注释"工作空间模式进行启动。"草图与注释"工作空间的界面如图 1-15 所示。

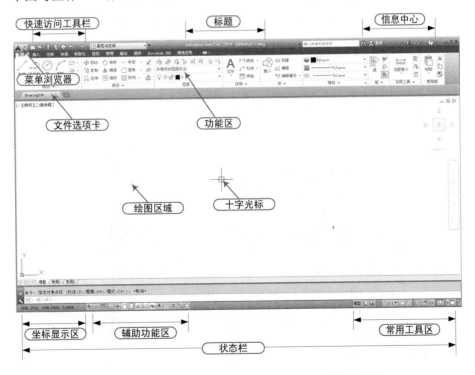

图 1-15 AutoCAD 2014 的"草图与注释"工作空间界面

在 AutoCAD 2014 中还包含"AutoCAD 经典""三维基础""三维建模"等工作空间。由于 AutoCAD 的"三维建模""三维基础"工作空间模式是针对 AutoCAD 三维设计部分的，所以这里讲解最常用的"草图与注释"工作空间的各个部分。

☑ 标题栏：包括"菜单浏览器"按钮、快速访问工具栏（包括"新建""打开""保存""另存为""打印""放弃""重做"等按钮）、软件名称、标题名称、搜索框、"登录"按钮、窗口控制区（即"最小化"按钮、"最大化"按钮、"关闭"按钮），如图 1-16 所示。

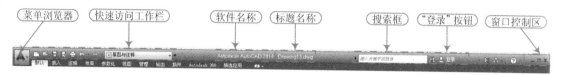

图 1-16　标题栏

☑ 标签与面板：在标题栏下侧是标签，在每个标签下包括许多面板。例如，"默认"选项卡下包括"绘图""修改""图层""注释""块""特性""组""实用工具""剪贴板"等面板，如图 1-17 所示。

图 1-17　标签与面板

在标签栏的最右侧显示了一个三角按钮，用户单击此按钮可以将面板折叠成不同的样式，如图 1-18 所示。

图 1-18　切换为不同样式的面板

☑ 菜单栏和工具栏：在 AutoCAD 2014 的"草图与注释"工作空间状态下，菜单栏和工具栏处于隐藏状态。

如果要显示菜单栏，那么在标题栏的"工作空间"右侧单击倒三角按钮，弹出"自定义快速访问工具栏"列表，从中选择"显示菜单栏"，即可显示 AutoCAD 的常规菜单栏，如图 1-19 所示。

图 1-19　显示菜单栏

如果要将 AutoCAD 的常规工具栏显示出来，用户可以选择"工具 | 工具栏"菜单项，从弹出的下级菜单中选择相应的工具栏即可，如图 1-20 所示。

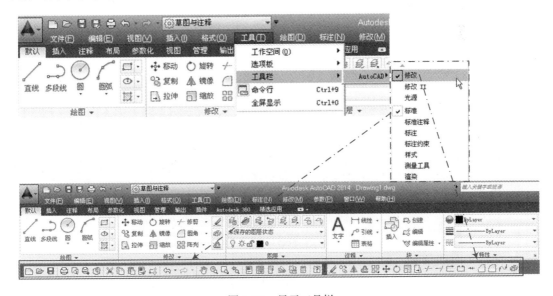

图 1-20　显示工具栏

☑ 菜单浏览器：窗口左上角的按钮▲为"菜单浏览器"按钮，单击该按钮会出现下拉菜单，其中有"新建""打开""保存""另存为""输出""打印""发布"等命令，另外还新增加了很多新的项目，如"最近使用的文档"▣、"打开文档"▣、"选项"和"退出 Autodesk AutoCAD 2014"按钮，如图 1-21 所示。

☑ 快捷菜单：AutoCAD 2014 的快捷菜单通常会出现在绘图区、状态栏、工具栏、模型或"布局"选项卡的快捷菜单中，该菜单中显示的命令与右击对象及当前状态相关，会根据不同的情况出现不同的快捷菜单命令，如图 1-22 所示。

图 1-21　菜单浏览器

图 1-22　快捷菜单

☑ 绘图窗口：用于绘制和编辑图形的主要区域，还包括坐标系、光标符号、视图方向控制盘、视图控制栏等，如图 1-23 所示。

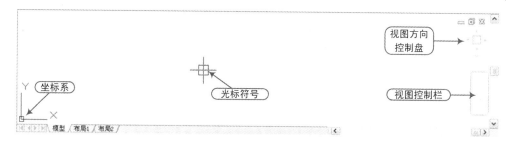

图 1-23　绘图区

☑ 命令行：在绘图区的下侧为命令行，用于显示提示信息和输入数据，如命令、绘图模式、变量名、坐标值和角度值等，如图 1-24 所示。

图 1-24　命令行

用户可以按〈F2〉键将命令行转换为"文本窗口",再按〈F2〉键即可关闭"文本窗口",如图 1-25 所示。

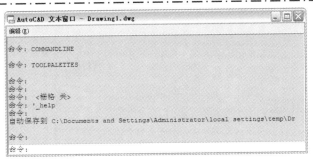

图 1-25 文本窗口

☑ 状态栏:状态栏位于 AutoCAD 2014 工作界面的最下方,包括当前光标的状态、功能切换按钮、注释比例、控制按钮等,如图 1-26 所示。

图 1-26 状态栏

2．"AutoCAD 经典"工作空间

在 AutoCAD 2014 的状态栏中,单击右下侧的 按钮,如图 1-27 所示,然后从弹出的菜单中选择"AutoCAD 经典"项,即可将当前工作空间模式切换到"AutoCAD 经典"工作空间模式,如图 1-28 所示。

图 1-27 切换工作空间模式

本书以最常用的"AutoCAD 经典"工作空间来进行讲解,因此,在后面的学习中,如果出现选择"…丨…"菜单命令,则表示当前的操作是在"AutoCAD 经典"工作空间中进行的。同样,如果出现在"……"工具栏中单击"……"按钮,则同样是在"AutoCAD 经典"工作空间中进行的。

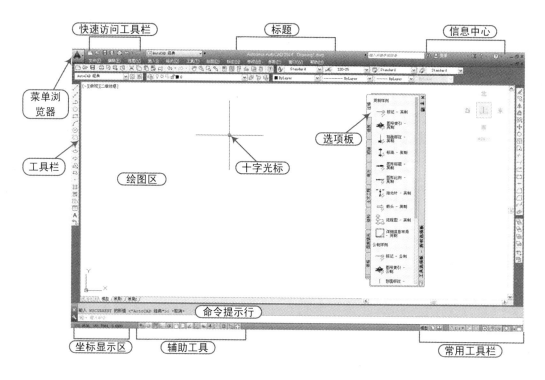

图 1-28 "AutoCAD 经典"空间模式

 软件技能

1.2 图形文件的管理

同许多应用软件一样，AutoCAD 2014 的图形文件管理操作包括文件的新建、打开、保存、加密、输入及输出等，下面将详细讲解。

 ### 1.2.1 新建图形文件

当用户启动 AutoCAD 2014 软件后，系统将以默认的样板文件为基础创建 Drawing1.dwg 文件，并进入到之前设置好的工作界面环境。

在 AutoCAD 2014 中创建新的图形文件，用户可以按照以下方式来操作。

☑ 菜单栏：选择"文件丨新建"菜单命令。

☑ 工具栏：单击快速访问工具栏的"新建"按钮 □。

☑ 命令行：在命令行中输入或动态输入"New"命令（快捷键〈Ctrl+N〉）。

以上任意一种方法都可以创建新的图形文件，此时将打开"选择样板"对话框，单击"打开"按钮，从中选择相应的样板文件来创建新图形，此时在右侧的"预览"框中将显示出该样板的预览图像，如图 1-29 所示。

利用样板来创建新图形，可以避免每次绘制新图时都需要进行的有关绘图设置的重复操作，不仅提高了绘图效率，而且保证了图形的一致性。样板文件中通常含有与绘图相关的一些通用设置，如图层、线性、文字样式、尺寸标注样式、标题栏和图幅框等。

若用户在命令行中输入"Startup"命令,并将系统的变量设置为 1(开),且将"Filedia"变量设置为 1(开),则在新建文件时将打开"创建新图形"对话框,从而可以按照"从草图开始""使用样板"和"使用向导"三种方式来创建图形文件,如图 1-30 所示。

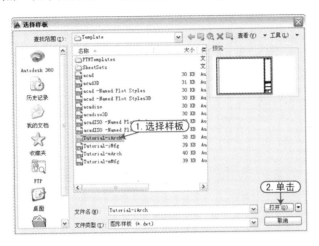

图 1-29 "选择样板"对话框   图 1-30 "创建新图形"对话框

AutoCAD 样板文件的路径

软件技能

用户如果要查找样板文件的路径,可选择"工具|选项"菜单命令,打开"选项"对话框,在"文件"选项卡下的列表框中即可找到样板图形文件及图纸集样板文件的路径。打开该路径,即可看到该路径下面的所有样板图形文件及图纸集样板文件,如图 1-31 所示。

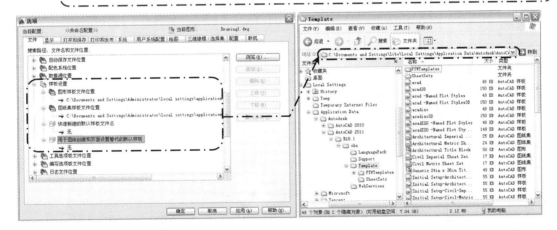

图 1-31 样板文件的保存位置

1.2.2 打开图形文件

如果用户需要对已有的 dwg 图形文件进行修改,可通过以下三种方式打开 dwg 图形文件进行绘制并修改。

☑ 菜单栏：选择"文件丨打开"菜单命令。

☑ 工具栏：单击快速访问工具栏的"打开"按钮 📂。

☑ 命令行：在命令行中输入或动态输入"Open"命令（快捷键〈Ctrl+O〉）。

启动打开文件命令之后，即可打开"选择文件"对话框，选择需要打开的图形文件，则在右侧的"预览"框中将显示该图形文件的预览效果，然后单击右下侧的"打开"按钮，即可打开图形文件，如图 1-32 所示。

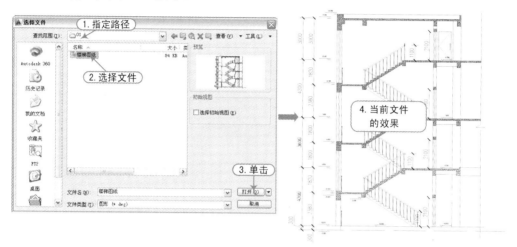

图 1-32 打开图形文件

软件技能　　　在"选择文件"对话框的"打开"按钮右侧有一个倒三角按钮，单击该按钮，将显示出 4 种打开文件的方式，即"打开""以只读方式打开""局部打开"和"以只读方式局部打开"。若用户选择了"局部打开"选项，此时将弹出"局部打开"对话框，在右侧列表框中勾选需要打开的图层对象，然后单击"打开"按钮，则会显示勾选的图层对象，从而大大地加快了打开文件的速度，如图 1-33 所示。

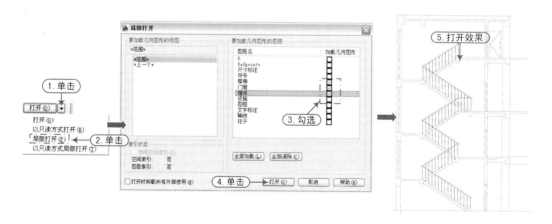

图 1-33 局部打开图形文件

1.2.3 保存图形文件

在计算机上进行任何文件处理的时候，都要养成随时保存文件的习惯，防止出现电源故障或发生其他意外事件时图形及其数据丢失，操作的最终结果也要保存完整。在 AutoCAD 2014 环境中，由于用户在新建 dwg 图形文件时，系统是以默认的 Drawing*N*.dwg（*N* 为数字序号）文件进行命名的，为了使绘制的 dwg 图形文件更加易识别，用户可通过以下三种方式对图形文件进行保存。

☑ 菜单栏：选择"文件 | 保存"或"文件 | 另存为"菜单命令。

☑ 工具栏：单击快速访问工具栏的"保存"按钮 🖫。

☑ 命令行：在命令行中输入或动态输入"Save"命令（快捷键〈Ctrl+S〉）。

启动保存文件命令之后，即可打开"图形另存为"对话框，用户指定图形文件的保存位置、文件名称和类型过后，再单击右侧的"保存"按钮即可，如图 1-34 所示。

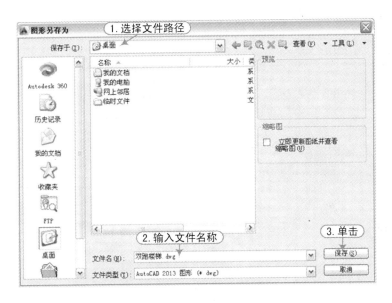

图 1-34　保存图形文件

 　　用户在 AutoCAD 环境中绘制图形时，可以设置每间隔 10min 或 20min 等进行保存。具体操作为：选择"工具 | 选项"菜单命令，将打开"选项"对话框，在"打开和保存"选项卡下勾选"自动保存"复选框，并在"保存间隔分钟数"文本框中输入时间（如 10），然后单击"确定"按钮即可，如图 1-35 所示。

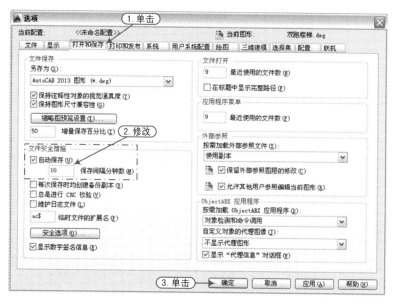

图 1-35　设置保存时间

 1.2.4　加密图形文件

　　用户可以将在 AutoCAD 中绘制的图形文件进行加密保存，以防不知道密码的用户打开该图形文件。在"图形另存为"对话框中，单击右上侧的"工具"菜单，在弹出的菜单中选择"安全选项"命令，将弹出"安全选项"对话框，输入两次相同的密码，然后单击"确定"即可，如图 1-36 所示。

图 1-36　对图形文件加密

　　当对文件进行加密保存后，下次再打开该图形文件时，系统将弹出"密码"对话框，并提示用户输入正确的密码才能打开，如图 1-37 所示。

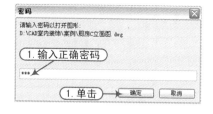

图 1-37　打开加密的文件

1.2.5　输入与输出图形文件

AutoCAD 2014 提供了图形输入与输出接口，不仅可以将其他应用程序中处理好的数据传送给 AutoCAD 以显示其图形，还可以导出其他格式的图形文件，或者把它们的信息传送给其他应用程序。

1. 输入图形文件

在 AutoCAD 2014 环境中，选择"文件｜输入"菜单命令，将弹出"输入文件"对话框，从中选择需要输入到 AutoCAD 2014 环境中的图形类型和文件名称，然后单击"打开"按钮即可，如图 1-38 所示。

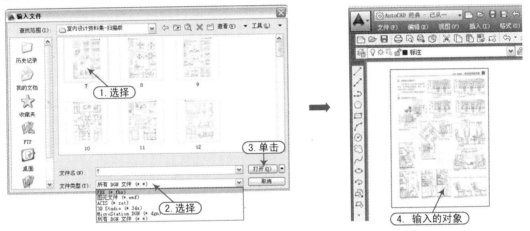

图 1-38　输入图形文件

2. 插入 OLE 对象

在 AutoCAD 2014 环境中，用户可以将其他的对象插入到当前的图形文件中。选择"插入｜OLE 对象"菜单命令，将弹出"插入对象"对话框，在"对象类型"列表框中选择相应的对象类型，此时将启动相应的程序，并根据该程序的操作方法输入相应的数据及内容后关闭并返回，则在 AutoCAD 环境中将显示该对象的内容，如图 1-39 所示。

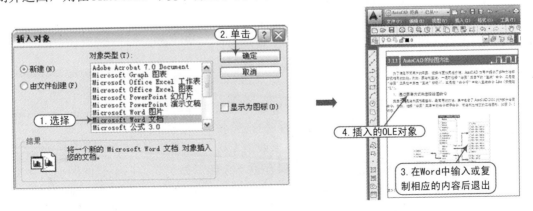

图 1-39　插入的 Word 对象

3．输出图形文件

在 AutoCAD 环境中除了可以将其打开并绘制的图形保存为 dwg 或 dwt 文件之外，还可以将其图形对象输出为其他类型的文件，如 dwf、wmf、bmp 等。选择"文件 | 输出"菜单命令，将弹出"输出数据"对话框，选择输出的路径、类型（如 bmp）和文件名，再单击"保存"按钮，然后系统提示选择要输出的对象即可，这时用户可以使用"画图"等程序打开输出的图形对象观看、修改等，如图 1-40 所示。

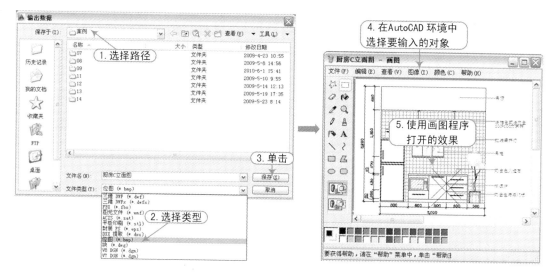

图 1-40　输出图形对象

 ### 1.2.6　关闭图形文件

要关闭当前视图中的文件，可使用以下方法。

☑ 执行"文件 | 关闭（Close）"菜单命令。

☑ 单击窗口控制区的"关闭"按钮✕。

☑ 按〈Ctrl+Q〉组合键。

☑ 在命令行中输入"Quit"命令或"Exit"命令并按〈Enter〉键。

通过以上任意一种方法，可对当前图形文件进行关闭操作。如果当前图形有所修改而没有存盘，系统将打开 AutoCAD 警告对话框，询问是否保存图形文件，如图 1-41 所示。

单击"是（Y）"按钮或直接按〈Enter〉键，可以保存当前图形文件并将其关闭；单击"否（N）"按钮，可以关闭当前图形文件但不存盘；单击"取消"按钮，取消关闭当前图形文件的操作，既不保存也不关闭。如果当前所编辑的图形文件没命名，那么单击"是"（Y）按钮后，AutoCAD 会打开"图形另存为"对话框，要求用户确定图形文件存放的位置和名称。

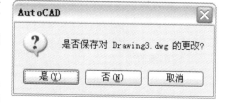

图 1-41　AutoCAD 警告对话框

软件
技能

1.3 设置绘图环境

在 AutoCAD 环境中绘制图形之前，首先应对其环境进行设置，包括选项参数的设置、图形单位的设置、图形界面的设置、工作空间的设置等。

1.3.1 显示的设置

执行"工具 | 选项"命令（快捷命令为"OP"），在弹出的"选项"对话框中，对"显示"选项卡进行设置。"显示"选项卡用于设置是否显示 AutoCAD 屏幕菜单、是否显示滚动条、是否在启动时最小化 AutoCAD 窗口，以及 AutoCAD 图形窗口和文本窗口的颜色和字体等，如图 1-42 所示。

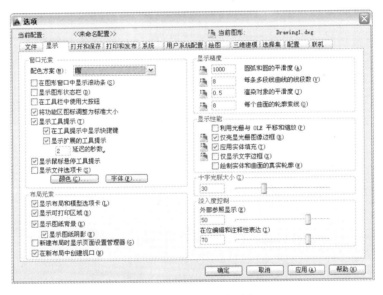

图 1-42 "显示"选项卡

单击"颜色"按钮，将弹出"图形窗口颜色"对话框，在"上下文"列表框中选择其中一项，并在"界面元素"列表框中选择要修改颜色的元素，然后在"颜色"下拉列表中选择一种新颜色，单击"应用关闭"按钮退出，如图 1-43 所示。

单击"字体"按钮，将弹出"命令行窗口字体"对话框，可以在其中设置命令行文字的字体、字号和样式，如图 1-44 所示。

通过修改"十字光标大小"文本框中光标占屏幕大小的百分比数值，用户可调整十字光标的尺寸。

"显示精度"和"显示性能"选项组用于设置着色对象的平滑度、每个曲面轮廓线数等。所有这些设置均会影响系统的刷新时间与速度，并进而影响操作的流畅性。

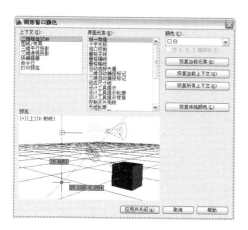

图 1-43 "图形窗口颜色"对话框

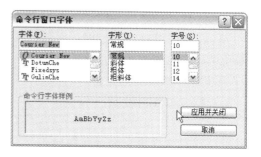

图 1-44 "命令行窗口字体"对话框

 1.3.2 用户系统配置

"用户系统配置"选项卡用于设置优化 AutoCAD 工作方式的一些选项。"插入比例"中的"源内容单位"用于设置在没有指定单位时被插入到图形中的对象的单位。"目标图形单位"用于设置没有指定单位时当前图形中对象的单位，如图 1-45 所示。

单击"线宽设置"按钮，将弹出"线宽设置"对话框。此对话框可以设置线宽的显示特性默认线宽，同时，还可以设置当前线宽，如图 1-46 所示。

图 1-45 "系统配置"对话框

图 1-46 "线宽设置"对话框

 1.3.3 设置图形单位

在绘图窗口中创建的所有对象都是根据图形单位进行测量绘制的。由于 AutoCAD 可以完成不同类型的工作，因此可以使用不同的度量单位。我国使用的是公制单位，如米、毫米等，而欧洲使用的是英制单位，如英寸、英尺等。因此开始绘图前，必须为绘制的图形确定所使用的基本绘图单位。例如，一个图形单位的距离通常表示实际单位的 1 毫米、1 厘米、1 英寸或 1 英尺。

用户可以通过以下两种方式来设置图形单位。

☑ 菜单栏：选择"格式 | 单位"菜单命令。

☑ 命令行：在命令行中输入或动态输入"Units"命令（快捷命令"UN"）。

当启动图形单位命令之后，即可弹出"图形单位"对话框，然后，用户可以根据自己的需要设置长度、角度、单位和方向等，如图 1-47 所示。

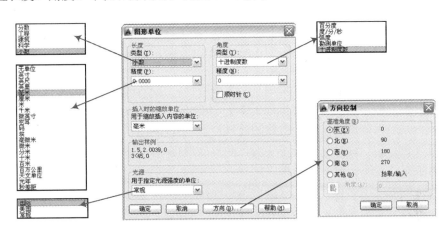

图 1-47　设置图形单位

 ### 1.3.4　设置图形界限

图形界限就是标明绘图的工作区域和边界。就像用户画画的时候，先想想怎么画图，画多大才合适。由于 AutoCAD 的空间是无限大的，设置图形界限是为了方便在这个无限大的模型空间中布置图形。

用户可以通过以下两种方式来设置图形界限。

☑ 菜单栏：选择"格式 | 图形界限"菜单命令。

☑ 命令行：在命令行中输入或动态输入"Limts"命令（快捷命令"UN"）。

执行图形界限命令之后，在命令行中将提示设置左下角点和右上角点的坐标值。例如，要设置 A3 幅面的图形界限，操作提示如图 1-48 所示。

命令: '_limits ←（1. 执行图形界限命令）

重新设置模型空间界限：

指定左下角点或 [开(ON)/关(OFF)] <0.0000,0.0000>: ←（2. 设置左下角点坐标）

指定右上角点 <420.0000,297.0000>: 297,420 ←（3. 设置纵向A3图纸幅面大小）

图 1-48　设置图形单位

是否设置图形界限，取决于图纸的布置。一般在模型空间中绘图并输出，有两种安排图形的方法。

（1）一个文件对应一张图

这时若将图形界限设置成所需的图幅，则打印出图按图形界限输出较为方便，而且可以按 1:1 绘制图形。即便表达大型的零件或建筑，也无需像手工绘图那样进行尺寸的换算。比如，以前用 1:3 的比例在 A3 图幅上绘图，必须将图形的尺寸缩小至 1/3 以适应图框，现在只要把图形界限放大 3 倍，图形仍以 1:1 绘制，在打印时再按 1:3 输出到 A3 图纸上即可，非常方便。当然，文字高度、线型比例、标注样式等均应同时放大相同倍数，输出时正好随打印比例缩放到正常大小。

（2）一个文件中同时放几张图

有的工程师沿袭 AutoCAD R14 的习惯，喜欢在模型空间同时绘制几张图，这时设置图形界限就没有什么必要了。这种做法的好处是便于图纸间比对、查看，缺点是当每张图的比例不一致的时候，设置打印样式、标注样式较为困难，打印时须进行窗口选择，也很难实现自动批处理打印。此外，若文件损坏，面临的很可能是"全军覆没"的结果。

到底采用哪种方式，取决于图纸的特点和个人的喜好。从设计的角度看，第一种方式更为有利。对于建筑图样，同一建筑物比例相对一致，在同一文件中同时排布多张图样便于比对、查看，因此很多单位一直沿用至今。

1.3.5　设置工作空间

由于 AutoCAD 的绘图功能强大，因此它的应用范围十分广泛，为了使不同的用户能够根据自己的喜好来选择相应绘图环境，AutoCAD 2014 设置了好几种工作空间。

在 AutoCAD 2014 环境中，选择"工具｜工作空间"菜单命令，即可看到多个相应的子菜单项，前面标有"√"的项表示当前的工作空间，用户可以试着选择不同的选项来查看相应的工作空间，如图 1-49 所示。

如果当前的工作空间是在"草图与注释"环境中，单击状态栏的"工作空间切换" 按钮，从而在弹出相应的菜单中进行选择即可，如图 1-50 所示。

图 1-49　选择工作空间

图 1-50　切换工作空间

1.4　使用命令与系统变量

在 AutoCAD 环境中，菜单命令、工具按钮、命令行和系统变量大都是相互对应的。如执行"直线"命令，可以选择"绘图 | 直线"命令，或单击"直线"按钮，或在命令行中输入"Line"命令，都可以完成直线的绘制。

1.4.1　使用鼠标操作命令

在绘图窗口中，光标通常显示为"十"字线形式。当光标移至菜单选项、工具或对话框内时，它会变成一个箭头。无论光标是"十"字线形式还是箭头形式，当单击或者按动鼠标键时，都会执行相应的命令或动作。在 AutoCAD 中，鼠标键是按照下述规则定义的。

☑ 拾取键：通常指鼠标左键，用于指定屏幕上的点，也可以用来选择 Windows 对象、AutoCAD 对象、工具栏按钮和菜单命令等。

☑ 回车键：指鼠标右键，相当于〈Enter〉键，用于结束当前使用的命令，此时系统将根据当前的绘图状态弹出不同的快捷菜单，如图 1-51 所示。

☑ 弹出菜单：当使用〈Shift〉键和鼠标右键的组合时，系统将弹出一个快捷菜单，用于设置捕捉点的方法，如图 1-52 所示。对于三键鼠标，鼠标的中间键通常用于打开弹出菜单。

图 1-51　右键快捷菜单

图 1-52　弹出菜单

1.4.2　使用"命令行"

在 AutoCAD 2014 中，默认情况下，"命令行"是一个可固定的窗口，可以在当前命令行提示下输入命令、对象参数等内容。在"命令行"窗口中单击鼠标右键，AutoCAD 将显示一个快捷菜单，如图 1-53 所示。在命令行中，还可以使用〈BackSpace〉或〈Delete〉键删除命令行中的文字，也可以选中命令历史，右击并执行"粘贴到命令行"命令，将其粘贴到命令行中。

图 1-53　命令行的右键菜单

　　　若用户觉得命令行窗口不能显示更多的内容，可以将鼠标置于命令行上侧，待鼠标呈 ✛ 状时上下拖动，即可改变命令行窗口的高度。如果用户发现 AutoCAD 的命令行没有显示出来，可以按〈Ctrl+9〉键对命令行进行显示或隐藏。

 1.4.3　使用透明命令

　　在 AutoCAD 中，透明命令是指在执行其他命令的过程中可以执行的命令。常使用的透明命令多为修改图形设置的命令、绘图辅助工具命令，例如 SNAP、GRID、ZOOM 等。要以透明方式使用命令，应在输入命令之前输入单引号（'）。命令行中，透明命令的提示前有一个双折号（>>）。当完成透明命令后，将继续执行原命令，如图 1-54 所示。

```
命令: c       1.输入C                        \\ 执行圆命令  2.指点圆心点
CIRCLE 指定圆的圆心或 [三点(3P)/两点(2P)/切点、切点、半径(T)]:   \\ 指定圆心点
指定圆的半径或 [直径(D)]: 'grid      3.执行透明命令         \\ 进行透明命令
>>指定栅格间距(X) 或 [开(ON)/关(OFF)/捕捉(S)/主(M)/自适应(D)/界限(L)/跟随(F)/纵横向间距(A)] <10.0000>: L
>>显示超出界限的栅格 [是(Y)/否(N)] <是>:     5.选择"是"     \\ 按<Enter>键确定"是"
正在恢复执行 CIRCLE 命令。                                      4.选择"界限L"
透明标志
指定圆的半径或 [直径(D)]:      6.指定圆半径值           \\ 捕捉点确定圆的半径
```

图 1-54　使用透明命令

 1.4.4　使用系统变量

　　在 AutoCAD 中，系统变量用于控制某些功能和设计环境、命令的工作方式，它可以打开或关闭捕捉、栅格或正交等绘图模式，设置默认的填充图案，或存储当前图形和

AutoCAD 配置的有关信息。

系统变量通常是 6～10 个字符长的缩写名称，许多系统变量有简单的开关设置。例如，系统变量 GRIDMODE 用来显示或关闭栅格，当在命令行的"输入 GRIDMODE 的新值 <1>:"提示下输入 0 时，可以关闭栅格显示；输入 1 时，可以打开栅格显示。

用户可以在对话框中修改系统变量的值，也可以直接在命令行中修改系统变量的值。例如，要使用系统变量 ISOLINES 修改曲面的线框密度，可在命令行提示下输入该系统变量名称并按〈Enter〉键，然后输入新的系统变量值并按〈Enter〉键即可，详细操作如图 1-55 所示。

命令：ISOLINES ← 1. 输入系统变量名称
输入 ISOLINES 的新值 <4>: 32 ← 2. 设置系统变量新值

图 1-55　在命令行中修改系统变量的值

1.4.5　命令的终止、撤销与重做

在 AutoCAD 环境中绘制图形时，对所执行的操作可以进行终止、撤销以及重做操作。

1. 终止命令

如果不准备执行正在进行的命令，可以将其终止。例如，在绘制直线时，在确定了直线的起点后，又觉得不需要执行直线命令，此时可以按〈Esc〉键终止；或者右键单击鼠标，从弹出的快捷菜单中选择"取消"命令。

2. 撤销命令

如果执行了错误的操作，可以通过撤销的方式取消错误的操作。例如，在视图中绘制了一个半径为 25mm 的圆，但用户马上觉得该圆的半径应为 30mm，这时用户可以选择撤销该命令后重新绘制半径为 30mm 的圆，用户可在"标准"工具栏中单击"放弃"按钮⤺，或者按快捷键〈Ctrl+Z〉键撤销最近的一次操作。

3. 重做命令

如果错误地撤销了正确的操作，可以通过重做命令进行还原。用户可在"标准"工具栏中单击"重做"按钮⤻；或者按快捷键〈Ctrl+Y〉组合键重做最近的一次操作。

1.4.6　AutoCAD 中按键的意义

在 AutoCAD 2014 中，除了在命令行中输入命令，单击工具栏按钮或执行菜单命令外，还可以通过键盘上的其他功能键和快捷键实现相应功能，见表 1-1。

表 1-1　AutoCAD 常用功能键和快捷键

快　捷　键	命　令	含　义
Ctrl+1	PROPERTIES	修改特性
Ctrl+L	ORTHO	正交

（续）

快 捷 键	命 令	含 义
Ctrl+N	NEW	新建文件
Ctrl+2	ADCENTER	设计中心
Ctrl+B	SNAP	栅格捕捉
Ctrl+C	COPYCLIP	复制
Ctrl+F	OSNAP	对象捕捉
Ctrl+G	GRID	栅格
Ctrl+O	OPEN	打开文件
Ctrl+P	PRINT	打印文件
Ctrl+S	SAVE	保存文件
Ctrl+U		极轴
Ctrl+V	PASTECLIP	粘贴
Ctrl+W		对象追踪
Ctrl+X	CUTCLIP	剪切
Ctrl+Z	UNDO	放弃
F1	HELP	帮助
F2		文本窗口
F3	OSNAP	对象捕捉
F7	GRIP	栅格
F8	ORTHO	正交
F9		捕捉模式

软件技能　　　**1.5　课后练习与项目测试**

1．选择题

1）重新执行上一个命令的最快方法是（　　　）。

 A．按〈Enter〉键　　　B．按空格键　　　C．按〈Esc〉键　　　D．按〈F1〉键

2）取消命令执行的键是（　　　）。

 A．按〈Enter〉键　　　B．按〈Esc〉键　　C．单击鼠标右键　　　D．按〈F1〉键

3）在十字光标处被调用的菜单，称为（　　　）。

 A．鼠标菜单　　　　　　　　　　B．十字交叉线菜单

 C．快捷菜单　　　　　　　　　　D．此处不出现菜单

4）在命令行状态下，不能调用帮助功能的操作是（　　　）。

 A．输入"help"命令　　　　　　　B．按快捷键〈Ctrl+h〉

 C．按功能键〈F1〉　　　　　　　D．输入"?"

5）要快速显示整个图限范围内的所有图形，可使用（　　　）命令。

 A．"视图｜缩放｜窗口"　　　　　B．"视图｜缩放｜动态"

 C．"视图｜缩放｜范围"　　　　　D．"视图｜缩放｜全部"

6）设置"夹点"的大小及颜色是在"选项"对话框中的（　　）选项卡中。

    A．打开和保存   B．系统   C．显示   D．选择

7）当启动向导时，如果选"使用样板"选项，每一个 AutoCAD 的样板图形的扩展名应为（　　）。

    A．.dwg   B．.dwt   C．.dwk   D．.tem

8）卸载菜单栏以后，可以在（　　）对话框中装载。

    A．"菜单自定义"对话框   B．"草图设置"对话框

    C．"选项"对话框   D．"自定义"对话框

9）按（　　）功能键可以进入文本窗口。

    A．功能键〈F1〉   B．功能键〈F2〉   C．功能键〈F3〉   D．功能键〈F4〉

10）设置光标大小须在"选项"对话框中的（　　）选项卡中设置。

    A．草图   B．打开和保存   C．系统   D．显示

2．简答题

1）简述 AutoCAD 2014 软件的新增功能。

2）简述 AutoCAD 图形文件的加密保存方法。

3）当丢失了菜单栏时，怎样才能将标准菜单加载？

4）要对 AutoCAD 的工具栏进行重新布局，应怎样进行调整？

3．操作题

1）通过各种方法启动 AutoCAD 2014 软件，并依次切换为不同的工作空间。

2）新建一个图形文件，在其中绘制尺寸分别为 210mm×297mm 和 297mm×210mm 的两个矩形，然后将其加密保存为"文件 1.dwg"。

3）将当前的工作空间模式切换为"草图与注释"模式，并设置图形的单位为"英寸"，图形界限为（420,297）。

4）在 AutoCAD 2014 环境中，插入 Word 对象，并在其中输入文字、表格和图形等内容。

第2章 AutoCAD 2014 绘图基础与控制

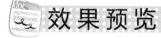 **本章导读**

通常，只要在计算机上安装了 AutoCAD 2014 软件，就可以在其默认环境中绘制电子化的图形对象；但为了更加灵活、方便、自如地在 AutoCAD 2014 环境中进行图形绘制，读者应掌握 AutoCAD 中的各种绘图方法、坐标系的表示和创建方法、图形的缩放控制、图层的操作和捕捉设计等。

在本章中，首先讲解了 AutoCAD 2014 中的各种绘图方法，介绍了 AutoCAD 的几种坐标系的表示和创建方法，接着讲解了图形对象的选择、图形的缩放与平移、视图的命名与平铺操作等，然后讲解了图层的创建、图层设置和控制操作，以及 AutoCAD 中精确绘图的辅助设计方法，最后通过"新农村住宅轴线网的绘制实例"初步讲解了图形的绘制方法。

主要内容

- ☑ 掌握 AutoCAD 中的各种绘图方法
- ☑ 掌握 AutoCAD 中坐标系的使用
- ☑ 掌握 AutoCAD 中图形对象的选择
- ☑ 掌握 AutoCAD 中图形的显示与控制
- ☑ 掌握 AutoCAD 中图层的规划与管理
- ☑ 掌握 AutoCAD 中辅助绘图功能的设置
- ☑ 练习新农村住宅轴线网的绘制实例

效果预览

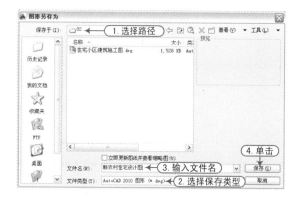

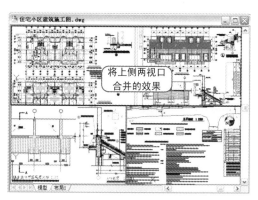

2.1 AutoCAD 的绘图方法

在 AutoCAD 环境中绘制图形，可以通过多种方法实现，如使用菜单命令、使用工具栏和面板、使用 AutoCAD 菜单命令、使用 AutoCAD 命令等。

 2.1.1 使用菜单栏

在 AutoCAD 2014 的菜单栏中提供了许多的命令，它是绘制图形最基本、最常用的方法。例如，选择"绘图"菜单中的命令或子命令，可绘制出相应的二维图形，如图 2-1 所示。

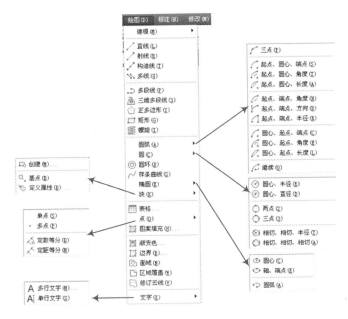

图 2-1 "绘图"菜单

 2.1.2 使用工具栏和面板

"绘图"面板和"绘图"工具栏中的每个工具按钮都与"绘图"菜单中的绘图命令相对应，是图形化的绘图命令，如图 2-2 和图 2-3 所示。

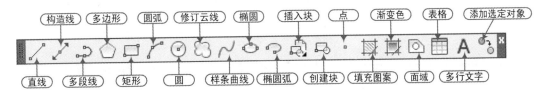

图 2-2 "绘图"工具栏

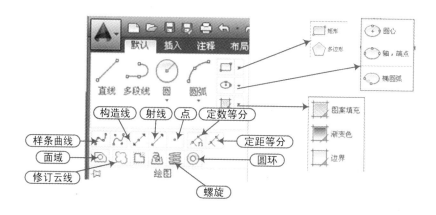

图 2-3 "绘图"面板

2.1.3 使用 AutoCAD 菜单命令

"屏幕菜单"是 AutoCAD 的另一种菜单形式。默认情况下，系统不显示"屏幕菜单"，但可以通过选择"工具 | 选项"菜单命令，打开"选项"对话框，在"显示"选项卡的"窗口元素"选项组中选中"显示屏幕菜单"复选框即可将其显示出来。如在"屏蔽菜单"中选择"绘制 1"或"绘制 2"，即可展开相应的子菜单，然后单击其中的命令（如直线），即可开始绘制直线，如图 2-4 所示。

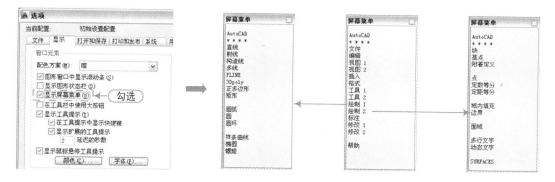

图 2-4 显示并执行屏幕菜单

2.1.4 使用 AutoCAD 命令

在命令行中输入相应的绘图命令并按〈Enter〉键，然后根据命令行的提示信息进行绘图操作。这种方法快捷、准确性高，但要求掌握绘图命令及其选择项的具体用法。

例如，在命令行中输入直线命令"Line"（快捷命令"L"）后按〈Enter〉键，并按照如下提示进行操作，如图 2-5 所示。

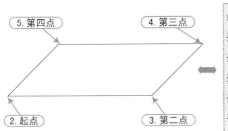

图 2-5　命令执行方式

2.2　使用坐标系

在绘图过程中常常需要使用某个坐标系作为参照，确定拾取点的位置，以便精确定位某个对象，从而可以使用 AutoCAD 提供的坐标系来准确地设计并绘制图形。

2.2.1　认识世界和用户坐标系

坐标（x,y）是表示点的最基本的方法。在 AutoCAD 2014 中，坐标系分为世界坐标系（WCS）和用户坐标系（UCS）。这两种坐标系下都可以通过（x,y）来精确定位点。

默认情况下，在开始绘制新图形时，当前坐标系为世界坐标系（WCS），它包括 X 轴和 Y 轴（如果在三维空间工作，还有一个 Z 轴）。WCS 坐标轴的交汇处显示标记"W"，但坐标原点并不在坐标系的交汇点，而是位于图形窗口的左下角，所有的位移都是相对于原点计算的，并且将 X 轴正向及 Y 轴正向规定为正方向，如图 2-6 所示。

在 AutoCAD 中，为了能够更好地辅助绘图，经常需要修改坐标系的原点和方向，这时世界坐标系将变为用户坐标系（UCS）。其坐标轴的交汇处并没有显示标记"W"，如图 2-7 所示。UCS 的原点以及 X 轴、Y 轴和 Z 轴都可以移动及旋转，甚至可以依赖于图形中某个特定的对象。尽管用户坐标系中 3 个轴之间仍然互相垂直，但是在方向及位置上却变得更加灵活、方便。

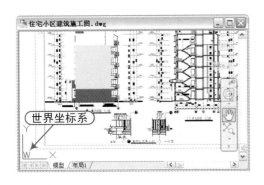

图 2-6　世界坐标系

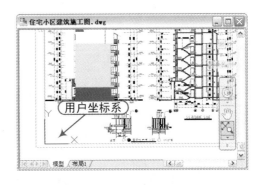

图 2-7　用户坐标系

用户可以选择"工具"菜单中的"命名 UCS"和"新建 UCS"命令及其子命令，或者在命令行中输入"UCS"来设置 UCS。例如，若当前为用户坐标系（UCS），这时用户可以在命令行中输入"UCS"命令，然后选择"世界（W）"选项，这时将转换为世界坐标系（WCS），且位于窗口的左下角，且坐标轴的交汇处显示为标记"W"。

2.2.2　绝对直角坐标

　　绝对坐标是以原点（0，0）为基点定位所有的点。输入点（x,y,z）的坐标值，在二维图形中，$z=0$ 可省略。如用户可以在命令行中输入"4,2"或"-5,4"（中间用英文逗号隔开）来定义点在 XY 平面上的位置。

　　例如，要绘制一条起点坐标为（0，3），端点为（4，3）的直线，如图 2-8 所示，命令行提示如下。

```
命令：LINE                      \\ 执行直线命令
指定第一个点：0,3               \\ 确定起点
指定下一点或 [放弃(U)]: 4,3     \\ 确定下一点
指定下一点或 [放弃(U)]:         \\ 按〈Enter〉键结束
```

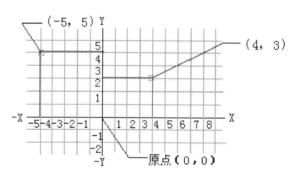

图 2-8　绝对直角坐标

2.2.3　相对直角坐标

　　相对坐标是某点（A）相对于另一特定点（B）的位置，即把前一个输入点作为输入坐标值的参考点，输入点的坐标值，位移增量为△X、△Y、△Z。其格式式为"@△X、△Y、△Z"，@符号表示输入的是相对坐标值。如"@10,20"是指该点相对于当前点沿 X 轴正向移动 10，沿 Y 轴正向移动 20。

　　再如，绘制一条直线，该直线的起点的绝对坐标为（-2,1），端点与起点之间的距离为沿 X 轴正向移动 5 个单位，沿 Y 轴正向移动 3 个单位，如图 2-9 所示，命令行提示如下。

命令：LINE	\\ 执行直线命令
指定第一个点: -2,1	\\ 确定起点
指定下一点或 [放弃(U)]: @5,3	\\ 确定下一点
指定下一点或 [放弃(U)]:	\\ 按〈Enter〉键结束

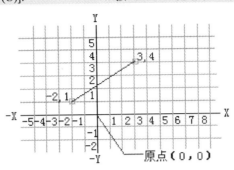

图2-9　相对直角坐标

　　以上输入坐标值的过程中，如果打开了"动态输入"，则输入第二个点以后的点的绝对坐标时，需要先输入"@"，而输入相对坐标时则无须输入"@"，系统默认设置下会自动当作相对极坐标，这一点与使用笛卡儿坐标时相同。

2.2.4　绝对极坐标

　　绝对极坐标是通过相对于极点的距离和角度来定义的，其格式为"距离＜角度"。角度以 X 轴正向为度量基准，逆时针为正，顺时针为负。绝对极坐标以原点为极点。如输入"10<20"，表示极径为10，极角为20°的点。

　　例如，以原点为起点，用绝对极坐标绘制两条直线，如图2-10所示，命令行提示如下。

命令：LINE	\\ 执行直线命令
指定第一个点: 0,0	\\ 确定起点
指定下一点或 [放弃(U)]: 4<120	\\ 确定下一点
指定下一点或 [放弃(U)]: 5<30	\\ 确定下一点
指定下一点或 [放弃(U)]:	\\ 按〈Enter〉键结束

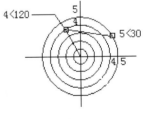

图2-10　绝对极坐标

2.2.5　相对极坐标

　　相对极坐标是以上一个操作点为极点，其格式为"@距离＜角度"。如输入"@10<20"，表示该点与上一点的距离为10，和上一点的连线与X轴成20°。

　　例如，以原点为起点，用相对极坐标绘制两条直线，如图2-11所示，命令行提示如下。

命令：LINE	\\ 执行直线命令

指定第一个点: 0,0	\\ 确定起点
指定下一点或 [放弃(U)]: @3<45	\\ 确定下一点
指定下一点或 [放弃(U)]: @5<285	\\ 确定下一点
指定下一点或 [放弃(U)]:	\\ 按〈Enter〉键结束

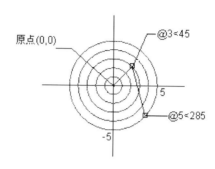

图 2-11　相对极坐标

 2.2.6　控制坐标的显示

在 AutoCAD 2014 中，坐标的显示方式有 3 种，它取决于所选择的方式和程序中运行的命令，用户可使用鼠标单击状态栏的坐标显示区域，在这 3 种方式之间进行切换，如图 2-12 所示。

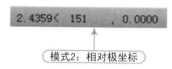

图 2-12　坐标的 3 种显示方式

☑ 模式 0: 显示上一个拾取点的绝对坐标。此时，指针坐标不能动态更新，只有在拾取一个新点时，显示才会更新。但是，从键盘输入一个新点坐标时，不会改变该显示方式。

☑ 模式 1: 显示光标的绝对坐标，该值是动态更新的，默认情况下，显示方式是打开的。

☑ 模式 2: 显示一个相对极坐标。当选择该方式时，如果当前处在拾取点状态，系统将显示光标所在位置相对于上一个点的距离和角度。当离开拾取点状态时，系统将恢复到模式 1。

 2.2.7　创建坐标系

在 AutoCAD 2014 中，选择"工具 | 新建 UCS"命令，利用它的子命令可以方便地创建 UCS，包括世界和对象等，如图 2-13 所示。

图 2-13　新建 UCS 命令

其"新建 UCS"子菜单中，各命令的含义如下。

☑ 世界：从当前的用户坐标系恢复到世界坐标系。WCS 是所有用户坐标系的基准，不能被重新定义。

☑ 上一个：从当前的坐标系恢复到上一个坐标系。

☑ 面：新 UCS 与实体对象的选定面对齐。要选择一个面，可单击该面或面的边界，被选中的面将亮显，UCS 的 X 轴将与找到的第一个面上的最近的边对齐。

☑ 对象：根据选取的对象快速简单地建立 UCS，使对象位于新的 XY 平面，其中 X 轴和 Y 轴的方向取决于选择的对象类型。

☑ 视图：以垂直于观察方向（平行于屏幕）的平面为 XY 平面，建立新的坐标系，UCS 原点保持不变。用于注释当前视图时，文字以平面方式显示。

☑ 原点：通过移动当前 UCS 的原点，保持其 X 轴、Y 轴和 Z 轴方向不变，从而定义新的 UCS。可以在任何高度建立坐标系，如果没有给原点指定 Z 轴坐标值，将使用当前标高。

☑ Z 轴矢量：用特定的 Z 轴正半轴定义 UCS。需要选择两点，第一点作为新的坐标系原点，第二点决定 Z 轴的正向，XY 平面垂直于新的 Z 轴。

☑ 三点：通过三维空间的任意位置指定 3 点，确定新 UCS 原点及其 X 轴和 Y 轴的正方向，Z 轴由右手定则确定。其中，第 1 点定义了坐标系原点，第 2 点定义了 X 轴的正方向，第 3 点定义了 Y 轴的正方向。

☑ X/Y/Z：旋转当前的 UCS 轴来建立新的 UCS。在命令行提示信息下输入正或负的角度以旋转 UCS，用右手定则来确定绕该轴旋转的正方向。

 软件技能

2.3　图形对象的选择

在 AutoCAD 2014 中，选择对象的方法很多，可以通过单击对象逐个拾取，可以利用矩形窗口或交叉窗口来选择，也可以选择最近创建的对象、前面的选择集或图形中的所有对象，还可以向选择集中添加对象或从中删除对象。

2.3.1 设置选择模式

在对复杂的图形进行编辑时，经常需要同时对多个对象进行编辑，或在执行命令之前先选择目标对象，设置合适的目标选择方式即可实现这种操作。

在 AutoCAD 2014 中，执行"工具 | 选项"菜单命令，在弹出的"选项"对话框中选择"选择集"选项卡，即可以设置拾取框大小、选择集模式、夹点大小和夹点颜色等，如图 2-14 所示。

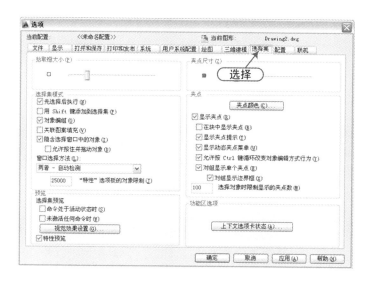

图 2-14 "选择集"选项卡

在"选择集"选项卡中，各主要选项的具体含义如下。

☑ "拾取框大小"滑块：拖动该滑块，可以设置默认拾取框的大小，如图 2-15 所示。

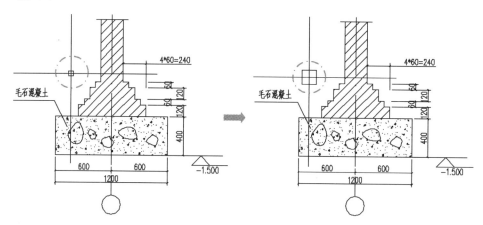

图 2-15 拾取框大小比较

☑ "夹点尺寸"滑块：拖动该滑块，可以设置夹点标记的大小，如图 2-16 所示。

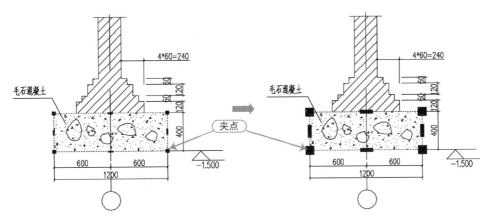

图 2-16　夹点大小对比

☑ "预览"选项组：在"预览"选项组中可以设置"命令处于活动状态时"和"未激活任何命令时"是否显示选择集预览。若单击"视觉效果设置"按钮，将打开"视觉效果设置"对话框，从而可以设置选择预览效果和选择有效区域，如图2-17所示。

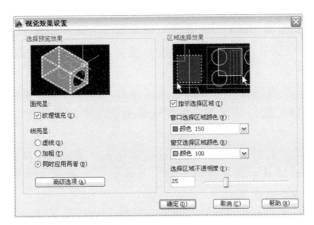

图 2-17　"视觉效果设置"对话框

在"视觉效果设置"对话框中，在"窗口选择区域颜色"和"窗交选择区域颜色"下拉列表框中选择相应的颜色进行比较，如图 2-18 所示。拖动"选择区域不透明度"滑块，可以设置选择区域的颜色透明度，如图2-19所示。

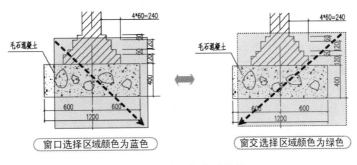

图 2-18　窗口与交叉选择

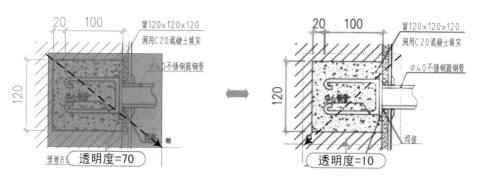

图 2-19　不同的选择区域透明度对比

☑ "先选择后执行"复选框：若选中该复选框，则可先选择对象，再选择相应的命令。但是，无论该复选框是否被选中，都可以先执行命令，再选择要操作的对象。

☑ 用 Shift 键添加到选择集"复选框：若选中该复选框，则表示在未按住〈Shift〉键时，后面选择的对象将代替前面选择的对象，而不加入到对象选择集中。要想将后面的选择对象加入到选择集中，则必须在按住〈Shift〉键时单击对象。另外，按住〈Shift〉键并选取当前选中的对象，还可将其从选择集中清除。

☑ "对象编组"复选框：设置对象是否可以成组。默认情况下，该复选框被选中，表示选择组中的一个成员就选择了整个组。但是，此处所指的组并非临时组，而是由 Group 命令创建的命名组。

☑ "关联图案填充"复选框：该复选框决定当用户选择关联图案时，原对象（即图案边界）是否被选择。默认情况下，该复选框未被选中，表示选中关联图案时，不同时选中其边界。

☑ "隐含选择窗口中的对象"复选框：默认情况下，该复选框被选中，表示可利用窗口选择对象。若取消选中该复选框，将无法使用窗口来选择对象，即单击时要么选择对象，要么返回提示信息。

☑ "允许按住并拖动对象"复选框：该复选框用于控制如何产生选择窗口或交叉窗口。默认情况下，该复选框未被选中，表示在定义选择窗口时单击一点后，不必再按住鼠标按键，单击另一点即可定义选择窗口。否则，若选中该复选框，则只能通过拖动方式来定义选择窗口。

图 2-20　"夹点颜色"对话框

☑ "夹点颜色"按钮：用于设置不同状态下的夹点颜色。单击该按钮，将打开"夹点颜色"对话框，如图 2-20 所示。

◆ "未选中夹点颜色"下拉列表框：用于设置夹点未选中时的颜色。

◆ "选中夹点颜色"下拉列表框：用于设置夹点选中时的颜色。

◆ "悬停夹点颜色"下拉列表框：用于设置光标暂停在未选定夹点上时该夹点的填充颜色。

◆ "夹点轮廓颜色"下拉列表框：用于设置夹点轮廓的颜色。

☑ "显示夹点"复选框：控制夹点在选定对象上的显示。由于在图形中显示夹点会明显降低性能，因此用户可根据需要不勾选此选项，从而优化性能。

☑ "在块中显示夹点"复选框：控制块中夹点的显示。

☑ "显示夹点提示"复选框：当光标悬停在支持夹点提示的自定义对象的夹点上时，显示夹点的特定提示。但是，此选项对标准对象无效。

☑ "显示动态夹点菜单"复选框：控制在将鼠标悬停在多功能夹点上时动态菜单的显示。

☑ "允许按 Ctrl 键循环改变对象编辑方式行为"复选框：允许多功能夹点的按〈Ctrl〉键循环改变对象编辑方式行为。

☑ "对组显示单个夹点"复选框：显示对象组的单个夹点。

☑ "对组显示边界框"复选框：围绕编组对象的范围显示边界框。

☑ "选择对象时限制显示的夹点数"文本框：如果选择集包含的对象多于指定的数量，将不显示夹点。可在文本框内输入需要指定的对象数量。

 ### 2.3.2 选择对象的方法

在绘图过程中，当执行到某些命令时（如复制、偏移和移动），将提示"选择对象："，此时出现矩形拾取光标，将光标放在要选择的对象位置时，将亮显对象，单击则选择该对象（也可以逐个选择多个对象），如图2-21所示。

选择对象的方法有多种，若要查看选择对象的方法，可在"选择对象："命令提示符下输入"?"，这时将显示如下选择对象的所有方法。

图2-21 拾取选择对象

> 选择对象:?
> *无效选择*
> 需要点或窗口(W)/上一个(L)/窗交(C)/框(BOX)/全部(ALL)/栏选(F)/
> 圈围(WP)/圈交(CP)/编组(G)/添加(A)/删除(R)/多个(M)/
> 前一个(P)/放弃(U)/自动(AU)/单个(SI)

根据上面的提示输入大写字母，可以指定对象的选择模式。该提示中主要选项的具体含义如下。

☑ 需要点：可逐个拾取所需对象，该方法为默认设置。

☑ 窗口（W）：用一个矩形框将要选择的对象框住，凡是在矩形框内的目标均被选中，如图2-22所示。

☑ 上一个（L）：此方式将读者最后绘制的图形作为编辑对象。

☑ 窗交（C）：选择该方式后，绘制一个矩形框，凡是在矩形框内和与此矩形框四边相交的对象都被选中，如图2-23所示。

☑ 框（BOX）：当用户所绘制矩形框的第一角点位于第二角点的左侧时，此方式与窗口（W）选择方式相同；当读者所绘制矩形框的第一角点位于第二角点右侧时，此方式与窗交（C）选择方式相同。

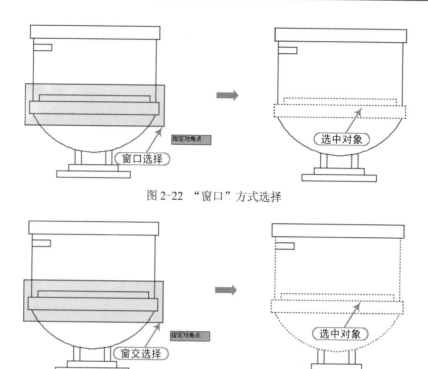

图 2-22 "窗口"方式选择

图 2-23 "窗交"方式选择

☑ 全部（ALL）：图形中所有对象均被选中。

☑ 栏选（F）：读者可用此方式画任意折线，凡是与折线相交的图形均被选中，如图 2-24 所示。

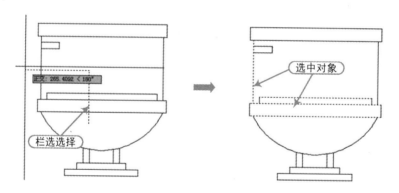

图 2-24 "栏选"方式选择

☑ 圈围（WP）：该方式也可以叫做多边形选择法，通过绘制多边形进行选择，所有完全位选择区域内的图形将被选中。

☑ 圈交（CP）：该选项与窗交（C）选择方式类似，但它可以构造任意形状的多边形区域，包含在多边形框内的图形或与该多边形框相交的任意图形均被选中，如图 2-25 所示。

☑ 编组（G）：输入已定义的选择集，系统将提示输入编组名称。

☑ 添加（A）：当读者完成目标选择后，还有少数没有选中时，可以通过此方法把目标添加到选择集中。

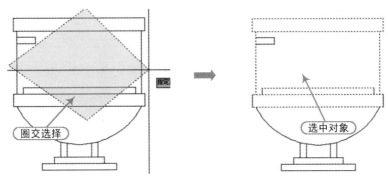

图 2-25 "圈交"方式选择

☑ 删除（R）：把选择集中的一个或多个目标对象移出选择集。

☑ 多个（M）：当命令中出现选择对象时，鼠标变为一个矩形小方框，逐一点取要选中的目标即可（可选多个目标）。

☑ 前一个（P）：此方法用于选中前一次操作所选择的对象。

☑ 放弃（U）：取消上一次所选中的目标对象。

☑ 自动（AU）：若拾取框正好可以拾取一个图形，则选中该图形；反之，则指定另一角点以选中对象。

☑ 单个（SI）：当命令行中出现"选择对象"时，鼠标变为一个矩形小框，点取要选中的目标对象即可。

 ### 2.3.3　快速选择对象

在 AutoCAD 2014 中，当读者需要选择具有某些共有特性的对象时，可利用"快速选择"对话框根据对象的图层、线型、颜色、图案填充等特性和类型来创建选择集。

执行"工具 | 快速选择"菜单命令，或者在视图的空白位置单击鼠标右键，从弹出的快捷菜单中选择"快速选择"命令，将弹出"快速选择"对话框。用户根据自己的需要来选择相应的图形对象，如图 2-26 所示为选择图形中所有青颜色的圆对象。

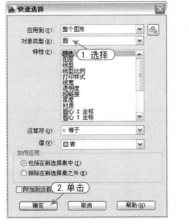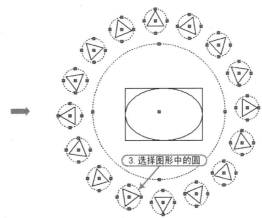

图 2-26　快速选择所有青颜色的圆对象

2.3.4　使用编组操作

编组是保存的对象集，可以根据需要同时选择和编辑这些对象，也可以分别进行。编组提供了以组为单位操作图形元素的简单方法。可以将图形对象进行编组以创建一种选择集，它随图形一起保存，且一个对象可以作为多个编组的成员。

创建编组，除了可以选择编组的成员外，还可以为编组命名并添加说明。要对图形对象进行编组，可在命令行中输入"Group"（其快捷命令是"G"），并按〈Enter〉键；或者执行"工具 | 组"菜单命令，在命令行出现如下的提示信息。

命令: **G**	\\ 执行"创建编组"命令
选择对象或 [名称(N)/说明(D)]: **N**	\\ 输入"**N**"
输入编组名或 [?]: **123**	\\ 输入编组名称
选择对象或 [名称(N)/说明(D)]:指定对角点: 找到 3 个	\\ 选择对象
选择对象或 [名称(N)/说明(D)]:	\\ 单击"空格键"确认选择
组"123"已创建。	\\ 创建组成功

用户可以使用多种方式编辑编组，包括更改其成员资格、修改其特性、修改编组的名称和说明以及从图形中将其删除。

软件技能

　　即使删除了编组中的所有对象，但编组定义依然存在。（如果用户输入的编组名与前面输入的编组名称相同，则在命令行中出现"编组***已经存在"的提示信息）

 2.3.5　选择循环操作

当一个 AutoCAD 2014 对象与其他对象彼此接近或重叠时，准确选择某一个对象是很困难的，这时就可以使用 AutoCAD 2014 选择循环的方法。

1）在 AutoCAD 2014 状态栏上激活"选择循环"按钮，或者按〈Ctrl+W〉组合键启用或关闭选择循环功能，如图 2-27 所示。

2）将光标移动到尽可能接近要选择的 AutoCAD 2014 对象的地方，将看到循环选择图标，该图标表示有多个对象可供选择，如图 2-28 所示。

图 2-27　激活"选择循环"

图 2-28　显示循环选择标志

3）单击鼠标左键，弹出"选择集"列表框，里面列出了鼠标周围的图形。然后在列表中选择所需的对象（如选择小正方形），单击选择第一项即可，如图 2-29 所示。

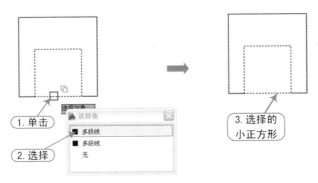

图2-29 循环选择的方法

执行"草图设置"命令（SE），弹出"草图设置"对话框，切换至"选择循环"选项卡，即可通过各个选项来进行设置，如图2-30所示。

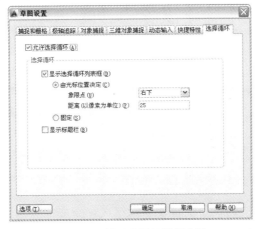

图2-30 循环选择的设置方法

软件技能 2.4 图形的显示与控制

观察图形最常用的方法是"缩放"和"平移"视图。在 AutoCAD 环境中，有许多种方法可以进行缩放和平移视图操作：选择"视图｜平移"命令，在其级联菜单中将显示许多平移的方法；在"缩放"工具栏中也给出了相应的命令，如图2-31所示。

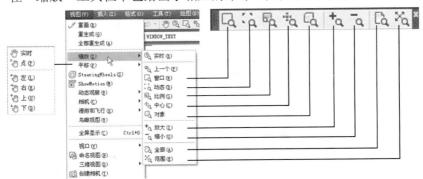

图2-31 缩放与平移命令

2.4.1 缩放视图

按照一定比例、观察位置和角度显示的图形称为视图。通常，在绘制图形的局部细节时，需要使用缩放工具放大该绘图区域。当绘制完成后，再使用缩放工具缩小图形，从而观察图形的整体效果。

用户可通过以下任意一种方法来启动视图缩放。

☑ 菜单栏：选择"视图｜缩放"命令，在其级联菜单中选择相应的命令。

☑ 工具栏：在"缩放"工具栏上单击相应的功能按钮。

☑ 命令行：在命令行中输入或动态输入"ZOOM"命令（快捷命令"Z"）。

若用户选择"视图｜缩放｜窗口"命令，系统将提示如下信息。

> 命令:'_zoom
> 指定窗口的角点，输入比例因子 (nX 或 nXP)，或者
> [全部(A)/中心(C)/动态(D)/范围(E)/上一个(P)/比例(S)/窗口(W)/对象(O)] <实时>:

在该提示信息中给出了多个选项，各个选项的含义如下。

☑ 全部（A）：用于在当前视口显示整个图形，其大小取决于图限设置或者有效绘图区域，这是因为用户可能没有设置图限或有些图形超出了有效绘图区域。

☑ 中心（C）：该选项要求确定一个中心点，然后给出缩放系数（后跟字母 X）或一个高度值。之后，AutoCAD 就缩放中心点区域的图形，并按缩放系数或高度值显示图形，所选的中心点将成为视口的中心点。如果保持中心点不变，而只想改变缩放系数或高度值，则在新的"指定中心点:"提示下按〈Enter〉键即可。

☑ 动态（D）：该选项集成了平移命令或缩放命令中的"全部"和"窗口"选项的功能。使用时，系统将显示一个平移观察框，拖动它至适当位置并单击鼠标左键，将显示缩放观察框，并能够调整观察框的尺寸。随后，如果单击鼠标左键，系统将再次显示平移观察框。如果按〈Enter〉键或单击鼠标右键，系统将利用该观察框中的内容填充视口。

☑ 范围（E）：用于将图形在视口内最大限度地显示出来。

☑ 上一个（P）：用于恢复当前视口中上一次显示的图形，最多可以恢复 10 次。

☑ 比例（S）：该选项将当前窗口中心作为中心点，并且依据输入的相关参数值进行缩放。

☑ 窗口（W）：用于缩放一个由两个角点所确定的矩形区域。

☑ 对象(O)：该选项可最大限度地显示当前视图内所选择的图形。

> 输入值必须是下列 3 种情况之一：一是输入不带任何后缀的数值，表示相对于图限缩放图形；二是数值后跟字母 X，表示相对于当前视图进行缩放；三是数值后跟 XP，表示相对于图样空间单位缩放当前窗口。

例如，在命令行中输入"ZOOM"命令后，在提示行中选择"范围(E)"选项，此时将当前图形中的所有对象最大限度地显示出来，如图 2-32 所示。

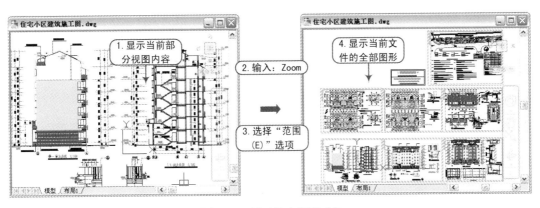

图 2-32　显示整个图形对象

 2.4.2　平移视图

使用平移视图命令，可以重新定位图形，以便看清图形的其他部分。此时，不会改变图形中对象的位置或比例，只改变视图。用户可通过以下任意一种方法来启动平移视图。

- ☑ 菜单栏：选择"视图 | 平移 | 实时"菜单命令。
- ☑ 工具栏：单击"标准"工具栏的"实时平移"按钮 。
- ☑ 命令行：在命令行中输入或动态输入"Pan"命令（快捷命令"P"）。

当执行实时平移命令后，鼠标形状将变为 状，按住鼠标左键并进行拖动，即可将视图进行左右、上下移动操作，但视图的大小并没有改变，如图 2-33 所示。

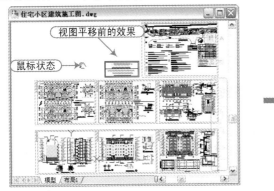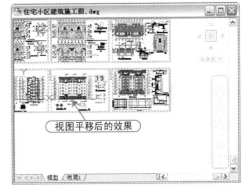

图 2-33　平移的视图

用户可按住鼠标中键不放并移动鼠标，同样可以达到平移视图的目的。

 2.4.3　使用平铺视口

在 AutoCAD 中绘制图形时，为了方便编辑，常常需要将图形的局部进行放大，以显示细节。当需要观察图形的整体效果时，仅使用单一的绘图视口已无法满足需要了，此时可使用 AutoCAD 的平铺视口功能，将绘图窗口划分为若干视口。

平铺视口是指把绘图窗口分成多个矩形区域，从而创建多个不同的绘图区域，其中每一个区域都可用来查看图形的不同部分。在 AutoCAD 2014 中，可以同时打开多达 32 000 个视口，屏幕上还可保留菜单栏和命令提示窗口。

在 AutoCAD 2014 中，使用"视图 | 视口"子菜单中的命令或"视口"工具栏，可以在模型空间创建和管理平铺视口，如图 2-34 所示。

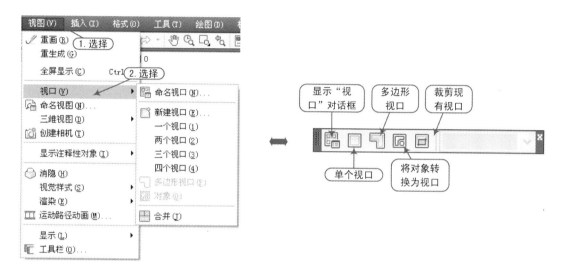

图 2-34 "视口"菜单和"视口"工具栏

1. 平铺视口的特点

当打开一个新图形时，默认情况下将用一个单独的视口填满模型空间的整个绘图区域。而当系统变量 TILEMODE 被设置为 1 后（即在模型空间模型下），就可以将屏幕的绘图区域分割成多个平铺视口。在 AutoCAD 2014 中，平铺视口具有以下特点。

☑ 每个视口都可以平移和缩放，设置捕捉、栅格和用户坐标系等，且每个视口都可以有独立的坐标系统。

☑ 在命令执行期间，可以切换视口以便在不同的视口中绘图。

☑ 可以命名视口中的配置，以便在模型空间中恢复视口或者应用到布局。

☑ 只能在当前视口里工作。要将某个视口设置为当前视口，只需单击视口的任意位置，此时当前视口的边框将加粗显示。

☑ 只有在当前视口中指针才显示为十字形状，指针移出当前视口后将变为箭头形状。

☑ 当在平铺视口中工作时，可全局控制所有视口图层的可见性。如果在某一个视口中关闭了某一图层，系统将关闭所有视口中的相应图层。

2. 创建平铺视口

要创建平铺视口，用户可以通过以下任意一种方式。

☑ 菜单栏：选择"视图 | 视口 | 新建视口"命令。

☑ 工具栏：在"视口"工具栏上单击"显示视口对话框"按钮。

☑ 命令行：在命令行中输入或动态输入"VPOINTS"。

此时，将打开"视口"对话框，使用"新建视口"选项卡可以显示标准视口配置列表和创建并设置新平铺视口，如图 2-35 所示。

例如，在创建平铺视口时，需要在"新名称"文本框中输入新建的平铺视口名称，在"标准视口"列表框中选择可用的标准视口配置，此时"预览"选项组中将显示所选视口配置以及已赋给每个视口的默认视图的预览图像。此外，还需要设置以下选项。

☑ "应用于"下拉列表框：设置所选的视口配置是用于整个显示屏幕还是当前视口，包括"显示"和"当前视口"两个选项。其中，"显示"选项用于设置所选视口配置用于模型空间中的整个显示区域，为默认选项；"当前视口"选项用于设置将所选的视口配置用于当前视口。

☑ "设置"下拉列表框：指定二维或三维设置。如果选择"二维"选项，则使用视口中的当前视图来初始化视口配置；如果选择"三维"选项，则使用正交的视图来配置视口。

☑ "修改视图"下拉列表框：选择一个视口配置代替已选择的视口配置。

☑ "视觉样式"下拉列表框：可从中选择一种视觉样式代替当前的视觉样式。

在"视口"对话框的"命名视口"选项卡中，显示图形中已命名的视口配置。当选择一个视口配置后，配置的布局将显示在"预览"选项组中，如图 2-36 所示。

图 2-35 "视口"对话框

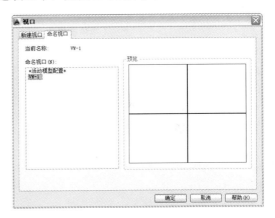

图 2-36 "命名视口"选项卡

3. 分割与合并视口

在 AutoCAD 2014 中，选择"视图 | 视口"子菜单中的命令，可以在改变视口显示的情况下分割或合并当前视口。

例如，打开"案例\02\住宅小区建筑施工图.dwg"文件，选择"视图 | 视口 | 四个视口"命令，即可将所打开的图形文件分成四个视口进行显示，如图 2-37 所示。

若选择"视图 | 视口 | 合并"命令，系统要求选定一个视口作为主视口，再选择一个相邻的视口，即可将所选择的两个视口进行合并，如图 2-38 所示。

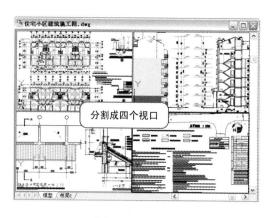

图 2-37　分割视口　　　　　　　　　　　图 2-38　合并视口

2.5　图层的规划与管理

在一个复杂的图形中，有许多不同类型的图形对象，为了方便区分和管理，可以通过创建多个图层，将特性相似的对象绘制在同一个图层上，像在透明纸上绘制一样，如图 2-39 所示。

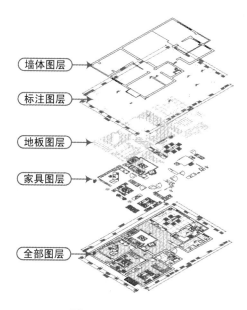

图 2-39　图层示意图

2.5.1　图层的特点

在使用 AutoCAD 2014 绘图过程中，使用图层是一种最基本的操作，也是最有利的工作之一，它对图形文件中各类实体的分类管理和综合控制具有重要的意义。归纳起来，图层主要有以下特点。

☑ 大大节省存储空间。

☑ 能够统一控制同一图层对象的颜色、线条宽度、线型等属性。

☑ 能够统一控制同类图形实体的显示、冻结等特性。

☑ 在同一图形中可以建立任意数量的图层，且同一图层的实体数量也没有限制。

☑ 各图层具有相同的性质、绘图界限及显示时的缩放倍数，可同时对不同图层上的对象进行编辑操作。

　　　　每个图形都包括名为 0 的图层，该图层不能删除或者重命名。它有两个用途：一是确保每个图形中都至少包含一个图层；二是提供与块中的控制颜色相关的特殊图层。

 ## 2.5.2　图层的创建

　　默认情况下，图层 0 将被指定使用 "7" 号颜色（白色或黑色，由背景色决定）、"Continuous" 线型、"默认" 线宽及 "NORMAL" 打印样式。在绘图过程中，如果要使用更多的图层来组织图形，就需要先创建新的图层。

　　用户可以通过以下方法来打开 "图层特性管理器" 面板，如图 2-40 所示。

☑ 菜单栏: 选择 "格式 | 图层" 菜单命令。

☑ 工具栏: 单击 "图层" 工具栏的 "图层" 按钮。

☑ 命令行: 在命令行中输入或动态输入 "Layer" 命令（快捷命令 "LA"）。

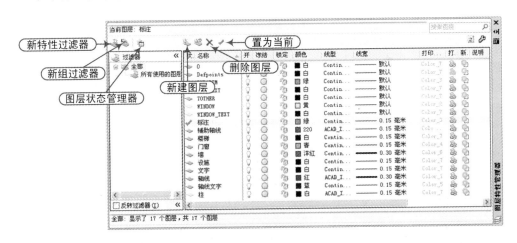

图 2-40　"图层特性管理器" 面板

　　在 "图层特性管理器" 面板中单击 "新建图层" 按钮 ，在图层的列表中将出现一个名称为 "图层 1" 的新图层。默认情况下，新建图层与当前图层的状态、颜色、线性及线宽等设置相同。如果要更改图层名称，可单击该图层名，或者按〈F2〉键，然后输入一个新的图层名并按〈Enter〉键即可。

要快速创建多个图层，可以选择用于编辑的图层名并用逗号隔开输入多个图层名。但在输入图层名时要注意，图层名最长可达 255 个字符，可以是数字、字母或其他字符，但不能允许有>、<、/、\、""、:、|、=等，否则系统将弹出如图 2-41 所示的警告对话框。

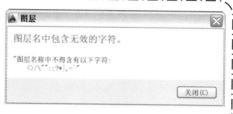

图 2-41　警告对话框

在进行建筑与室内装饰设计过程中，为了便于各专业信息的交换，图层名应采用便于记忆的命名方式，编码之间用连接符"—"连接，如图 2-42 所示。

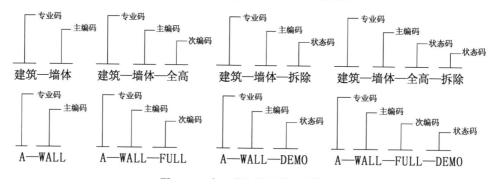

图 2-42　中、英文图层的命名格式

☑ 专业码：由两个汉字组成，用于说明专业类别（如建筑和结构等）。

☑ 主编码：由两个汉字组成，用于详细说明专业特征，可以和任意专业码组合（如墙体）。

☑ 次编码：由两个汉字组成，用于进一步区分主编码类型，是可选项，用户可以自定义次编码（如全高）。

☑ 状态码：由两个汉字组成，用于区分改建、加固房屋中该层实体的状态（如新建、拆迁、保留和临时等），是可选项。

而对于用英文命名的图层名，其专业码由一个字符组成，主编码、次编码、状态码均由四个字符组成。在表 2-1 中给出了建筑设计中的专业码和状态码的中英文名对照。

表 2-1　建筑设计专业码与状态码的对照表

专 业 码		状 态 码	
中 文 名	英 文 名	中 文 名	英 文 名
建筑	A	新建	NEWW
电气	E	保留	EXST
总图	G	拆除	DEMO
室内	I	拟建	FUIR
暖通	M	临时	TEMP
给排	P	搬迁	MOVE

（续）

专 业 码		状 态 码	
中 文 名	英 文 名	中 文 名	英 文 名
设备	Q	改建	RELO
结构	S	契外	NICN
通信	T	阶段	PHSI
其他	X		

2.5.3 图层的删除

用户在绘制图形的过程中，若发现有一些没有使用的多余图层，可以通过"图层特性管理器"面板来删除图层。

要删除图层，在"图层特性管理器"面板中，使用鼠标选择需要删除的图层，然后单击"删除图层"按钮 ✖ 或按〈Alt+D〉组合键即可。如果要同时删除多个图层，可以配合〈Ctrl〉键或〈Shift〉键来选择多个连续或不连续的图层。

在删除图层的时候，只能删除未参照的图层。参照图层包括"图层 0"及DEFPOINTS、包含对象（包括块定义中的对象）的图层、当前图层和依赖外部参照的图层。不包含对象（包括块定义中的对象）的图层、非当前图层和不依赖外部参照的图层都可以用"PURGE"命令删除。

--- · AutoCAD 中如何删除系统提示不能删除的图层 · ---

有时用户在删除图层时，系统提示该图层不能删除等，这时用户可以使用以下几种方法进行删除图层的操作。

1）将无用的图层关闭，选择全部内容，按〈Ctrl+C〉组合键执行复制命令，然后新建一个 dwg 文件，按〈Ctrl+V〉组合键进行粘贴，这时那些无用的图层就不会粘贴过来。但是，如果曾经在这个不要的图层中定义过块，又在另一图层中插入了这个块，那么该图层不能用这种方法删除。

2）选择需要留下的图形，执行"文件 | 输出"菜单命令，确定文件名，在文件类型栏中选择"块.dwg"选项，然后单击"保存"按钮，这样的块文件就是选中部分的图形了，如果这些图形中没有指定的层，这些层也不会被保存在新的图块图形中。

3）打开一个 CAD 文件，关闭要删除的图层，在图面上只留下用户需要的可见图形，选择"文件 | 另存为"菜单命令，确定文件名，在"文件类型"下拉列表框中选"*.dxf"选项，在弹出的窗口中选择"工具 | 选项 | DXF"菜单命令，再选择对象，然后依次单击"确定"和"保存"按钮，此时就可以将可见或要用的图形保存，完成后退出，再打开该文件查看，会发现不需要的图层已经被删除了。

4）用命令"Laytrans"，将需要删除的图层影射为 0 层，这个方法可以删除具有实体对象或被其他块嵌套定义的图层。

2.5.4 设置当前图层

在 AutoCAD 中绘制的图形对象，都是在当前图层中进行的，且所绘制图形对象的属性将继承当前图层的属性。在"图层特性管理器"面板中选择一个图层，并单击"置为当前"按钮 ✔ ，即可将该图层置为当前图层，并在图层名称前面显示 ✔ 标记，如图 2-43 所示。

另外，在"图层"工具栏中单击 ☞ 按钮，然后使用鼠标选择指定的对象，即可将选择的图形对象置为当前图层，如图 2-44 所示。

图 2-43 当前图层　　　　　　　　　　图 2-44 "图层"工具栏

2.5.5 设置图层颜色

颜色在图形中具有非常重要的作用，可用来表示不同的组件、功能和区域。图层的颜色实际上是图层中图形对象的颜色。每个图层都拥有自己的颜色，不同的图层可以设置相同的颜色，也可以设置不同的颜色，以便绘制复杂图形时可以很容易区分图形的各部分。

在"图层特性管理器"面板中的某个图层名称的"颜色"列中单击，即可弹出"选择颜色"对话框，从而可以根据需要选择不同的颜色，然后单击"确定"按钮即可，如图 2-45 所示。

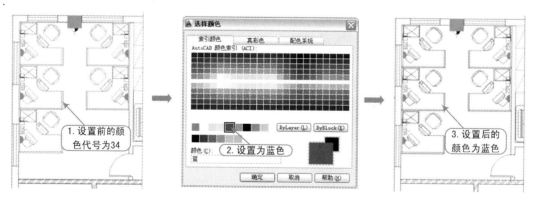

图 2-45 设置图层颜色

专业点滴

图层的颜色规范

现在很多用户在定义图层的颜色时，都是根据自己的爱好，喜欢什么颜色就用什么颜色，这样做并不合理。定义图层的颜色时要注意两点。

1）不同的图层一般来说要用不同的颜色。这样用户在画图时，才能够通过颜色就可以很明显地进行区分。如果两个图层是同一个颜色，那么就很难判断正在操作的图元是在哪一个图层上。

2）颜色应该根据打印时线宽的粗细来选择。打印时，线型设置越宽的，该图层就应该选用越亮的颜色；反之，如果打印时该线的宽度仅为 0.09mm，那么该图层的颜色就应该选用 8 号或类似的颜色，这样可以在屏幕上就直观地反映出线形的粗细。

2.5.6 设置图层线型

线型是指图形基本元素中线条的组成和显示方式，如虚线和实线等。在 AutoCAD 中既有简单线型，也有由一些特殊符号组成的复杂线型，以满足不同国家或行业标准的要求。

在"图层特性管理器"面板中，在某个图层名称的"线型"列中单击，即可弹出"选择线型"对话框，从中选择相应的线型，然后单击"确定"按钮即可，如图 2-46 所示。

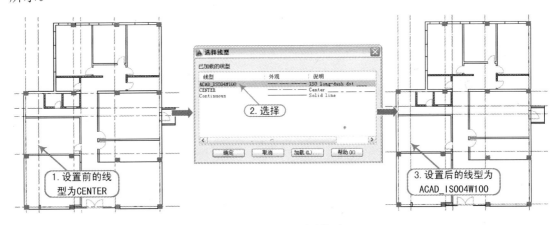

图 2-46 设置图层线型

用户可在"选择线型"对话框中单击"加载"按钮，将打开"加载或重载线型"对话框，从而可以将更多的线型加载到"选择线型"对话框中，以便用户设置图层的线型，如图 2-47 所示。

在 AutoCAD 中所提供的线型库文件有 acad.lin 和 acadiso.lin。在英制测量系统下使用 acad.lin 线型库文件中的线型；在公制测量系统下使用 acadiso.lin 线型库文件中的线型。

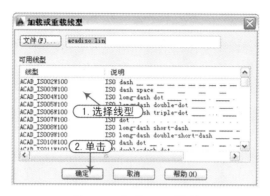

图 2-47　加载 CAD 线型

2.5.7　设置线型比例

用户可以选择"格式 | 线型"菜单命令，将弹出"线型管理器"对话框，选择某种线型，并单击"显示细节"按钮，可以在"详细信息"选项组中设置线型比例，如图 2-48 所示。

线型比例分为三种："全局比例因子""当前对象的缩放比例"和"图纸空间的线型缩放比例"。"全局比例因子"控制所有新的和现有的线型比例因子；"当前对象的缩放比例"控制新建对象的线型比例；"图纸空间的线型缩放比例"的作用为当勾选"缩放时使用图纸空间单位"复选框时，AutoCAD 自动调整不同图样空间视窗中线型的缩放比例。这三种线型比例分别由 LTSCALE、CELTSCALE 和

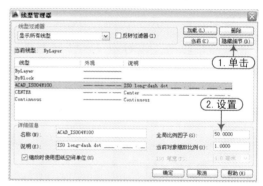

图 2-48　设置线型比例

PSLTSCALE 三个系统变量控制。如图 2-49 所示分别为设置"辅助线"对象线型的不同比例因子效果。

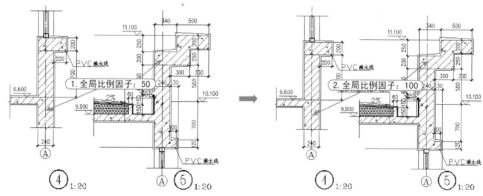

图 2-49　不同比例因子的比较

☑ "全局比例因子"：控制着所有线型的比例因子，通常，值越小，每个绘图单位中画出的重复图案就越多。在默认情况下，AutoCAD 的全局线型缩放比例为"1.0"。在

"线型管理器"对话框中的"详细信息"选项组下，可以直接输入"全局比例因子"的数值，也可以在命令行中输入"LTSCALE"命令进行设置。

☑ "当前对象的缩放比例"：控制新建对象的线型比例，其最终的比例是全局比例因子与该对象比例因子的乘积，设置方法和"全局比例因子"基本相同。所有线型最终的缩放比例是对象比例因子与全局比例因子的乘积，所以在 CELTSCALE=2 的图形中绘制的是点画线，如果将 LTSCALE 设置为 0.5，其效果与在 CELTSCALE=1 的图形中绘制 LTSCALE=1 的点画线时的效果相同。

☑ "图纸空间的线型缩放比例"：该比例在处理多个视窗时非常有用。当用户在"线型管理器"对话框中勾选"缩放时使用图纸空间单位"复选框以激活图样空间线型缩放比例后，就可以使用两种方法来设置线型比例：一是按创建对象时所在空间的图形单位比例缩放，二是基于图样空间单位比例缩放。它使用 PSLTSCALE 系统变量控制，其值有两种选择："0"或"1"。默认值为"0"，表示无特殊线型比例，此时线型的点画线长度基于创建对象空间（图样或模型）的绘图单位，按 LTSCALE 设置的"全局比例因子"进行缩放。"1"表示视窗比例将控制线型比例，如果 TILEMODE 变量设置为 0，即使对于模型空间中的对象，其点画线长度也是基于图样空间的图形单位。在这种模式下，视窗可以有多种缩放比例，但显示的线型相同。对于特殊线型，视窗中的点画线长度与图样空间中直线的点画线长度相同。此时，仍可以使用 LTSCALE 控制点画线长度。

2.5.8 设置图层线宽

用户在绘制图形的过程中，应根据绘制的不同对象绘制不同的线条宽度，以区分不同对象的特性。在"图层特性管理器"面板中，在某个图层名称的"线宽"列中单击，将弹出"线宽"对话框，如图 2-50 所示，在其中选择相应的线宽，然后单击"确定"按钮即可。

当设置了线型的线宽后，应在状态栏中激活"线宽"按钮 ，才能在视图中显示出所设置的线宽。如果在"线宽设置"对话框中调整了不同的线宽显示比例，则视图中显示的线宽效果也将不同，如图 2-51 所示。

图 2-50 "线宽"对话框

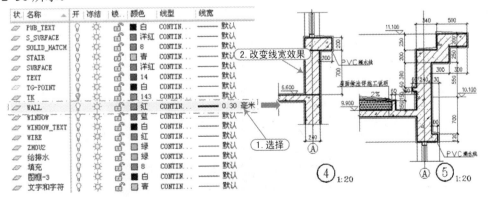

图 2-51 设置线型宽度

用户可选择"格式 | 线宽"菜单命令，将弹出"线宽设置"对话框，从而可以通过调整线宽的比例，使图形中的线显示得更宽或更窄，如图2-52所示。

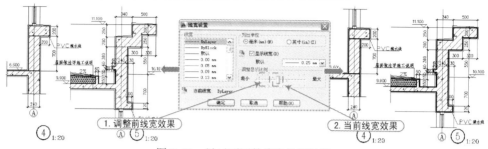

图2-52　显示不同的线宽比例效果

 2.5.9　控制图层状态

在"图层特性管理器"面板中，图层状态包括图层的打开/关闭、冻结/解冻、锁定/解锁等；同样，在"图层"工具栏中，用户也可能够设置并管理各图层的特性，如图2-53所示。

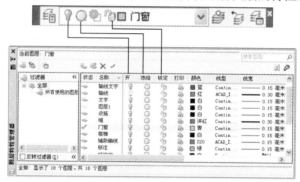

图2-53　图层状态

☑ 打开/关闭图层：在"图层"工具栏的列表框中，单击相应图层的小灯泡图标💡，可以打开或关闭图层。在打开状态下，灯泡的颜色为黄色，该图层的对象将显示在视图中，也可以在输出设置上打印出来；在关闭状态下，灯泡的颜色转为灰色💡，该图层的对象不能在视图中显示出来，也不能打印出来，如图2-54所示为打开或关闭图层的对比效果。

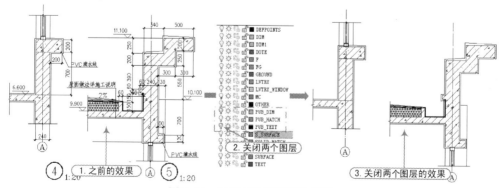

图2-54　显示与关闭图层的效果

☑ 冻结/解冻图层：在"图层"工具栏的列表框中，单击相应图层的太阳☼或雪花❄图标，可以冻结或解冻图层。在图层被冻结时，显示为雪花❄图标，其图层的图形对象不能被显示和打印出来，也不能编辑或修改图层上的图形对象；在图层被解冻时，显示为太阳☼图标，此时图层上的对象可以被编辑。

☑ 锁定/解锁图层：在"图层"工具栏的列表框中，单击相应图层的小锁🔒图标，可以锁定图层。在图层被锁定时，显示为🔒图标，此时不能编辑锁定图层上的对象，但仍然可以在锁定的图层上绘制新的图形对象。

关闭图层与冻结图层的区别在于：冻结图层可以减少系统重生成图形的计算时间。若用户的计算机性能较好，且所绘制的图形较为简单，则一般不会感觉到冻结图层的优越性。

2.6 设置绘图辅助功能

在绘图中，用鼠标这样的定点工具定位虽然方便快捷，但精度不高，绘制的图形很不精确。为了解决这一问题，AutoCAD 提供了捕捉模式、栅格显示、正交模式、极轴追踪、对象捕捉和对象追踪捕捉等一些绘图辅助功能来帮助用户精确绘图。

用户可以打开如图 2-55 所示的"草图设置"对话框来设置部分绘图辅助功能。打开该对话框的方法有如下三种。

图 2-55 "草图设置"对话框

☑ 菜单栏：选择"工具 | 草图设置"菜单命令。

☑ 状态栏：右键单击状态栏中的"捕捉""栅格""极轴""对象捕捉"和"对象追踪"5个切换按钮之一，在弹出的快捷菜单中选择"设置"命令。

☑ 命令行：在命令行中输入或动态输入"Dsettings"命令（快捷命令"DS"）。

在"草图设置"对话框中，有 3 个选项卡，分别为"捕捉和栅格""极轴追踪"和"对象捕捉"，用来设置捕捉和栅格、极坐标跟踪功能和对象捕捉功能。

2.6.1 设置捕捉与栅格

"捕捉"用于设置鼠标光标移动的间距。"栅格"是一种可见的位置参考图标，是由用户控制是否可见但不能打印出来的那些直线构成的精确定位的网格。它类似于坐标纸，有助于定位。

在"草图设置"对话框的"捕捉和栅格"选项卡中，可以启用或关闭"捕捉"和"栅格"功能，并设置"捕捉"和"栅格"的间距与类型。其各主要选项的含义如下。

☑ "启用捕捉"复选框：用于打开或关闭捕捉方式，可按〈F9〉键进行切换，也可在状态栏中单击▦按钮进行切换。

☑ "捕捉间距"选项组：用于设置 x 轴和 y 轴的捕捉间距。

☑ "启用栅格"复选框：用于打开或关闭栅格的显示，可按〈F7〉键进行切换，也可在状态栏中单击▦按钮进行切换。

☑ "栅格间距"选项组：用于设置 x 轴和 y 轴的栅格间距，并且可以设置每条主轴的栅格数量，如图 2-56 所示。若栅格的 x 轴和 y 轴的栅格间距为 0，则栅格采用捕捉 x 轴和 y 轴间距的值。

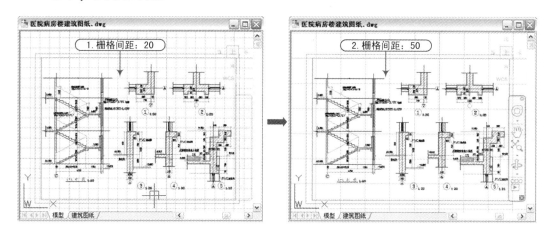

图 2-56　设置不同的栅格间距

☑ "栅格捕捉"单选按钮：可以设置栅格捕捉样式。若选中"矩形捕捉"单选按钮，则光标可以捕捉一个矩形栅格；若选中"等轴测捕捉"单选按钮，则光标可以捕捉一个等轴测栅格。

☑ "PolarSnap"单选按钮：如果启用了"捕捉"模式并在极轴追踪打开的情况下指定点，光标将沿在"极轴追踪"选项卡上对应于极轴追踪起点设置的极轴对齐角度进行捕捉。

☑ "自适应栅格"复选框：用于限制缩放时栅格的密度。

☑ "显示超出界限的栅格"复选框：用于确定是否显示图形界限之外的栅格。

☑ "遵循动态 UCS"复选框：跟随动态 UCS 的 xy 平面而改变栅格平面。

2.6.2　设置自动与极轴追踪

　　自动追踪实质上也是一种精确定位点的方法，当要求输入的点在一定的角度线上，或者输入点与其他对象有一定的关系时，利用自运追踪功能来确定点的位置是非常方便的。

　　有两种自动追踪方式：极轴追踪和对象捕捉追踪。极轴追踪是按事先给定的角度增量来追踪点；对象捕捉追踪按与已绘图形对象的某种特定关系来追踪，这种特定的关系确定了一个用户事先并不知道的角度。

如果用户事先知道要追踪的角度（方向），即可用极轴追踪；而如果事先不知道具体的追踪角度（方向），但知道与其他对象的某种关系，则用对象捕捉追踪，如图 2-57 所示。

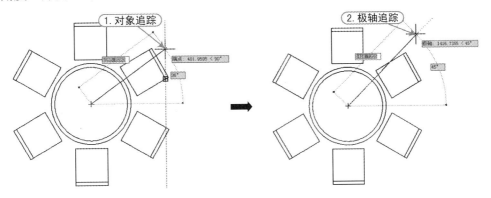

图 2-57　对象和极轴追踪

要设置极轴追踪的角度或方向，在"草图设置"对话框的"极轴追踪"选项卡中，勾选"启用极轴追踪"复选框并设置极轴的角度等即可，如图 2-58 所示。

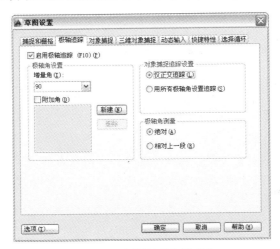

图 2-58　"极轴追踪"选项卡

下面就针对"极轴追踪"选项卡中各选项的功能进行讲解。

☑ "极轴角设置"选项组：用于设置极轴追踪的角度。默认的极轴追踪角度增量是90°，用户可在"增量角"下拉列表框中选择角度增量值。若该下拉列表框中的角度值不能满足用户的需求，可勾选下侧的"附加角"复选框。用户也可单击"新建"按钮并输入一个新的角度值，将其添加到附加角的列表框中。

☑ "对象捕捉追踪设置"选项组：若选择"仅正交追踪"单选按钮，可在启用对象捕捉追踪的同时，显示获取的对象捕捉点的正交对象捕捉追踪路径；若选择"用所有极轴角设置追踪"单选按钮，可以将极轴追踪设置应用到对象捕捉追踪上。

☑ "极轴角测量"选项组：用于设置极轴追踪对齐角度的测量基准。若选择"绝对"单选按钮，表示当用户坐标 UCS 的 X 轴正方向为 0° 时计算极轴追踪角；若选择"相对上一段"单选按钮，可以基于最后绘制的线段确定极轴追踪角度。

例如，要快速绘制一个正三角形，用户可以按照如下操作步骤进行。

（1）输入"SE"命令，打开"草图设置"对话框，并切换至"极轴追踪"选项卡。

（2）勾选"启用极轴追踪"选项卡，设置附加角为 60°和 120°，并选择"用所有极轴角设置追踪"单选按钮，然后单击"确定"按钮，如图 2-59 所示。

（3）按〈F8〉键切换到"正交"模式，再执行"直线"命令（L），在视图中绘制确定一起点，水平向右移动鼠标，然后确定另一端点，以此来绘制一条水平线段（假如为 100），如图 2-60 所示。

图 2-59　进行"极轴追踪"设置

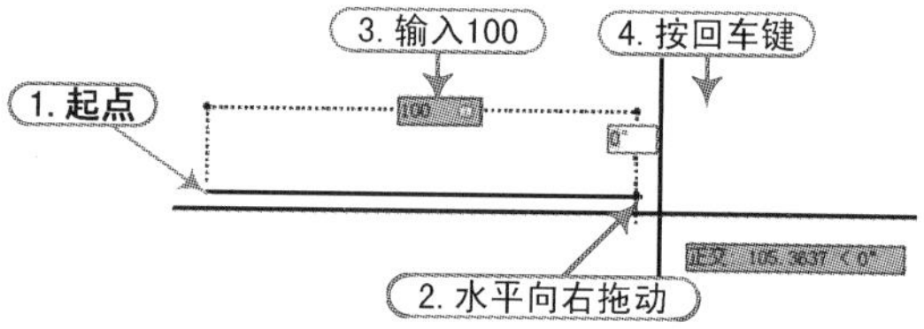

图 2-60　绘制水平线段

（4）按〈F8〉键切换到"非正交"模式，移动鼠标至左上方，大致夹角为 120°时，直至显示追踪线为止，如图 2-61 所示。

（5）移动鼠标至水平线段左侧的端点，再将其向右上方移动，大致夹角为 60°时，直至显示追踪线为止，并沿着该追踪线移动，从而与之前的追踪夹角相交并单击，如图 2-62 所示。

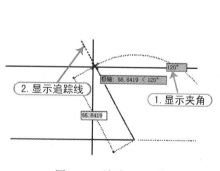

图 2-61　追踪 120°线

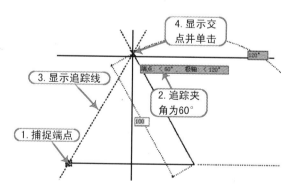

图 2-62　两条追踪线交点

（6）根据命令行提示选择"闭合(C)"选项，使之与最初的起点闭合，从而完成正三角形的绘制，如图 2-63 所示。

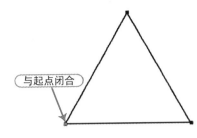

图 2-63　绘制的正三角形

 2.6.3　设置对象的捕捉模式

在实际绘图过程中，有时经常需要精确地找到已知图形的特殊点，如圆心点、切点、直线中点等，这时就可以启动对象捕捉功能。

对象捕捉与捕捉不同，对象捕捉是把光标锁定在已知图形的特殊点上，它不是独立的命令，是在执行命令过程中结合使用的模式。而捕捉是将光标锁定在可见或不可见的栅格点上，是可以单独执行的命令。

要设置对象捕捉的模式，只需在"草图设置"对话框中单击"对象捕捉"选项卡，分别勾选要设置的捕捉选项即可，如图 2-64 所示。

设置捕捉选项后，在状态栏激活"对象捕捉"项□，或者按〈F3〉键，或者按〈Ctrl+F〉组合键即可在绘图过程中启用捕捉选项。启用对象捕捉后，在绘制图形对象时，当光标移动到图形对象的特定位置时，将显示捕捉模式的标志符号，并在其下侧显示捕捉类型的文字信息，如图 2-65 所示。

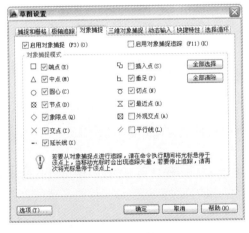

图 2-64　"对象捕捉"选项卡

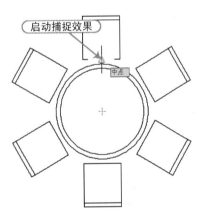

图 2-65　启用对象捕捉

在 AutoCAD 2014 中，也可以使用"对象捕捉"工具栏中的工具按钮随时打开捕捉。另外，按住〈Ctrl〉或〈Shift〉键，并单击鼠标右键，将弹出对象捕捉的快捷菜单，如图 2-66 所示。

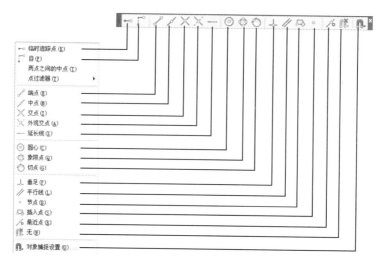

图 2-66 "对象捕捉"工具栏和"对象捕捉"快捷菜单

 2.6.4 设置正交模式

所谓正交，是指在绘制图形时指定第一个点后，连接光标和起点的橡皮线总是平行于 X 轴或 Y 轴。若捕捉设置为等轴测模式，正交还迫使直线平行第三个轴中的一个。

正交命令的启动方法有以下两种。

☑ 状态栏：单击"正交"按钮 。

☑ 命令行：在命令行中输入或动态输入"Ortho"命令（快捷键〈F8〉）。

当正交模式打开时，只能在垂直或水平方向画线或指定距离，而不管光标在屏幕上的位置。其线的方向取决于光标在 X、Y 轴方向上的移动距离。如果 x 方向的距离比 y 方向大，则画水平线；反之，画垂直线。

 2.6.5 使用动态输入

在 AutoCAD 2014 中，使用动态输入功能可以在指针位置处显示标注输入和命令提示等信息，从而极大地方便了绘图。

在状态栏上单击 按钮来打开或关闭"动态输入"功能，按〈F12〉键可以临时将其关闭。当用户启动"动态输入"功能后，其工具栏提示将在光标附近显示信息，该信息会随着光标的移动而动态更新，如图 2-67 所示。

在输入字段中输入值并按〈Tab〉键后，该字段将显示一个锁定图标，并且光标会受用户输入值的约束，随后可以在第二个输入字段中输入值，如图 2-68 所示。另外，如果用户输入值后按〈Enter〉键，则第二个字段被忽略，且该值将以当前所显示的数值直接输入。

在状态栏的"动态输入"按钮 上单击鼠标右键，从弹出的快捷菜单中选择"设置"命令，将弹出"草图设置"对话框的"动态输入"选项卡。当勾选"启用指针输入"复选框，且有命令在执行时，十字光标的位置将在光标附近的工具栏提示中显示为坐标。

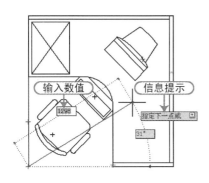

图 2-67 动态输入

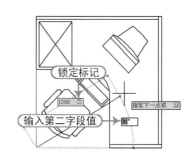

图 2-68 锁定标记

在"指针输入"和"标注输入"选项组中分别单击"设置"按钮，将弹出"指针输入设置"和"标注输入的设置"对话框，可以设置坐标的默认格式，以及控制指针输入工具栏提示的可见性等，如图 2-69 所示。

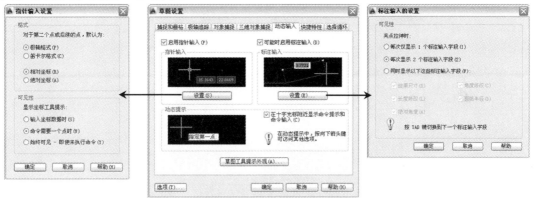

图 2-69 "动态输入"选项卡

软件
技能

2.7 新农村住宅轴线网的绘制

案例\02\新农村住宅轴线网的绘制.avi
案例\02\新农村住宅设计图.dwg

用户在 AutoCAD 2014 环境中绘制图形之前，首先要启动 AutoCAD 2014 软件，并将其保存为所需的名称，然后根据需要设置绘图环境等。在此要先设置图层对象，然后使用直线命令绘制垂直和水平的轴线对象，再使用偏移命令对其轴线进行偏移，使之符合所需的轴线环境。其具体操作步骤如下。

（1）选择"开始|程序|Autodesk|AutoCAD 2014-简体中文（Simplified Chinese）|AutoCAD 2014-简体中文（Simplified Chinese）"命令，将正常启动 AutoCAD 2014 软件，如图 2-70 所示。

（2）此时软件将自动新建一个"Drawing1.dwg"文件，选择"文件|保存"菜单命令，系统将弹出"另存为"对话框，在"保存于"下拉列表框中选择"案例\02"，在"文件名"文本框中输入"新农村住宅设计图"，然后单击"保存"按钮，从而将文件保存为"案例\02\

新农村住宅设计图.dwg",如图 2-71 所示。

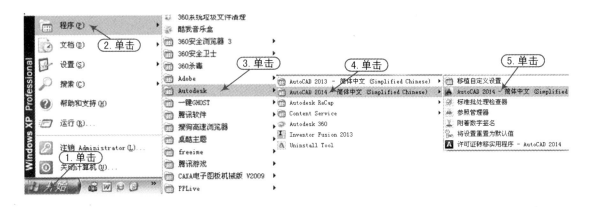

图 2-70　启动 AutoCAD 2014

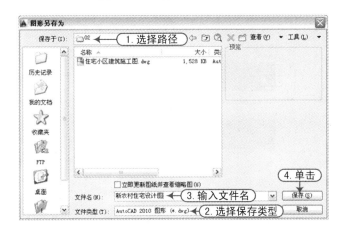

图 2-71　保存文件

（3）选择"格式 | 图层"菜单命令，将弹出"图层特性管理器"面板，单击"新建图层"按钮 ⍾ 5 次，在"名称"列中将依次显示"图层 1"～"图层 5"，此时使用鼠标选择"图层 1"，并按〈F2〉键使之处于编辑状态，再输入图层名称"轴线"；再按照此方法分别将其他图层重新命名为"墙体""门窗""柱子"和"标注"，如图 2-72 所示。

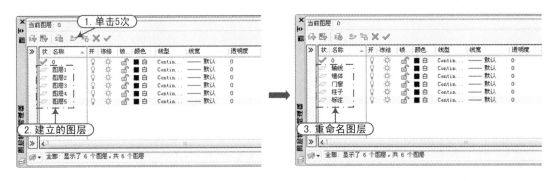

图 2-72　设置图层名称

（4）选择"轴线"图层，在"颜色"列中单击该颜色按钮，将弹出"选择颜色"对话框，在该对话框中单击"红色"，然后单击"确定"按钮返回到"图层特性管理器"面板，从而设置该图层的颜色为红色，如图2-73所示。

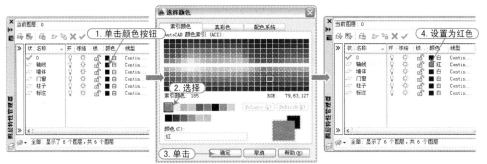

图2-73　设置颜色

（5）在"线型"列中单击该按钮，将弹出"选择线型"对话框，选择"DASHDOT"线型后单击"确定"按钮，从而设置该图层的线型对象为"DASHDOT"，如图2-74所示。

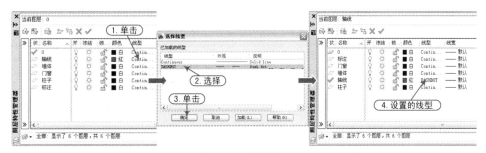

图2-74　设置线型

　　　　如果在"选择线型"对话框中找不到所需要的线型对象，用户可单击"加载"按钮，在弹出的"加载或重载线型"对话框中选择所需的线型对象，然后单击"确定"按钮，即可将其加载到"选择线型"对话框中，如图2-75所示。

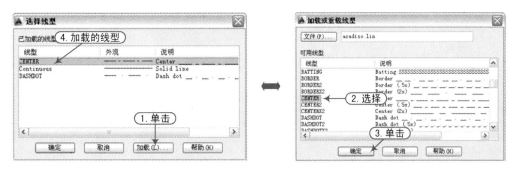

图2-75　加载线型

（6）再按照前面的方法，分别将"墙体""门窗""柱子"和"标注"图层的对象按照表2-2进行设置，设置的效果如图2-76所示。

表 2-2 设置图层

图 层 名 称	颜 色	线 型	宽 度
墙体	黑色	Continuous	0.30mm
门窗	蓝色	Continuous	默认
柱子	黄色	Continuous	0.30mm
标注	绿色	Continuous	默认

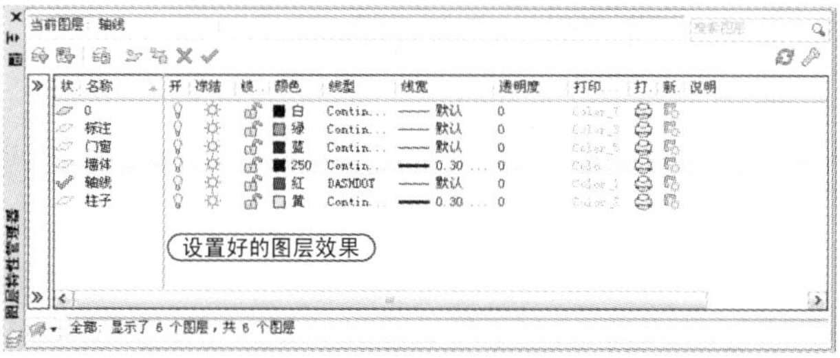

图 2-76 设置其他图层参数

（7）在"图层"工具栏的"图层控制"下拉列表框中选择"轴线"图层，使之成为当前图层对象，如图 2-77 所示。

（8）在"绘图"工具栏中单击"直线"按钮，在命令行的"指定第一点："提示下输入"0,0"，再在"指定下一点或 [放弃(U)]："提示下输入"@0,15000"，然后按〈Enter〉键结束，从而自原点绘制一条垂直的线段，如图 2-78 所示。

图 2-77 设置当前图层

（9）同样，在"绘图"工具栏中单击"直线"按钮，在命令行的"指定第一点："提示下输入"0,0"，再在"指定下一点或 [放弃(U)]："提示下输入"@10000, 0"，然后按〈Enter〉键结束，从而自原点绘制一条水平的线段，如图 2-79 所示。

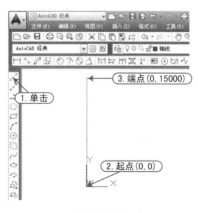

图 2-78 绘制的垂直线段

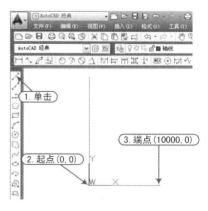

图 2-79 绘制的水平线段

（10）在"修改"工具栏中单击"偏移"按钮，在命令行的"指定偏移距离："提示下输入"3600"并按〈Enter〉键，在"选择要偏移的对象："提示下选择垂直线段，在"指定要偏移的那一侧上的点"提示下选择垂直线段的右侧，从而将垂直线段向右偏移 3600，如图 2-80 所示。

（11）再按照上面的方法将偏移的线段向右侧偏移 5700，将下侧的线段分别向上偏移 1500、4200、2700、4800，如图 2-81 所示。

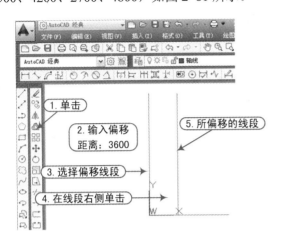

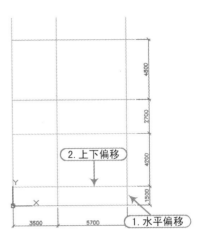

图 2-80 偏移的垂直线段　　　　　　　　图 2-81 偏移其他线段

（12）从当前图形对象可以看出，由于选择的"轴线"图层所使用的线型为 "DASHDOT"，是虚线，但由观察知并非虚线，而是类似实线的，这时用户可选择"格式｜ 线型"命令，将弹出"线型管理器"对话框，在"全局比例因子"文本框中输入"100"，再 单击"确定"按钮，则视图中的轴线将呈点画线状，如图 2-82 所示。

图 2-82 改变比例因子

（13）至此，该新农村住宅设计图的轴线网已经绘制完成，用户可按〈Ctrl+S〉组合键对 其进行保存。

2.8 课后练习与项目测试

1. 选择题

1）默认的世界坐标系的简称是（　　）。

A. CCS　　　　B. UCS　　　　　　C. UCS1　　　　　　D. WCS

2）在命令行中输入"zoom"，执行"缩放"命令。在命令行"指定窗口角点，输入比例因子（nx 或 nxp），或[全部（a）/中心点（c）/动态（d）/范围（e）/上一个（p）/比例（s）/窗口（w）]<实时>:"提示下，输入（   ），该图形相对于将当前视图缩小一半。

  A．-0.5nxp   B．0.5x   C．2nxp   D．2x

3）"缩放"命令（zoom）在执行过程中改变了（   ）。

  A．图形的界限范围大小   B．图形的绝对坐标

  C．图形在视图中的位置   D．图形在视图中显示的大小

4）下面（   ）层的名称不能被修改或删除。

  A．未命名的层   B．标准层   C．0 层   D．缺省的层

5）当图形中只有一个视口时，"重生成"的功能与（   ）相同。

  A．窗口缩放   B．全部重生成   C．实时平移   D．重画

6）用相对直角坐标绘图时以（   ）为参照点。

  A．上一指定点或位置   B．坐标原点

  C．屏幕左下角点   D．任意一点

7）下列目标选择方式中，（   ）方式可以快速全选绘图区中的所有对象（   ）。

  A．esc   B．box   C．all   D．zoom

8）下列命令中，（   ）能够既刷新视图，又刷新计算机图形数据库。

  A．redraw   B．redrawall   C．regen   D．regenmode

9）在 AutoCAD 中，使用交叉窗口选择（crossing）对象时，所产生选择集（   ）。

  A．仅为窗口的内部的实体

  B．仅为与窗口相交的实体（不包括窗口的内部的实体）

  C．同时与窗口四边相交的实体加上窗口内部的实体

  D．以上都不对

10）在 AutoCAD 中，下列坐标中使用相对极坐标的是（   ）。

  A．（@32,18）   B．（@32<18）   C．（32,18）   D．（32<18）

2．简答题

1）简述 AutoCAD 的各种坐标系的使用方法与不同点。

2）简述视图缩放的"动态缩放"与"中心缩放"的使用方法。

3）简述极轴追踪和自动追踪的功能与操作方法。

4）简述图层的创建与设置方法。

3．操作题

1）在 AutoCAD 2014 环境中，选择"格式 | 图层"菜单命令，将弹出"图层特性管理器"面板，按照表 2-3 所示新建图层，并设置图层的线宽、线型和颜色等。

表 2-3 建立的图层

序号	图层名	描述内容	线宽	线型	颜色	打印属性
1	轴线	定位轴线	0.15	点画线	红色	打印
2	轴线文字	轴线园及轴线文字	0.15	实线	蓝色	打印

（续）

序号	图层名	描述内容	线宽	线型	颜色	打印属性
3	辅助轴线	辅助轴线	0.15	点画线	红色	不打印
4	墙	墙体	0.3	实线	粉红	打印
5	柱	柱	0.3	实线	黑色	打印
6	标注	尺寸线、标高	0.15	实线	绿色	打印
7	门窗	门窗	0.15	实线	青色	打印
8	楼梯	楼梯	0.15	实线	黑色	打印
9	文字	图中文字	0.15	实线	黑色	打印
10	设施	家具、卫生设备	0.15	实线	黑色	打印

2）新建一个图形文件，在"绘图"工具栏中单击"直线"按钮，然后按照表 2-4 中的图纸幅面及图框尺寸来绘制横式和竖式的图纸幅面，如图 2-83 所示。

表 2-4 幅面及图框尺寸 　　　　　　　　　　　　　　　　　　单位：mm

图纸幅面 尺寸代号	A0	A1	A2	A3	A4
$B \times L$	841×1189	594×841	420×594	297×420	210×297
c	10			5	
a	25				

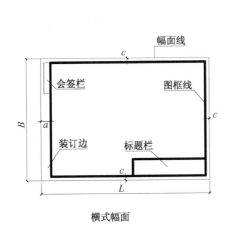

横式幅面

竖式幅面

图 2-83 绘制的图纸幅面

第3章　AutoCAD 2014图形的绘制与编辑

本章导读

　　所有的建筑工程图都是由基本图形组合而成的。AutoCAD 2014 提供了精确绘制基本图形的方法，如直线、圆、矩形、多边形、多段线、多线等，它们是整个 AutoCAD 2014 的绘制基础。但并非只需要绘制一些简单的直线、圆、矩形等对象后就能够构成所需的建筑图形对象，为了使绘制的图形更加形象、逼真、高效、准确地达到制图要求，就需要对其进行修剪、移动、复制、缩放、旋转、阵列等编辑操作。

　　在本章中，首先讲解了 AutoCAD 2014 环境中的绘制二维图形的一些最基本的命令和方法，包括绘制直线、圆、圆弧、矩形、正多边形、多段线、多线等；接着讲解了 AutoCAD 2014 进行图形的各种编辑命令及方法，包括删除、移动、复制、阵列、偏移、延伸、缩放、修剪、拉长、倒圆角、打断、打散等；最后通过某医院平面图的绘制，讲解了绘制建筑轴线及墙线的方法，以及如何开启门窗洞口和安装门窗对象。

主要内容

- ☑ 掌握 AutoCAD 2014 二维平面图形的绘制方法
- ☑ 进行医院平面图轴线和墙体的绘制实例
- ☑ 掌握 AutoCAD 2014 二维平面图形的编辑方法
- ☑ 练习医院平面图门窗对象的绘制实例

效果预览

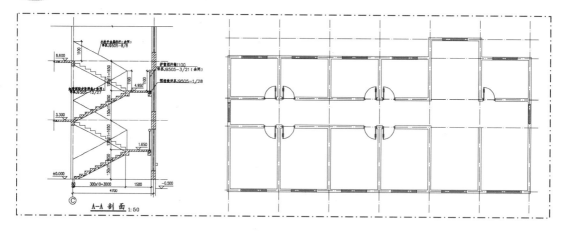

3.1　绘制基本图形

建筑工程图都是由一些最基本的图形组合而成的，如点、直线、圆弧、圆、矩形、多边形等，只有熟练地掌握了这些基本图形的绘制方法，才能够更加方便、快捷、灵活自如地绘制出复杂的图形来。

3.1.1　绘制直线对象

直线对象可以是一条线段，也可以是一系列相连的线段，但每条线段都是独立的直线对象。通过调用"line"命令及选择正确的终点顺序，可以绘制一系列首尾相接的直线段。

要绘制直线对象，用户可以通过以下几种方法。

☑ 面板：在"绘图"面板中单击"直线"按钮 。

☑ 菜单栏：选择"绘图 | 直线"命令。

☑ 工具栏：在"绘图"工具栏上单击"直线"按钮 。

☑ 命令行：在命令行中输入或动态输入"line"命令（快捷命令"L"）。

当执行直线命令后，根据命令行提示进行操作，即可绘制一系列首尾相连的直线段所构成的对象（梯形），如图3-1所示。

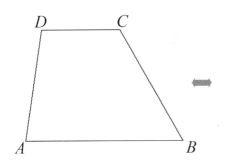
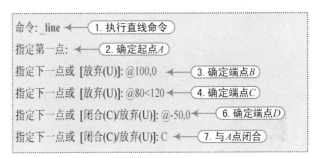

图3-1　绘制的由直线对象构成的梯形

在绘制直线的过程中，各选项的含义如下。

☑ 指定第一点：通过键盘输入或者鼠标确定直线的起点位置。

☑ 闭合（U）：如果绘制了多条线段，最后要形成一个封闭的图形，选择该选项并按〈Enter〉键，即可将最后确定的端点与第1个点重合。

☑ 放弃（U）：选择该选项将撤销最近绘制的直线而不退出直线命令。

在 AutoCAD 2014 中，当命令操作有多个选项时，单击鼠标右键将弹出如图 3-2 所示的快捷菜单，虽然命令选项会因命令的不同而不同，但基本选项大同小异。

图3-2　快捷菜单

软件技能

　　用直线命令绘制的直线在默认状态下是没有宽度的，但可以通过不同的图层定义直线的线宽和颜色，在打印输出时，可以打印粗细不同的直线。

3.1.2　绘制构造线对象

　　构造线是无限长的直线，没有起点和终点，可以放置在三维空间的任何地方，它们不像直线、圆、圆弧、椭圆、正多边形等作为图形的构成元素，只是仅仅作为绘图过程中的辅助参考线。

　　要绘制构造线对象，用户可以通过以下几种方法。

　　☑ 面板：在"绘图"面板中单击"构造线"按钮 。

　　☑ 菜单栏：选择"绘图 | 构造线"命令。

　　☑ 工具栏：在"绘图"工具栏上单击"构造线"按钮 。

　　☑ 命令行：在命令行中输入或动态输入"xline"命令（快捷命令"XL"）。

　　执行构造线命令后，根据命令行提示进行操作，即可绘制垂直和指定角度的构造线，如图 3-3 所示。

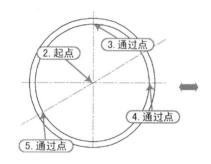

图 3-3　绘制的构造段

　　在绘制构造线的过程中，各选项的含义如下。

　　☑ 水平（H）：创建一条经过指定点并且与当前坐标 x 轴平行的构造线。

　　☑ 垂直（V）：创建一条经过指定点并且与当前坐标 y 轴平行的构造线。

　　☑ 角度（A）：创建与 x 轴成指定角度的构造线；也可以先指定一条参考线，再指定直线与构造线的角度；还可以先指定构造线的角度，再设置通过点，如图 3-4 所示。

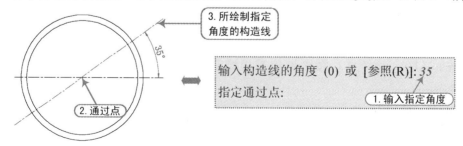

图 3-4　绘制指定角度的构造线

☑ 二等分（B）：创建二等分指定的构造线，即角平分线，要指定等分角的顶点、起点和端点，如图3-5所示。

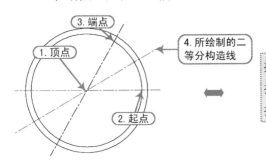

图3-5　绘制二等分构造线

☑ 偏移（O）：创建平行于指定基线的构造线，需要先指定偏移距离，选择偏移对象，然后指明构造线位于基线的哪一侧，如图3-6所示。

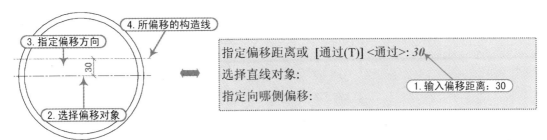

图3-6　绘制偏移的构造线

　　　在绘制构造线时，若没有指定构造线的类型，用户可在视图中指定任意的两点来绘制一条构造线。

3.1.3　绘制多段线对象

　　多段线是作为单个对象创建的相互连接的线段序列。可以创建直线段、圆弧段或两者的组合线段。它可适用于地形、等压和其他科学应用的轮廓素线、布线图和电路印刷板布局、流程图和布管图、三维实体建模的拉伸轮廓和拉伸路径等。

　　要绘制多段线对象，用户可以通过以下几种方法。

☑ 面板：在"绘图"面板中单击"多段线"按钮 ✍ 。

☑ 菜单栏：选择"绘图｜多段线"命令。

☑ 工具栏：在"绘图"工具栏上单击"多段线"按钮 ✍ 。

☑ 命令行：在命令行中输入或动态输入"pline"命令（快捷命令"PL"）。

　　执行多段线命令后，根据命令行提示进行操作，即可绘制带箭头的构造线，如图3-7所示。

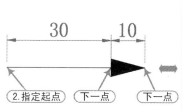

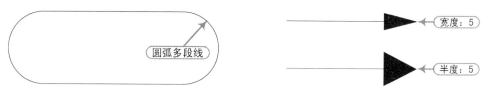

图 3-7　绘制带箭头的构造线

在绘制多段线的过程中，各选项的含义如下。

☑ 圆弧（A）：从绘制直线方式切换到绘制圆弧方式，如图 3-8 所示。

☑ 半宽（H）：设置多段线的一半宽度，用户可分别指定多段线的起点半宽和终点半宽，如图 3-9 所示。

图 3-8　圆弧多段线

图 3-9　半宽多段线

☑ 长度（L）：指定绘制直线段的长度。

☑ 放弃（U）：删除多段线的前一段对象，从而方便用户及时修改在绘制多段线过程中出现的错误。

☑ 宽度（W）：设置多段线的不同起点和端点宽度，如图 3-10 所示。

软件技能　　当用户设置了多段线的宽度时，可通过 Fill 变量来设置是否对多段线进行填充。如果设置为"开（ON）"，则表示填充；若设置为"关（OFF）"，则表示不填充，如图 3-11 所示。

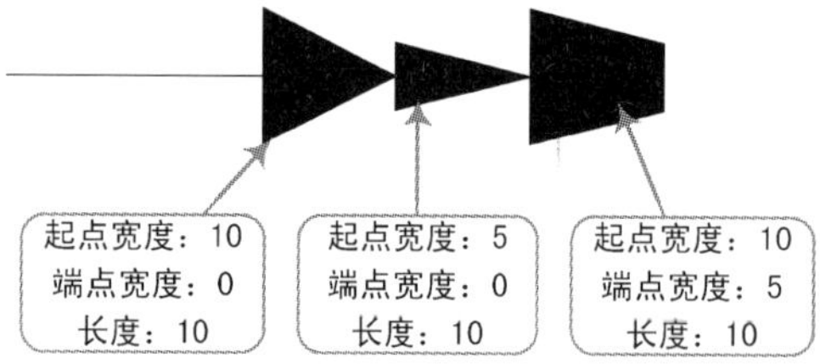

起点宽度：10　端点宽度：0　长度：10

起点宽度：5　端点宽度：0　长度：10

起点宽度：10　端点宽度：5　长度：10

Fill=0ff（关）

Fill=0ff（关）

图 3-10　绘制不同宽度的多段线

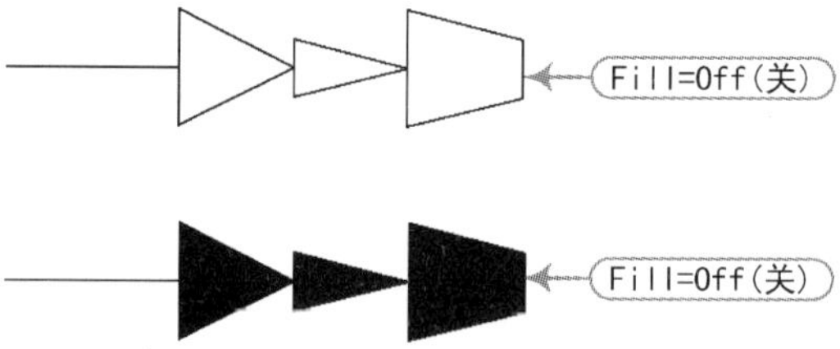

图 3-11　是否填充的效果

☑ 闭合（C）：与起点闭合，并结束命令。当多段线的宽度大于 0 时，若想绘制闭合的多段线，一定要选择"闭合（C）"选项，这样才能使其完全闭合，否则即使起点与终点重合，也会出现缺口现象，如图 3-12 所示。

图 3-12 起点与终点是否闭合

3.1.4 绘制圆对象

圆是工程制图中另一种常见的基本实体，不论是机械工程图的绘制、产品设计，还是建筑、园林、施工图的绘制，它的使用都是十分频繁的。

要绘制圆对象，用户可以通过以下几种方法。

☑ 面板：在"绘图"面板中单击"圆"按钮⊙。

☑ 菜单栏：选择"绘图｜圆"子菜单下的相关命令，如图 3-13 所示。

☑ 工具栏：在"绘图"工具栏上单击"圆"按钮⊙。

☑ 命令行：在命令行中输入或动态输入"circle"命令（快捷命令"C"）。

图 3-13 "圆"子菜单

在 AutoCAD 2014 中，可以使用 6 种方法来绘制圆对象，如图 3-14 所示。

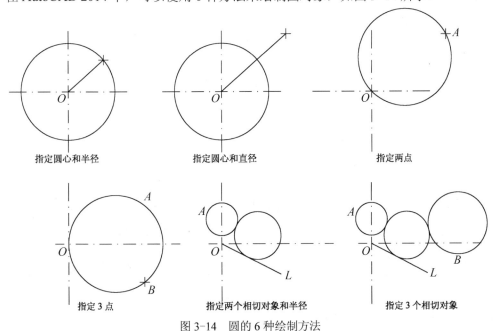

图 3-14 圆的 6 种绘制方法

在"绘图 | 圆"子菜单中各命令的功能如下。

☑ 绘图 | 圆 | 圆心、半径：指定圆的圆心和半径绘制圆。

☑ 绘图 | 圆 | 圆心、直径：指定圆的圆心和直径绘制圆。

☑ 绘图 | 圆 | 两点命令：指定两个点，并以两个点之间的距离为直径来绘制圆。

☑ 绘图 | 圆 | 三点命令：指定 3 个点来绘制圆。

☑ 绘图 | 圆 | 相切、相切、半径：以指定的值为半径，绘制一个与两个对象相切的圆。在绘制时，需要先指定与圆相切的两个对象，然后指定圆的半径。

☑ 绘图 | 圆 | 相切、相切、相切：依次指定与圆相切的 3 个对象来绘制圆。

如果在命令提示要求输入半径或者直径时所输入的值无效，如英文字母、负值等，系统将显示"需要数值距离或第二点""值必须为正且非零"等信息，并提示重新输入值或者退出该命令。

软件技能

> 在"指定圆的半径或[直径(D)]:"提示下，也可移动十字光标至合适位置单击，系统将自动把圆心和十字光标确定的点之间的距离作为圆的半径，绘制出一个圆。

3.1.5 绘制圆弧对象

在 AutoCAD 中，提供了多种不同的画弧方式，可以指定圆心、端点、起点、半径、角度、弦长和方向值的各种组合形式。

要绘制圆弧对象，用户可以通过以下几种方法。

☑ 面板：在"绘图"面板中单击"圆弧"按钮 。

☑ 菜单栏：选择"绘图 | 圆弧"子菜单下的相关命令，如图 3-15 所示。

☑ 工具栏：在"绘图"工具栏上单击"圆弧"按钮 。

☑ 命令行：在命令行中输入或动态输入"arc"命令（快捷命令"A"）。

执行圆弧命令后，根据提示进行操作，即可绘制一个圆弧，如图 3-16 所示。

图 3-15 "圆弧"子菜单

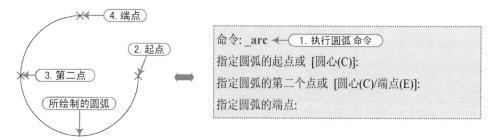

图 3-16 绘制的圆弧

在"绘图 | 圆弧"子菜单下，有多种绘制圆弧的方式。每种方式的含义和提示如下。

☑ 三点：通过指定三点可以绘制圆弧。

☑ 起点、圆心、端点：如果已知起点、圆心和端点，可以通过首先指定起点或圆心来绘制圆弧，如图 3-17 所示。

☑ 起点、圆心、角度：如果存在可以捕捉到的起点和圆心点，并且已知包含角度，可以使用"起点、圆心、角度"或"圆心、起点、角度"选项，如图 3-18 所示。

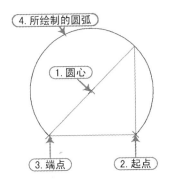

图 3-17　"起点、圆心、端点"画圆弧

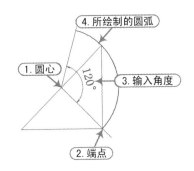

图 3-18　"起点、圆心、角度"画圆弧

☑ 起点、圆心、长度：如果存在可以捕捉到的起点和圆心，并且已知弦长，可以使用"起点、圆心、长度"或"圆心、起点、长度"选项，如图 3-19 所示。

☑ 起点、端点、方向/半径：如果存在起点和端点，可以使用"起点、端点、方向"或"起点、端点、半径"选项，如图 3-20 所示。

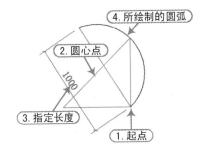

图 3-19　"起点、圆心、长度"画圆弧

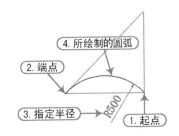

图 3-20　"起点、圆心、半径"画圆弧

☑ 起点、端点、角度：通过指定起点、端点和角度来绘制圆弧，输入正的角度值，按逆时针方向绘制圆弧，输入负的角度值，则按顺时针方向绘制圆弧（均从起点开始）。

完成圆弧的绘制后，启动直线命令"line"，在"指定第一点："提示下直接按〈Enter〉键，再输入直线的长度数值，可以立即绘制一段与该圆弧相切的直线。命令行提示及视图效果如图 3-21 所示。

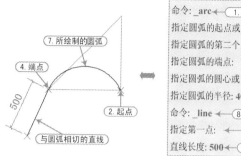

图 3-21　绘制与圆弧相切的直线段

3.1.6　绘制圆环对象

AutoCAD 2014 中提供了圆环的绘制命令，只须指定内、外圆的直径和圆心，即可得到多个具有相同性质的圆环对象。用户可以通过以下任意一种方式来执行"圆环"命令。

☑　面板：在"绘图"面板中单击"圆环"按钮◎，如图 3-22 所示。

☑　菜单栏：选择"绘图 | 圆环"命令。

☑　工具栏：在"绘图"工具栏上单击"圆环"按钮◎。

☑　命令行：在命令行中输入或动态输入"DONUT"命令（快捷命令"DO"）。

执行"圆环"命令后，按命令行提示操作，即可绘制如图 3-23 所示的圆环对象。

命令: DONUT	// 执行"圆环"命令
指定圆环的内径 <10.0000>:	// 输入圆环内径为 10
指定圆环的外径 <20.0000>:	// 输入圆环外径为 20
指定圆环的中心点或 <退出>:	// 指定圆环中心点位置

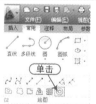

图 3-22　单击"圆环"按钮

图 3-23　绘制的圆环

可以通过命令 Fill 或系统变量 FILLMODE 设置是否填充圆环；如果将圆环的内径设为 0，得到的结果为填充圆；通过"特性"面板，还可以设置是否为闭合的圆环，如图 3-24 所示。

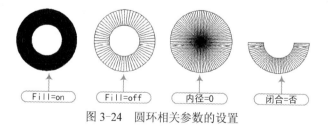

图 3-24　圆环相关参数的设置

3.1.7　绘制矩形对象

矩形命令是 AutoCAD 最基本的平面绘图命令，用户在绘制矩形时仅需提供两个对角的坐标即可。在 AutoCAD 2014 中，用户绘制矩形时可以进行多种设置，使用该命令创建的矩形由封闭的多段线作为矩形的 4 条边。

要绘制矩形对象，用户可以通过以下几种方法。

☑ 面板：在"绘图"面板中单击"矩形"按钮▭。

☑ 菜单栏：选择"绘图 | 矩形"命令。

☑ 工具栏：在"绘图"工具栏上单击"矩形"按钮▭。

☑ 命令行：在命令行中输入或动态输入"rectangle"命令（快捷命令"REC"）。

当执行矩形命令后，根据命令行提示进行操作，即可绘制一个矩形，如图 3-25 所示。

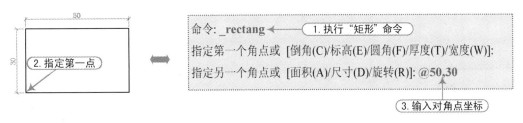

图 3-25　绘制的矩形

在绘制矩形的过程中，各选项的含义如下。

☑ 倒角（C）：指定矩形的第一个倒角距离与第二个倒角距离，如图 3-26 所示。

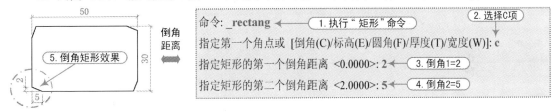

图 3-26　绘制的倒角矩形

☑ 标高（E）：指定矩形距 xy 平面的高度，如图 3-27 所示。

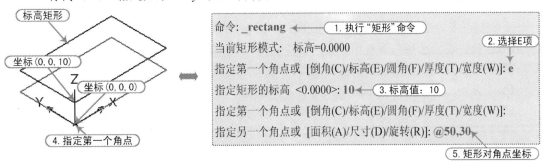

图 3-27　绘制的标高矩形

☑ 圆角（F）：指定带圆角半径的矩形，如图3-28所示。

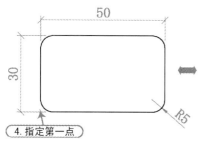

命令：_rectang ← 1. 执行"矩形"命令
2. 选择F项
指定第一个角点或 [倒角(C)/标高(E)/圆角(F)/厚度(T)/宽度(W)]：**f**
指定矩形的圆角半径 <0.0000>：**5** 3. 圆角半径：5
指定第一个角点或 [倒角(C)/标高(E)/圆角(F)/厚度(T)/宽度(W)]：
指定另一个角点或 [面积(A)/尺寸(D)/旋转(R)]：**@30,50**
4. 指定第一点
5. 矩形对角点坐标

图3-28　绘制的圆角矩形

☑ 厚度（T）：指定矩形的厚度，如图3-29所示。
☑ 宽度（W）：指定矩形的线宽，如图3-30所示。

厚度为5的矩形

线宽为2的矩形

图3-29　绘制指定厚度的矩形　　　　图3-30　绘制指定宽度的矩形

☑ 面积（A）：通过指定矩形的面积来确定矩形的长或宽。
☑ 尺寸（D）：通过指定矩形的宽度、高度和矩形另一角点的方向来确定矩形。
☑ 旋转（R）：通过指定矩形旋转的角度来绘制矩形。

　　在AutoCAD中，使用矩形命令（rectang）所绘制的矩形对象是一个复制体，不能单独进行编辑。如确实需要进行单独的编辑，应先将对象分解。

3.1.8　绘制正多边形对象

　　正多边形是由多条等长的封闭线段构成的，利用正多边形命令可以绘制由3～1024条边组成的正多边形。

　　要绘制正多边形对象，用户可以通过以下几种方法。

☑ 面板：在"绘图"面板中单击"正多边形"按钮 ⬠。
☑ 菜单栏：选择"绘图 | 正多边形"命令。
☑ 工具栏：在"绘图"工具栏上单击"正多边形"按钮 ⬠。
☑ 命令行：在命令行中输入或动态输入"polygon"命令（快捷命令"POL"）。

　　执行正多边命令后，根据提示进行操作，即可绘制一个正多边形，如图3-31所示。

　　如果用户可以在"输入选项 [内接于圆(I)/外切于圆(C)]："提示下输入"C"，绘制外切正六边形，如图3-32所示。

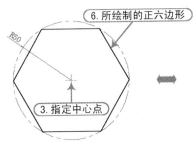

图 3-31　绘制内接正六边形

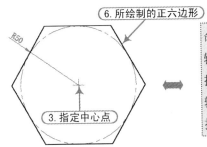

图 3-32　绘制外切正六边形

在绘制正多边形的过程中，各选项的含义如下。

☑ 中心点：通过指定一个点，来确定正多边形的中心点。

☑ 边（E）：通过指定正多边形的边长和数量来绘制正多边形，如图 3-33 所示。

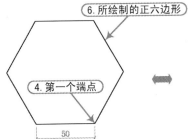

图 3-33　指定边长及角度

☑ 内接于圆（I）：以指定多边形内接圆半径的方式来绘制正多边形，如图 3-34 所示。

☑ 外切于圆（C）：以指定多边形外切圆半径的方式来绘制正多边形，如图 3-35 所示。

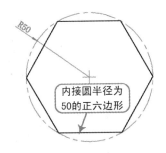

图 3-34　内接于圆

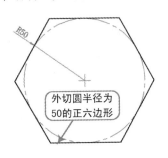

图 3-35　外切于圆

使用正多边形命令绘制的正多边形是一个整体，不能单独进行编辑，如确实需要进行单独的编辑，应先将对象分解。利用边长绘制出正多边形时，用户确定的两个点之间的距离即为多边形的边长，两个点可通过捕捉栅格或相对坐标方式确定；利用边长绘制正多边形时，绘制出的正多边形的位置和方向与用户确定的两个端点的相对位置有关。

3.1.9 绘制点对象

在 AutoCAD 中，可以一次性绘制多个点，也可以一次只绘制单个点，它相当于在图样的指定位置旋转一个特定的点符号。可以通过"单点""多点""定数等分"和"定距等分" 4 种方式来创建点对象。

要绘制点对象，用户可以通过以下几种方法。

☑ 面板：单击"绘图"面板中的"点"按钮。

☑ 菜单栏：选择"绘图 | 点"子菜单下的相关命令，如图 3-36 所示。

☑ 工具栏：单击"绘图"工具栏的"点"按钮。

☑ 命令行：在命令行中输入或动态输入"point"命令（快捷命令"PO"）。

执行点命令过后，在命令行"指定点："的提示下，使用鼠标在窗口的指定位置单击即可绘制点对象。

在 AutoCAD 中可以设置点的样式和大小，选择"格式 | 点样式"命令，或者在命令行中输入"ddptype"，即可弹出"点样式"对话框，从而设置点样式和大小，如图 3-37 所示。

图 3-36　绘制点的几种方式

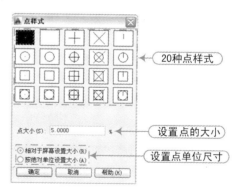

图 3-37　"点样式"对话框

在"点样式"对话框中，各选项的含义如下。

☑ "点样式"列表框：在该列表框中列出 AutoCAD 2014 提供的所有点样式，且每个点对应一个系统变量（PDMODE）值。

☑ "点大小"文本框：设置点的显示大小，可以相对于屏幕设置点的大小，也可以设置绝对单位点的大小，用户在命令行中输入系统变量（PDSIZE）值来重新设置。

☑ "相对于屏幕设置大小（R）"单选按钮：按屏幕尺寸的百分比设置点的显示大小，当进行缩放时，点的显示大小并不改变。

☑ "按绝对单位设置大小（A）"单选按钮：按照"点大小"文本框中值的实际单位来设置点显示大小。当进行缩放时，AutoCAD 显示点的大小会随之改变。

1．等分点

等分点命令的功能是以相等的长度设置点或图块的位置，被等分的对象可以是线段、圆、圆弧以及多段线等实体。选择"绘图｜点｜定数等分"菜单命令，或者在命令行中输入"divide"命令，然后按照命令行提示进行操作，等分的效果如图 3-38 所示。

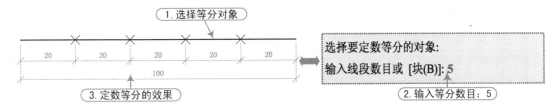

图 3-38　五等分后的线段

在输入等分数目时注意输入值的范围为 2~32 767。

2．等距点

等距点命令用于在选择的实体上按给定的距离放置点或图块。选择"绘图｜点｜定距等分"命令，或者在命令行中输入"measure"命令，然后按照命令行提示进行操作，等分的效果如图 3-39 所示。

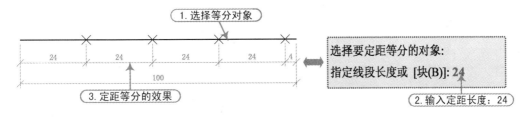

图 3-39　以 24 为单位定距等分线段

 ## 3.1.10　图案填充对象

用户在绘制建筑图形时，经常需要使用一些图案来对封闭的图形区域进行图案填充，以达到符合设计需要的要求。通过 AutoCAD 提供的"图案填充"功能，就可以根据用户的需要来设置填充的图案、填充的区域、填充的比例等。

要进行图案填充，用户可以通过以下几种方法。

☑ 面板：在"绘图"面板中单击"图案填充"按钮。

☑ 菜单栏：选择"绘图 | 图案填充"命令。

☑ 工具栏：在"绘图"工具栏上单击"图案填充"按钮。

☑ 命令行：在命令行中输入或动态输入"bhatch"命令（快捷命令"BH"）。

启动图案填充命令之后，将弹出"图案填充或渐变色"对话框，根据要求选择一个封闭的图形区域，并设置填充的图案、比例、填充原点等，即可对其进行图案填充，如图 3-40 所示。

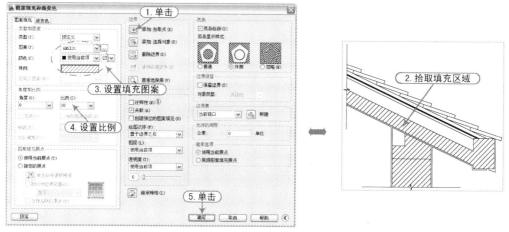

图 3-40　图案填充

如果用户是在"草图与注释"工作空间模式下操作的话，此时执行"图案填充"命令（H），将在功能区增加"图案填充创建"选项卡，从而可以对边界、图案、特性、选项等进行设置，如图 3-41 所示。

图 3-41　"图案填充创建"选项卡

下面对"图案填充和渐变色"对话框的"图案填充"选项卡中特有的选项的含义介绍如下。

☑ "类型"下拉列表框：可以选择填充图案的类型，包括"预定义""用户定义"和"自定义"3 个选项。

☑ "图案"下拉列表框：设置填充的图案，若单击其后的按钮，将打开"填充图案选项板"对话框，从中选择相应的填充图案即可，打开后有 4 种填充类型，如图 3-42 所示。

图 3-42　4 种填充类型

对于 AutoCAD 的自定义填充图案，用户可以在网上下载，然后将下载的填充图案复制到 AutoCAD 安装目录下的"support"文件夹下，然后重新启动 AutoCAD 软件，即可在"自定义"选项卡中看到所添加的自定义填充图案。

☑ "样例"预览窗口：显示当前选中的图案样例，单击所选的样例图案，也可以打开"填充图案选项板"对话框来选择图案。

☑ "自定义图案"下拉列表框：当填充的图案类型为"自定义"时，该选项才可用，从而可以在该下拉列表框中选择图案。若单击其后的按钮，将弹出"填充图案选项板"对话框，并自动切换到"自定义"选项卡。

☑ "双向"复选框：将"类型"设置为"自定义"选项时，勾选该复选框，可以使用相互垂直的两组平行线填充；若不勾选，则只有一组平行线填充。

☑ "间距"文本框：可以设置填充线段之间的距离，当填充的类型为"自定义"时，该选项才可用，如图 3-43 所示。

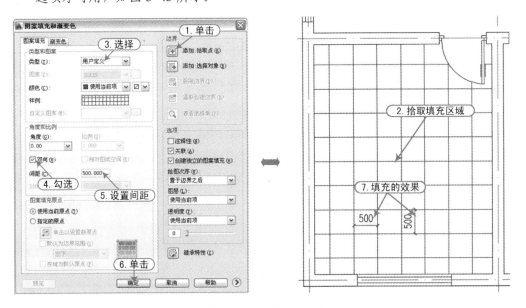

图 3-43　设置间距填充

☑ "相对图纸空间"复选框：若勾选该复选框，则设置的比例因子为相对于图样空间的比例。

☑ "ISO 笔宽"下拉列表框：当填充 ISO 图案时，该选项才可用，用户可在该下拉列表中设置线的宽度。

☑ "使用当前原点"单选按钮：若选中该单选按钮，则图案填充时使用当前 UCS 的原点作为原点。

☑ "指定的原点"单选按钮：若选中该单选按钮，则可以设置图案填充的原点。

☑ "单击以设置新原点"按钮：单击该图标，可以用鼠标在绘图区指定原点。

☑ "默认为边界范围"复选框：若勾选该复选框，则根据图案填充对象边界的矩形范围计算新原点。可以选择该范围的 4 个角点及其中心。

☑ "存储为默认原点"复选框：若勾选该复选框，则将新图案填充原点的值存储在 HPORIGIN 系统变量中。

☑ "使用当前原点"单选按钮：若选中该单选按钮，则在用户使用"继承特性"创建图案填充时继承当前图案填充原点。

☑ "用源图案填充原点"单选按钮：若选中该单选按钮，则在用户使用"继承特性"创建图案填充时继承源图案填充原点。

☑ "角度"下拉列表框：设置填充图案的旋转角度，如图 3-44 所示。

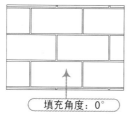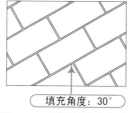

图 3-44　不同的填充角度

☑ "比例"下拉列表框：设置图案填充的比例，如图 3-45 所示。

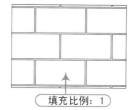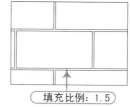

图 3-45　不同的填充比例

☑ "添加：拾取点"按钮 ⊞：以拾取点的形式来指定填充区域的边界。单击该按钮，系统自动切换至绘图区，在需要填充的区域内任意指定一点即可，如图 3-46 所示。

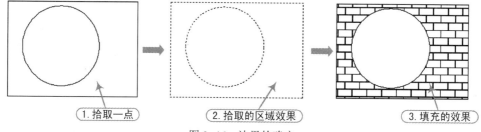

图 3-46　边界的确定

☑ "添加：选择对象"按钮 ⊞：单击该按钮，系统自动切换至绘图区，然后在需要填充的对象上单击即可，如图 3-47 所示。

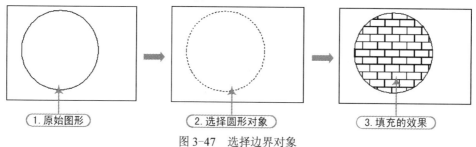

图 3-47　选择边界对象

☑ "删除边界"按钮：单击该按钮，可以取消系统自动计算或用户指定的边界，如图 3-48 所示。

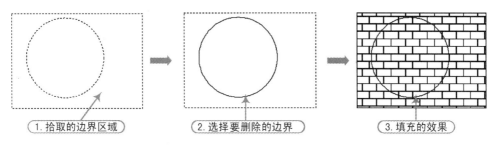

1. 拾取的边界区域　　2. 选择要删除的边界　　3. 填充的效果

图 3-48　删除边界后的填充图形

☑ "重新创建边界"按钮：重新设置图案的填充边界。

☑ "查看选择集"按钮：查看已定义的填充边界。单击该按钮后，绘图区会亮显共边线。

☑ "注释性"复选框：若勾选该复选框，则填充图案为可注释的。

☑ "关联"复选框：若勾选该复选框，则创建边界时图案和填充会随之更新。

☑ "创建独立的图案填充"复选框：若勾选该复选框，则创建的填充图案为独立的。

☑ "绘图次序"下拉列表框：可以选择图案填充的绘图顺序，可放在图案填充边界及所有其他对象之后或之前。

☑ "透明度"下拉列表框：可以设置填充图案的透明度。

☑ "继承特性"按钮：单击该选钮，可将现有的图案填充或填充对象的特性应用到其他图案填充或填充对象中。

☑ "孤岛检测"复选框：在进行图案填充时，位于总填充区域内的封闭区域成为孤岛。在使用"BHATCH"命令填充时，AutoCAD 系统允许用户以拾取点的方式确定填充边界，同时确定该边界内的岛。如果用户以选择对象的方式填充边界，则必须确切地选取这些岛。

☑ "普通"单选按钮：选中该单选按钮，表示从最外边界向里面画填充线，直至遇到与之相交的内部边界时断开填充线，遇到下一个内部边界时再继续绘制填充线。其系统变量 HPNAME 设置为 N，如图 3-49 所示。

☑ "外部"单选按钮：选中该单选按钮，表示从最外边界向里面画填充线，直至遇到与之相交的内部边界时断开填充线，不再继续往里绘制填充线。其系统变量 HPNAME 设置为零，如图 3-50 所示。

☑ "忽略"单选按钮：选择该方式将忽略边界内的对象，所有内部结构都被剖面符号覆盖，如图 3-51 所示。

　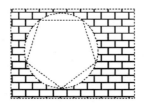　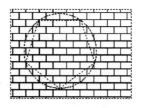

图 3-49　普通填充　　　　图 3-50　外部填充　　　　图 3-51　忽略填充

☑ "保留边界"复选框：勾选该复选框，可将填充边界以对象的形式保留，并可以从"对象类型"下拉列表框中选择填充边界的保留类型。

☑ "边界集"下拉列表框：可以定义填充边界的对象集，默认以"当前视口"中所有可见对象确定其填充边界，也可以单击"新建"按钮，在绘图区重新制定对象类定义边界集。之后，"边界集"下拉列表框中将显示为"现在集合"选项。

☑ "公差"文本框：可以设置允许间隙大小，默认值为 0 时，对象是完全封闭的区域。在该参数范围内，可以将一个几乎封闭的区域看做一个闭合的填充边界。

如果要填充边界未完全闭合的区域，可以设置系统变量 HPGAPTOL 以桥接间隔，将边界视为闭合。但系统变量 HPGAPTOL 仅适用于指定直线与圆弧之间的间隙，经过延伸后，两者会连接在一起。

3.1.11 绘制多线对象

多线就是由 1～16 条相互平行的线组成的对象，且平行线之间的间距、数目、线型、线宽、偏移量、比例均可调整，常用于绘制建筑图样中的墙线、电子线路图等，地图中的公路与河道等对象。

要绘制多线，用户可以通过以下几种方法。

☑ 菜单栏：选择"绘图 | 多线"命令。

☑ 工具栏：在"绘图"工具栏上单击"多线"按钮 ⓦ。

☑ 命令行：在命令行中输入或动态输入"Mline"命令（快捷命令"ML"）。

当执行多线命令后，系统将显示当前的设置（如对正、比例和样式），用户可以根据需要进行设置，然后依次确定多线的起点和下一点，从而绘制多线，其操作步骤如图 3-52 所示。

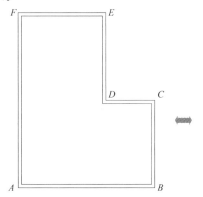

图 3-52　绘制的多线

用户在绘制多线中确定下一点时，可按〈F8〉键切换到正交模式，使用鼠标水平或垂直指向绘制的方向，然后在键盘上输入该多线的长度值即可。

在绘制多线时，各选项的含义如下。

☑ 对正（J）：指定多线的对正方式。选择该项后，将显示如下提示。每种对正方式的示意图如图3-53所示。

输入对正类型 [上(T)/无(Z)/下(B)] <上>:

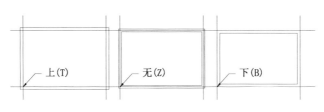

图 3-53　不同的对正方式

☑ 比例（S）：可以控制多线绘制时的比例。选择该项后，将显示如下提示。不同比例因子的示意图如图3-54所示。

输入多线比例 <20.00>:

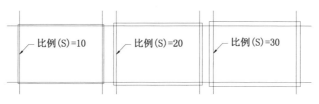

图 3-54　不同的比例因子

☑ 样式（ST）：用于设置多线的线型样式，其默认为标准型（Standard）。选择该项后，将显示如下提示。不同多线样式的示意图如图3-55所示。

输入多线样式名或 [?]:

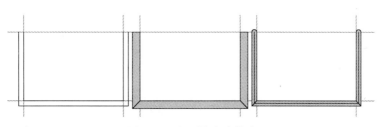

图 3-55　不同的多线样式

软件技能　　如果用户不知道当前文档中设置了哪些多线样式，可以在"输入多线样式名或 [?]:"提示下输入"?"，将弹出一个文本窗口显示当前样式的名称，如图3-56所示。

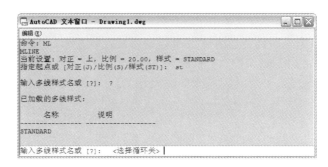

图 3-56　显示当前样式的名称

3.1.12　设置多线样式

默认情况下，AutoCAD 2014 提供的多线样式为"Standard"，比例为"1"，对正方式为"上"，如果用户需要重新设置或修改多线样式，可以通过打开"多线样式"对话框来进行设置。

要打开"多线样式"对话框，用户可以通过以下的方法。

☑ 菜单栏：选择"格式|多线样式"命令。

☑ 命令行：在命令行中输入或动态输入"Mlstyle"命令。

启动多线样式命令之后，将弹出"多线样式"对话框，如图 3-57 所示。下面对"多线样式"对话框中各选项的含义说明如下。

☑ "样式"列表框：显示已经设置或加载的多线样式。

☑ "置为当前"按钮：将"样式"列表框中所选择的多线样式设置为当前模式。

☑ "新建"按钮：单击该按钮，将弹出"创建新的多线样式"对话框，从而可以创建新的多线样式，如图 3-58 所示。

图 3-57　"多线样式"对话框

图 3-58　"创建新的多线样式"对话框

☑ "修改"按钮：在"样式"列表框中选择样式并单击该按钮，将弹出"修改多线样式：××"对话框，即可修改多线的样式，如图 3-59 所示。

图 3-59 "修改多线样式：××"对话框

若当前文档中已经绘制了多线样式，则不能对该多线样式进行修改。

软件技能

☑ "重命名"按钮：将在"样式"列表框中选择的样式重新命名。

☑ "删除"按钮：将在"样式"列表框中选择的样式删除。

☑ "加载"按钮：单击该按钮，将弹出如图 3-60 所示的"加载多线样式"对话框，从而可以将更多的多线样式加载到当前文档中。

☑ "保存"按钮：单击该按钮，将弹出如图 3-61 所示的"保存多线样式"对话框，将当前的多线样式保存为一个多线文件（*.mln）。

图 3-60 "加载多线样式"对话框

图 3-61 "保存多线样式"对话框

3.1.13 多线编辑工具

在 AutoCAD 中绘制多线后，通过编辑多线的方式来设置多线的不同交点方式，以完成各种绘制的需要。

要进行多线的编辑，用户可以通过以下的方法。

☑ 菜单栏：选择"修改丨对象丨多线"命令。

☑ 命令行：在命令行中输入或动态输入"Mledit"命令。

当执行多线编辑命令之后，将弹出"多线编辑工具"对话框，如图 3-62 所示。选择不同的编辑工具，将返回到视图中，然后依次单击要编辑的多线即可。

图 3-62 "多线编辑工具"对话框

 软件技能

3.2 绘制医院平面图的轴线和墙体

视频\03\医院平面图的轴线和墙体的绘制.avi
案例\03\医院平面图的轴线和墙体.dwg

本节通过绘制医院平面图的轴线和墙体来巩固前面所学的绘制二维平面图形的知识。在绘制医院平面图时，首先要设置图形单位、界限、图层等环境，再使用直线和偏移命令绘制垂直和水平的轴线，再使用多线样式命令来设置"120Q"和"240Q"两种多线样式，然后使用多线命令绘制墙体对象，最后使用"多线编辑"工具对绘制的墙体进行"T 形打开"和"角点结合"等编辑。绘制完成的效果如图 3-63 所示。

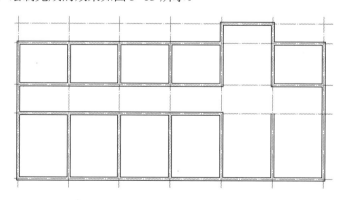

图 3-63 绘制的轴线和墙体效果

（1）正常启动 AutoCAD 2014 软件，按〈Ctrl+S〉组合键将该新建的文件保存为"案例\03\医院平面图的轴线和墙体.dwg"。

（2）选择"格式 | 单位"命令，打开"图形单位"对话框，将长度单位类型设置为"小数"，精度为"0.000"，角度单位"类型"设置为"十进制"，"精度"精确到小数后两位"0.00"。

（3）选择"格式 | 图形界限"命令，依照提示，设置图形界限的左下角为（0,0），右上角为（30000,20000），然后在命令行中输入"Z A"，使输入的图形界限区域全部显示在图形窗口内。

（4）选择"格式 | 图层"命令，打开"图层"对话框，然后按照表 3-1 建立图层。建立的图层效果如图 3-64 所示。

表 3-1 图层设置

序号	图层名	描述内容	线宽	线型	颜色	打印属性
1	轴线	定位轴线	0.15	点画线（ACAD_ISOO4W100）	红色	打印
2	轴线文字	轴线圆及轴线文字	0.15	实线（CONTINUOUS）	蓝色	打印
3	辅助轴线	辅助轴线	0.15	点画线（ACAD_ISOO4W100）	红色	不打印
4	墙	墙体	0.30	实线（CONTINUOUS）	粉红	打印
5	柱	柱	0.30	实线（CONTINUOUS）	黑色	打印
6	标注	尺寸线、标高	0.15	实线（CONTINUOUS）	绿色	打印
7	门窗	门窗	0.15	实线（CONTINUOUS）	青色	打印
8	楼梯	楼梯	0.15	实线（CONTINUOUS）	黑色	打印
9	文字	图中文字	0.15	实线（CONTINUOUS）	黑色	打印
10	设施	家具、卫生设备	0.15	实线（CONTINUOUS）	黑色	打印

（5）在"图层"工具栏的"图层控制"下拉列表框中选择"轴线"，使之成为当前图层，如图 3-65 所示。

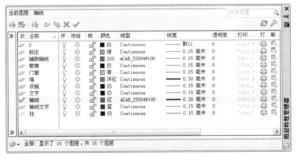

图 3-64 设置的图层

图 3-65 设置当前图层

（6）使用直线命令（L），在视图中绘制一条长度为 15000 的垂直线段，再使用偏移命令（O），将绘制的垂直线段依次向右各偏移"4000"，如图 3-66 所示。

如果用户发现绘制的轴线看上去并非点画线状(ACAD_ISOO4W100)，可选择"格式 | 线型"菜单命令，将弹出"线型管理器"对话框，在"全局比例因子"文本框中输入比例值"50"，如图 3-67 所示，此时所绘制的轴线即呈点画线状。

软件技能

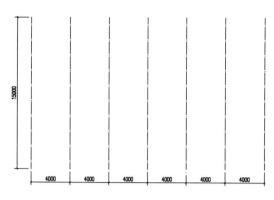

图 3-66　绘制的垂直轴线　　　　　　　　　　图 3-67　设置全局比例因子

（7）同样，使用直线命令（L）在图形的下侧绘制长约 25000 的水平线段，再使用偏移命令（O）将其水平线段分别向上偏移 5000、2200、3200、1500，如图 3-68 所示。

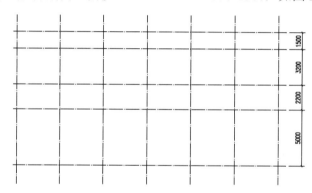

图 3-68　绘制的水平轴线

（8）执行"格式｜多线样式"命令，将弹出"多线样式"对话框，按照要求分别设置"120Q"和"240Q"两种多线样式，如图 3-69 所示。

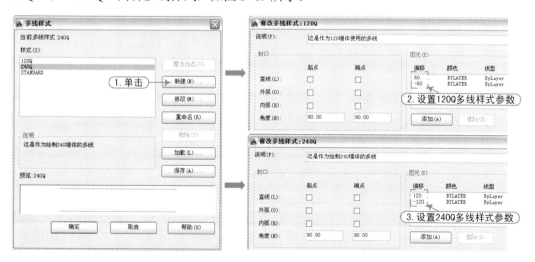

图 3-69　设置"120Q"和"240Q"多线样式

（9）在"图层"工具栏的"图层控制"下拉列表框中选择"墙"，使之成为当前图层。

（10）在命令行中输入"Mlstyle"命令（ML），根据命令行提示设置多线比例为"1"，对正方式为"无"，当前样式为"240Q"，然后依次捕捉轴线的交点 1～8，然后在键盘上按〈C〉键，使之与交点 1 闭合，从而绘制厚度为 240mm 的外墙体，如图 3-70 所示。

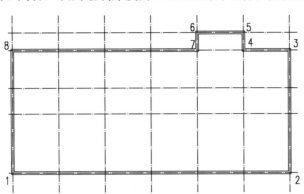

图 3-70　绘制的厚度为 240mm 的外墙体

（11）同样，再使用多线命令（ML），依次绘制内部的 240mm 厚的墙体对象，如图 3-71 所示。

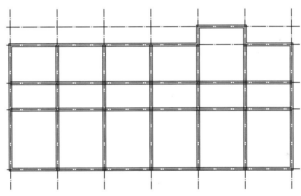

图 3-71　绘制内部的 240mm 墙体

（12）使用修剪命令（TR），根据命令行提示按空格键表示选择全部对象，然后将内部多余的 240mm 厚的墙线删除，如图 3-72 所示。

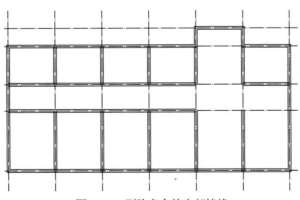

图 3-72　删除多余的内部墙线

（13）执行编辑多线命令（Mledit），将弹出"多线编辑工具"对话框，单击"T 形打开"按钮，依照提示分别将图形上、下、左、右的墙体相交，接着进行"T 形合并"操作。单击鼠标右键重复"多线编辑"命令，然后单击"角点结合"按钮，完成多个拐角点的角点结合操作，如图 3-73 所示。

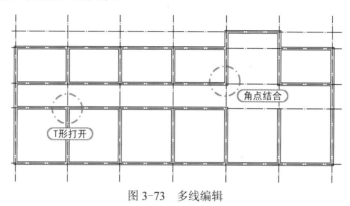

图 3-73　多线编辑

（14）至此，该医院平面图的轴线和墙体对象已经绘制完成，按〈Ctrl+S〉键进行保存。

 3.3　图形的编辑与修改

　　除了绘制一些基本图形之外，还需要进行编辑与修改操作，如复制、旋转、缩放、修剪等操作，才能使绘制的图形更加完善。二维图形编辑命令的菜单命令主要集中在"修改"菜单中，其工具栏命令主要集中在"修改"工具栏中，如图 3-74 所示。

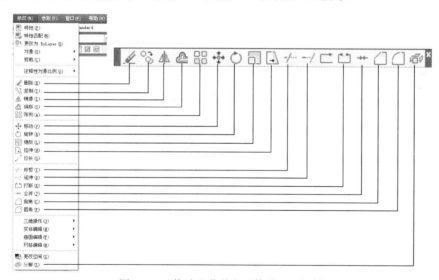

图 3-74　"修改"菜单和"修改"工具栏

3.3.1　删除对象

　　当图形中有不需要的对象时，可以使用删除命令（ERASE）将其删除。

要删除多余的对象，用户可以通过以下几种方法。

☑ 面板：单击"修改"面板中的"删除"按钮 。

☑ 菜单栏：选择"修改 | 删除"命令。

☑ 工具栏：在"修改"工具栏上单击"删除"按钮 。

☑ 命令行：在命令行中输入或动态输入"erase"命令（快捷命令"E"）。

执行删除命令之后，根据提示选择需要删除的对象，并按〈Enter〉键结束选择，即可删除其指定的图形对象，如图 3-75 所示。

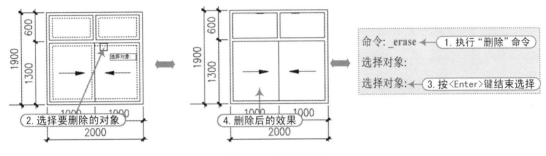

图 3-75　删除对象

另外，用户还可以先选择对象，再执行删除命令，同样也可以将所选择的对象删除，如图 3-76 所示。

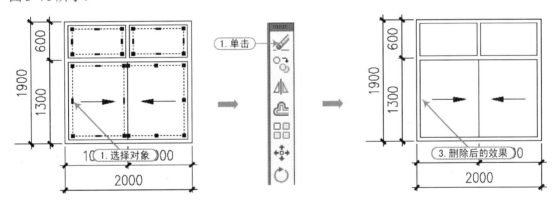

图 3-76　删除对象

在 AutoCAD 2014 中，用"Erase"命令删除对象后，这些对象只是临时性地删除，只要不退出当前图形或没有存盘，用户还可以用"Oops"或"Undo"命令将删除的实体恢复。

3.3.2　复制对象

AutoCAD 2014 提供了复制命令（Copy），可使用户轻松地将实体目标复制到新的位置，达到重复绘制相同对象的目的，从而避免绘图中的重复工作。

要复制对象，用户可以通过以下几种方法。

☑ 面板：单击"修改"面板中的"复制"按钮🖧。

☑ 菜单栏：选择"修改|复制"命令。

☑ 工具栏：在"修改"工具栏上单击"复制"按钮🖧。

☑ 命令行：在命令行中输入或动态输入"copy"命令（快捷命令"C"）。

执行复制命令之后，根据如下命令行提示选择复制的对象，并选择复制基点和指定目标点（或输入复制的距离值），即可将选择的对象复制到指定的位置，如图 3-77 所示。

```
命令: COPY
选择对象:找到 2 个
选择对象:
当前设置： 复制模式 = 多个
指定基点或 [位移(D)/模式(O)] <位移>:
指定第二个点或 [阵列(A)] <使用第一个点作为位移>:
```

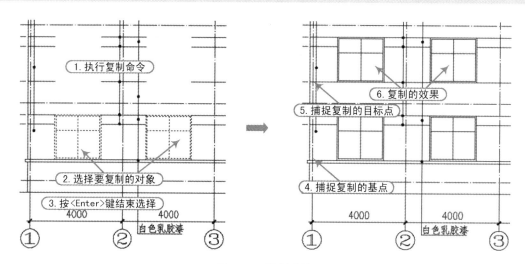

图 3-77　复制对象

新版本的复制命令（CO）提供了"阵列(A)"和"模式(O)"选项。

1）阵列(A)，可以按照指定的距离一次性复制多个对象，如图 3-78 所示；若选择"布满(F)"项，则在指定的距离内布置多个对象，如图 3-79 所示。

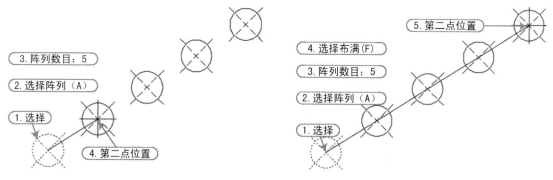

图 3-78　第二点形式　　　　　　　　　图 3-79　布满形式

2）若选择"模式(O)"，则显示当前的两种复制模式，即"单个(S)"和"多个(M)"。"单个(S)"复制模式表示只能进行一次复制操作，而"多个(M)"复制模式表示可以进行多次复制操作。

 ### 3.3.3　镜像对象

在绘图过程中，经常会碰到一些对称的图形，这时就可以使用 AutoCAD 2014 提供的镜像命令（Mirror）进行操作。它是将用户所选择的图形对象向相反的方向进行对称的复制，实际绘图时常用于对称图形的绘制。

要镜像对象，用户可以通过以下几种方法。

☑ 面板：单击"修改"面板中的"镜像"按钮。

☑ 菜单栏：选择"修改 | 镜像"命令。

☑ 工具栏：在"修改"工具栏上单击"镜像"按钮。

☑ 命令行：在命令行中输入或动态输入"mirror"命令（快捷命令"MI"）。

执行镜像命令之后，根据命令行提示选择镜像的对象，并选择镜像线的第一点、第二点，然后确定是否删除源对象，如图 3-80 所示。

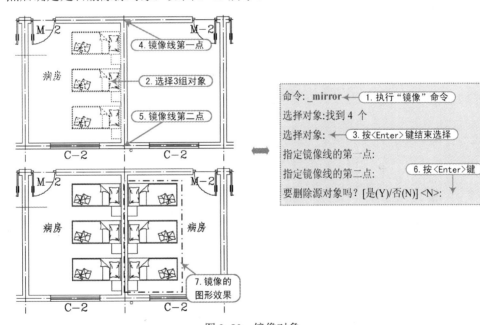

图 3-80　镜像对象

 　　　镜像线由用户确定的两点决定，该线不一定要真实存在，且镜像线可以为任意角度的直线。另外，当对文字对象进行镜像时，其镜像结果由系统变量 MIRRTEXT 控制。当 MIRRTEXT=0 时，文字只是位置发生了镜像，不产生颠倒；当 MIRRTEXT=1 时，文字不但位置发生镜像，而且产生颠倒，变为不可读的形式，如图 3-81 所示。

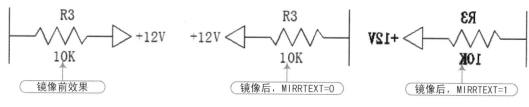

图 3-81 镜像的文字效果

 ### 3.3.4 偏移对象

偏移是创建一个选定对象的等距曲线对象，即创建一个与选定对象类似的新对象，并把它放在离原对象一定距离的位置。偏移直线、构造线、射线等图形对象，相当于将这些图形对象平行复制；偏移圆、圆弧、椭圆等图形对象，则可创建与原图形对象同轴的更大或更小的圆、圆弧和椭圆；偏移矩形、正多边形、封闭的多段线等图形对象，则可创建比原图形对象更大或更小的类似图形对象。

要偏移对象，用户可以通过以下几种方法。

☑ 面板：单击"修改"面板中的"偏移"按钮🔔。

☑ 菜单栏：选择"修改 | 偏移"命令。

☑ 工具栏：在"修改"工具栏上单击"偏移"按钮🔔。

☑ 命令行：在命令行中输入或动态输入"offset"命令（快捷命令"O"）。

启动偏移命令之后，根据如下提示进行操作，即可进行偏移图形对象操作。偏移的图形效果如图 3-82 所示。

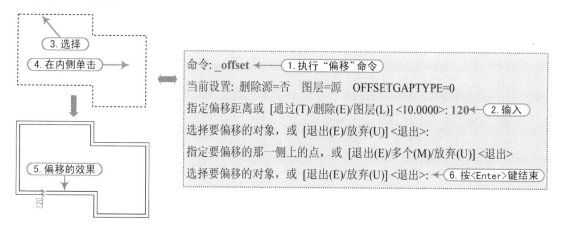

图 3-82 偏移对象

在偏移命令行中，各选项的含义如下。

☑ 偏移距离：在距现有对象指定的距离处创建对象。

☑ 通过(T)：通过确定通过点来偏移复制图形对象。

☑ 删除(E)：用于设置在偏移复制新图形对象的同时是否要删除被偏移的图形对象。

☑ 图层(L)：用于设置偏移复制新图形对象的图层是否和源对象相同。

在实际绘图时，利用直线的偏移可以快捷地解决平行轴线、平行轮廓线之间的定位问题。

3.3.5 阵列对象

阵列复制可以快速复制出与已有对象相同，且按一定规律分布的多个图形。对于矩形阵列，可以控制行和列的数目以及它们之间的距离；对于环形阵列，可以控制对象的数目和决定是否旋转对象；对于路径阵列，可以将对象绕着一条路径进行有规律的复制。

要阵列对象，用户可以通过以下几种方法。

☑ 面板：单击"修改"面板中的"阵列"按钮🔠。

☑ 菜单栏：选择"修改 | 阵列"命令。

☑ 工具栏：在"修改"工具栏上单击"阵列"按钮🔠。

☑ 命令行：在命令行中输入或动态输入"array"命令（快捷命令"AR"）。

执行上述任意一种操作后，都能执行阵列操作。在 AutoCAD 2014 中，阵列分为矩形阵列、路径阵列和极轴阵列三种方式。

> 命令: ARRAY
> 选择对象:
> 选择对象: 输入阵列类型 [矩形(R)/路径(PA)/极轴(PO)] <矩形>:

1. 矩形阵列

执行阵列命令后在命令窗口中选择"矩形(R)"选项，将进行矩形阵列。在创建矩形阵列时，指定行、列的数量和项目之间的距离，可以控制阵列中副本的数量。执行矩形阵列命令的方法主要有以下几种。

☑ 菜单栏：选择"修改 | 阵列"菜单命令。

☑ 面板：在"面板"选项板中单击"矩形阵列"按钮🔠。

☑ 命令行：在命令行中输入"ARRAYRECT"命令。

执行命令后，选择阵列图形，按〈Enter〉键将出现如图 3-83 所示的"矩形阵列"面板，显示"列数""介于"（列间距）、"总计"（列的总距离）、"行数""介于"（行间距）、"总计"（行的总距离）、"级别（级层数）""介于"（级层距）、"总计"（级层的总距离）、"关联"和"基点"等。

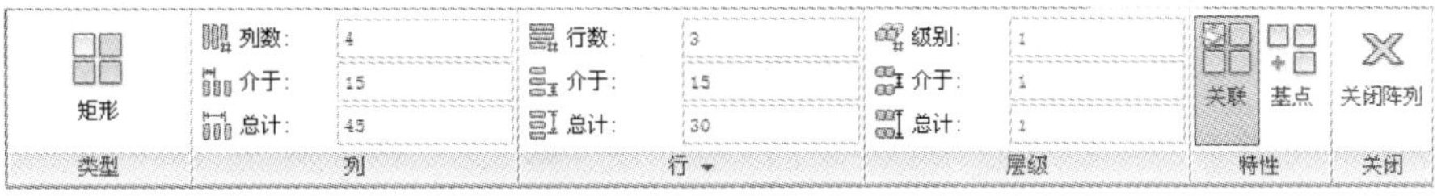

矩形	列数:	4	行数:	3	级别:	1	关联	基点	关闭阵列
	介于:	15	介于:	15	介于:	1			
	总计:	45	总计:	30	总计:	1			
类型	列		行 ▾		层级		特性		关闭

图 3-83 "矩形阵列"面板

"矩形阵列"面板中各选项的含义如下。

☑ 列数：设置列数量。

☑ 行数：设置行数量。

☑ 介于：（列、行、级）对象与（列、行、级）对象之间的距离。

☑ 总计：指定第一列（行、级）到最后一列（行、级）之间的总距离。

可以在"矩形阵列"面板中设置阵列的参数，或者根据命令行提示将图形进行矩形阵列，如图3-84所示。

命令：ARRAYRECT ← 1.执行"矩形阵列"命令

选择对象：找到 2 个

选择对象： ← 3.按<Enter>键结束选择

类型 = 矩形 关联 = 是

选择夹点以编辑阵列或 [关联(AS)/基点(B)/计数(COU)/间距(S)/列数(COL)/行数(R)/层数(L)/退出(X)] <退出>：r ← 4.选择R项

输入行数数或 [表达式(E)] <0>：10 ← 5.输入行数：10

指定 行数 之间的距离或 [总计(T)/表达式(E)] <0>：300 ← 5.输入行距：300

指定 行数 之间的标高增量或 [表达式(E)] <0>： ← 6.按<Enter>键

选择夹点以编辑阵列或 [关联(AS)/基点(B)/计数(COU)/间距(S)/列数(COL)/行数(R)/层数(L)/退出(X)] <退出>：COL ← 7.选择COL项

输入列数数或 [表达式(E)] <4>：1 ← 8.输入列数：1

指定 列数 之间的距离或 [总计(T)/表达式(E)] <954.5942>： ← 9.按<Esc>键

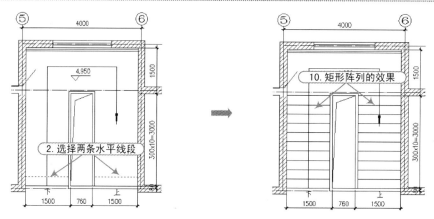

图 3-84 矩形阵列对象

进行"矩形阵列"操作时，命令行中各选项的含义如下。

☑ 关联（AS）：指定阵列中的对象是关联的还是独立的。若选择"是（Y）"选项，则包含单个阵列对象中的阵列项目，类似于块，使用关联阵列，可以通过编辑特性和源对象在整个阵列中快速传递更改；若选择"否（N）"选项，则创建的阵列项目作为独立对象，更改一个项目不影响其他项目。

☑ 基点（B）：定义阵列基点和基点夹点的位置。在"基点"选项中可选"关键点（K）"，它表示对于关联阵列，在源对象上指定有效的约束（或关键点）以与路径对齐，如果编辑生成的阵列的源对象或路径，阵列的基点保持与源对象的关键点重合。

☑ 计数（COU）：指定行数和列数并使用户在移动光标时可以动态观察结果（一种比

"行和列"选项更快捷的方法。在"计数"选项中可选"表达式（E）"，它表示基于数学公式或方程式导出值。

☑ 间距（S）：指定行间距和列间距并使用户在移动光标时可以动态观察结果。在"间距"选项中要分别设置行和列的间距，其中还有"单位单元（U）"选项，它表示通过设置等同于间距的矩形区域的每个角点来同时指定行间距和列间距。

☑ 列数（COL）：编辑列数和列间距。分别设置列数和列间距，其中还有"总计（T）"选项，它表示指定从开始对象和结束对象上的相同位置测量的起点列和终点列之间的总距离。

☑ 行数（R）：与"列数"选项含义相同。

☑ 层数（L）：指定三维阵列的层数和层间距。其中，"总计（T）"选项表示在 Z 坐标值中指定第一个和最后一个层中对象等效位置之间的总差值；"表达式（E）"选项表示基于数学公式或方程式导出值。

☑ 退出（X）：退出矩形阵列命令。

2. 路径阵列

路径阵列是将对象以一条曲线为基准进行有规律的复制（路径可以是直线、多段线、三维多段线、样条曲线、螺旋、圆弧、圆或椭圆）。

执行"阵列"命令后在命令窗口选择"路径(PA)"选项，将进行路径阵列。在创建路径阵列时，选择路径曲线，再指定项目数量和项目之间的距离，可以控制阵列中副本的数量。执行路径阵列命令的方法主要有以下几种。

☑ 菜单栏：选择"修改｜阵列｜路径阵列"菜单命令。

☑ 面板：在"面板"选项板中单击"路径阵列"按钮 。

☑ 命令行：在命令行中输入"ARRAYPATH"命令。

执行命令后，单击阵列图形，按〈Enter〉键，显示如图 3-85 所示的"路径阵列"面板，在此面板中显示"项目数""介于"（项目间距）、"总计"（项目的总距离）、"行数""介于"（行间距）、"总计"（行的总距离）、"级别"（级层数）、"介于"（级层距）、"总计"（级层的总距离）、"关联""基点""切线方向""定距等分""对齐项目"和"Z 方向"等。

图 3-85　"路径阵列"面板

"路径阵列"面板中各选项的含义如下。

☑ 项目数：阵列的项目数量。

☑ 行数：设置行数。

☑ 介于：（列、行、级）对象与（列、行、级）对象之间的距离。

☑ 总计：指定第一列（行、级）到最后一列（行、级）之间的总距离。

通过"路径阵列"面板和命令提示行来进行操作，即可将圆以曲线路径进行路径阵列，如图 3-86 所示。

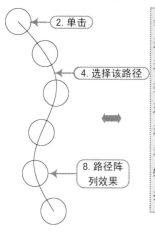

命令： ARRAYPATH ← ___1. 执行"路径阵列"命令___

选择对象： 找到 1 个

选择对象： ← ___3. 按<Enter>键___

类型 = 路径　关联 = 是

选择路径曲线：

选择夹点以编辑阵列或 [关联(AS)/方法(M)/基点(B)/切向(T)/项目(I)/行(R)/层(L)/

对齐项目(A)/Z 方向(Z)/退出(X)] <退出>: m ← ___5. 选择M项___

输入路径方法 [定数等分(D)/定距等分(M)] <定距等分>: d ← ___6. 选择D项___

指定 列数 之间的距离或 [总计(T)/表达式(E)] <954.5942>: ← ___7. 按<Esc>键___

2. 单击

4. 选择该路径

8. 路径阵列效果

图 3-86　路径阵列对象

进行环形阵列操作时，命令行各选项的含义如下。

☑ **方法(M)：** 控制如何沿路径分布项目。其中，"定数等分(D)"表示将指定数量的项目沿路径的长度均匀分布；"定距等分(M)"表示以指定的间隔沿路径分布项目。

☑ **基点(B)：** 定义阵列的基点，路径阵列中的项目相对于基点放置。其中，"关键点(K)"表示对于关联阵列，在源对象上指定有效的约束（或关键点）以与路径对齐，如果编辑生成的阵列的源对象或路径，阵列的基点保持与源对象的关键点重合。

☑ **切向(T)：** 指定阵列中的项目如何相对于路径的起始方向对齐。

☑ **项目(I)：** 根据"方法"设置，指定项目数或项目之间的距离。

☑ **行(R)：** 指定阵列中的行数、它们之间的距离以及行之间的增量标高。

☑ **层(L)：** 指定三维阵列的层数和层间距。

☑ **对齐项目(A)：** 指定是否对齐每个项目以与路径的方向相切。对齐相对于第一个项目的方向。

☑ **Z 方向(Z)：** 控制是否保持项目的原始 Z 方向或沿三维路径自然倾斜项目。

☑ **退出(X)：** 退出路径阵列命令。

3. 极轴阵列

极轴阵列是围绕中心点或旋转轴在环形阵列中均匀分布对象副本（极轴阵列也就是环形阵列）。

执行阵列命令后在命令窗口选择"极轴(PO)"选项，将进行极轴阵列。在创建极轴阵列时，先选择阵列中心点，再指定项目数量、项目角度和填充角度，可以控制阵列中副本的数量。执行极轴阵列命令的方法主要有以下几种。

☑ **菜单栏：** 选择"修改丨阵列丨环形阵列"菜单命令。

☑ **面板：** 在"面板"选项板中单击"环形阵列"按钮 ⸬。

☑ **命令行：** 在命令行中输入"ARRAYPOLAR"命令。

选择阵列图形后按〈Enter〉键，将显示如图 3-87 所示的"极轴阵列"面板，在此面板中显示"项目数""介于"（项目间的角度）、"填充"（填充角度）、"行数""介于"（行间距）、"总计"（行的总距离）、"级别"（级层数）、"介于"（级层距）、"总计"（级层的总距离）、"基点""旋转项目""方向""编辑来源""替换项目"和"重置矩阵"等。

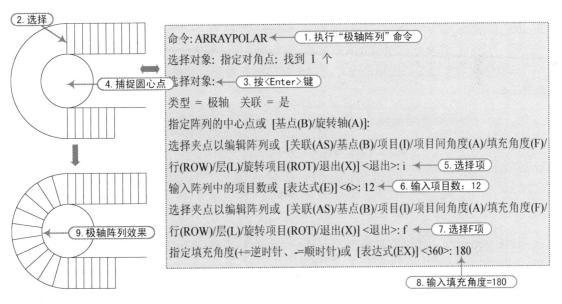

图 3-87　"极轴阵列"面板

"极轴阵列"面板中，各选项的含义如下。

☑ 项目数：阵置的项目数量。

☑ 行数：设置行数。

☑ 介于：（列、行、级）对象与（列、行、级）对象之间的角度。

☑ 总计：指定第一列（行、级）到最后一列（行、级）之间的填充角度。

通过"极轴阵列"面板和命令提示行来进行操作，即可将图形进行极轴阵列，如图 3-88 所示。

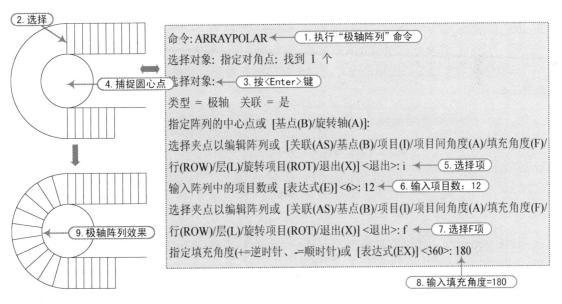

图 3-88　极轴阵列对象

进行极轴阵列操作时，各选项的含义如下。

☑ 基点（B）：指定用于在阵列中放置对象的基点。其中，"关键点（K）"表示对于关联阵列，在源对象上指定有效的约束（或关键点）作为基点。如果编辑生成的阵列的源对象，阵列的基点保持与源对象的关键点重合。

☑ 旋转轴（A）：指定由两个指定点定义的自定义旋转轴。

☑ 项目（I）：使用值或表达式指定阵列中的项目数（当在表达式中定义填充角度时，结果值中的+或 – 数学符号不会影响阵列的方向）。

☑ 项目间角度（A）：使用值或表达式指定项目之间的角度。

☑ 填充角度（F）：使用值或表达式指定阵列中第一个和最后一个项目之间的角度。

☑ 行（ROW）：指定阵列中的行数、它们之间的距离以及行之间的增量标高。其中，

"总计（T）"表示指定从开始对象和结束对象上的相同位置测量的起点行和终点行之间的总距离；"表达式（E）"表示基于数学公式或方程式导出值。

☑ 层（L）：指定（三维阵列的）层数和层间距。其中，"总计（T）"表示指定第一层和最后一层之间的总距离；"表达式（E）"表示使用数学公式或方程式获取值。

☑ 旋转项目（ROT）：控制在排列项目时是否旋转项目。

☑ 退出（X）：退出环形阵列命令。

 ### 3.3.6 移动对象

移动对象是指改变对象的位置，而不改变对象的方向、大小和特性等。通过使用坐标和对象捕捉，可以精确地移动对象，并且可通过"特性"窗口更改坐标值来移动对象。

要移动对象，用户可以通过以下几种方法。

☑ 面板：单击"修改"面板中的"移动"按钮 ✣。

☑ 菜单栏：选择"修改 | 移动"命令。

☑ 工具栏：在"修改"工具栏上单击"移动"按钮 ✣。

☑ 命令行：在命令行中输入或动态输入"move"命令（快捷命令"M"）。

执行移动命令之后，根据命令行提示选择移动的对象，并选择移动基点和指定目标点，如图 3-89 所示。

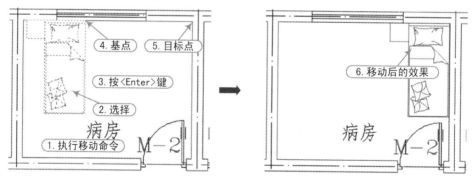

图 3-89　移动对象

 确定移动或复制对象的基点、目标点时，可以直接使用鼠标来确定，也可以使用 x,y,z 坐标值来确定，还可以按〈F8〉键切换到正交模式垂直或水平移动。

 ### 3.3.7 旋转对象

旋转对象就是指绕指定基点旋转图形中的对象。用户可以通过以下任意一种方法来执行旋转命令。

☑ 面板：单击"修改"面板中的"旋转"按钮 ○。

☑ 菜单栏：选择"修改 | 旋转"命令。

☑ 工具栏：在"修改"工具栏上单击"旋转"按钮〇。

☑ 命令行：在命令行中输入或动态输入"rotate"命令（快捷命令"RO"）。

执行旋转命令之后，根据提示进行操作，即可旋转图形对象，如图3-90所示。

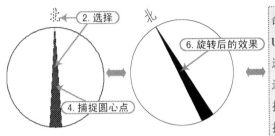

图3-90 旋转对象

在确定旋转的角度时，可通过输入角度值或通过鼠标拖动或指定参照角度进行旋转和复制旋转操作。

☑ 输入角度值：输入角度值（0～360°），还可以按弧度、百分度或勘测方向输入值。一般情况下，若输入正角度值，表示按逆时针旋转对象；若输入负角度值，表示按顺时针旋转对象。

☑ 通过拖动旋转对象：绕基点拖动对象并指定第二点。有时为了更加精确地通过拖动鼠标操作来旋转对象，可以按切换到正交、极轴追踪或对象捕捉模式进行操作。

☑ 复制旋转：当选择"复制（C）"选项时，可以将选择的对象进行复制旋转操作。

☑ 指定参照角度：当选择"参照（R）"选项时，可以指定某一方向作为起始参照角度，然后选择一个对象以指定原对象将要旋转到的位置，或输入新角度值来指定要旋转到的位置。

选择"格式｜单位"命令，将弹出"图形单位"对话框，若在其中选择"顺时针"复选框，则在输入正角度值时，对象将按照顺时针进行旋转。

3.3.8 缩放对象

缩放是将选定的图形在 x 轴和 y 轴方向上按相同的比例系数放大或缩小，比例系数不能取负值。与旋转图形一样，缩放图形也需要指定一个基点，这个点通常是该对象上的一个捕捉点。

要缩放对象，用户可以通过以下几种方法。

☑ 面板：单击"修改"面板中的"缩放"按钮□。

☑ 菜单栏：选择"修改｜缩放"命令。

☑ 工具栏：在"修改"工具栏上单击"缩放"按钮□。

☑ 命令行：在命令行中输入或动态输入"scale"命令（快捷命令"SC"）。

例如，要将宽度为800mm的门缩放到1000mm，用户可按照图3-91所示进行缩放操作。

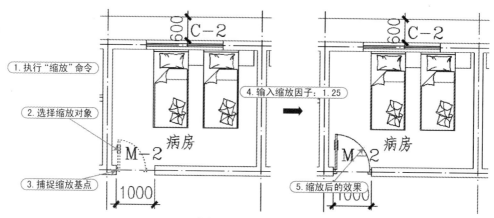

图 3-91　缩放对象

如果在"指定比例因子或 [复制(C)/参照(R)]："的提示下输入"C"，系统对图形对象按比例缩放形成一个新的图形并保留缩放前的图形；如果输入"R"，则对图形对象进行参照缩放，这时用户需要按照系统的提示依次输入参照长度值和新的长度值，系统将根据参照长度与新长度的值自动计算比例因子（比例因子=新长度值/参照长度值），然后进行缩放。

3.3.9　拉伸对象

使用拉伸命令可以拉伸、缩放和移动对象。在拉伸对象时，首先要为拉伸对象指定一个基点，然后指定一个位移点。

要拉伸对象，用户可以通过以下几种方法。

☑ 菜单栏：选择"修改 | 拉伸"命令。

☑ 工具栏：在"修改"工具栏上单击"拉伸"按钮 。

☑ 命令行：在命令行中输入或动态输入"stretch"命令（快捷命令"S"）。

例如，要将 C—1 窗下半部分的高度拉伸至 1400，用户可按照图 3-92 所示进行拉伸操作。

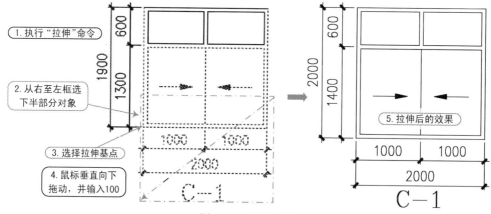

图 3-92　拉伸对象

通过拉伸对象的操作，可以非常方便快捷地修改图形对象。例如，当绘制了一个（2000×1000）的矩形时，发现这个矩形的高度实际应为1500，这时用户可以使用拉伸命令来进行操作。首先执行拉伸命令，再使用鼠标从右至左框选矩形的上半部分，再指定左上角点作为拉伸基点，然后输入拉伸的距离为500，从而将（2000×1000）的矩形快速修改为（2000×1500）的矩形，如图3-93所示。

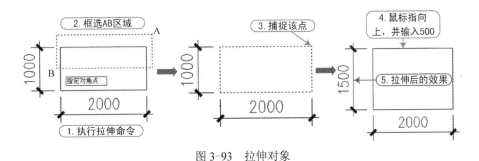

图3-93　拉伸对象

3.3.10　拉长对象

使用拉长命令可以改变非闭合直线、圆弧、非闭合多段线、椭圆弧和非闭合样条曲线的长度，也可以改变圆弧的角度。

要拉长对象，用户可以通过以下几种方法。

☑ 面板：单击"修改"面板中的"拉长"按钮。

☑ 菜单栏：选择"修改丨拉长"命令。

☑ 工具栏：在"修改"工具栏上单击"拉长"按钮。

☑ 命令行：在命令行中输入或动态输入"Lengther"命令（快捷命令"LEN"）。

在默认情况下，"修改"工具栏中并没有"拉长"按钮，用户可以通过自定义工具栏的方法将其添加到"修改"工具栏中。

执行拉长命令后，根据命令行的提示选择拉长的对象，再选择拉长的方式，并输入相应的数值，即可将选择的对象拉长，如图3-94所示。

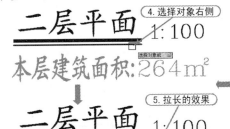

图3-94　拉长对象

在进行拉长操作中，命令行中各选项的含义如下。

☑ 增量（DE）：指定以增量方式修改对象的长度，该增量从距离选择点最近的端点处开始测量。

☑ 百分数（P）：可按百分比形式来改变对象的长度。

☑ 全部（T）：可通过指定对象的新长度来改变其总长度。

☑ 动态（DY）：可动态拖动对象的端点来改变其长度。

3.3.11 修剪对象

修剪命令用于在选定边界后对线性图形实体进行精确剪切。

要修剪对象，用户可以通过以下几种方法。

☑ 面板：单击"修改"面板中的"修剪"按钮。

☑ 菜单栏：选择"修改 | 修剪"命令。

☑ 工具栏：在"修改"工具栏上单击"修剪"按钮。

☑ 命令行：在命令行中输入或动态输入"trim"命令（快捷命令"TR"）。

执行修剪命令之后，根据提示进行操作，即可修剪图形对象，如图 3-95 所示。

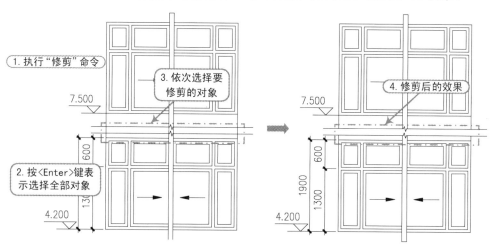

图 3-95 修剪对象

在进行修剪对象操作时，各选项的含义如下。

☑ 全部选择：按〈Enter〉键可快速选择视图中所有可见的图形，从而用作剪切边或边界的边。

☑ 栏选（F）：选择与栏选相交的所有对象。

☑ 窗交（C）：选择矩形区域（由两点确定）内部或与之相交的对象。

☑ 投影（P）：指定修剪对象时 AutoCAD 使用的投影模式。

☑ 边（E）：确定对象在另一对象的延长边处进行修剪，还是仅在三维空间中与该对象相交的对象处进行修剪。

☑ 删除（R）：可直接删除选中的对象。

☑ 放弃（U）：撤销由 TRIM 命令所做的最近一次修剪。

在进行修剪操作时按住〈Shift〉键,可转换为执行延伸命令。当选择要修剪的对象时,若某条线段未与修剪边界相交,则按住〈Shift〉键后单击该线段,可将其延伸到最近的边界。

3.3.12 延伸对象

使用延伸命令可以将直线、圆弧、椭圆弧、非闭合多段线和射线延伸到一个边界对象,使其与边界对象相交。

要延伸对象,用户可以通过以下几种方法。

☑ 面板:单击"修改"面板中的"延伸"按钮。

☑ 菜单栏:选择"修改 | 延伸"命令。

☑ 工具栏:在"修改"工具栏上单击"延伸"按钮。

☑ 命令行:在命令行中输入或动态输入"Extend"命令(快捷命令"EX")。

执行延伸命令过后,系统提示选择边界对象,再提示选择要延伸的对象,如图3-96所示。

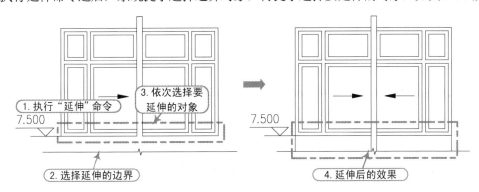

图3-96 延伸对象

用户在选择要延伸的对象时,一定要在靠近延伸边界的端点处单击鼠标。

3.3.13 打断对象

使用打断命令可以将对象在指定两点间的部分删除,或将一个对象打断成两个具有同一端点的对象。

要打断对象,用户可以通过以下几种方法。

☑ 面板:在"修改"面板中单击"打断"按钮。

☑ 菜单栏:选择"修改 | 打断"命令。

☑ 工具栏：在"修改"工具栏上单击"打断一点"按钮□或"打断"按钮□。

☑ 命令行：在命令行中输入或动态输入"Break"命令（快捷命令"BR"）。

如图 3-97 左图所示在对象的中间以两点方式打断，并将其中间部分删除；右图表示在对象的中间创建一点，从而将其分成两个部分。

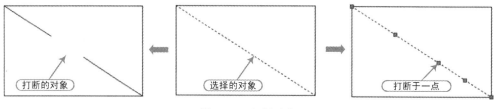

图 3-97　打断对象

3.3.14　合并对象

如果需要将连续图形的两个部分进行连接，或者将某段圆弧闭合为整圆，可通过"合并"命令对其进行操作。

要合并对象，用户可以通过以下几种方法。

☑ 菜单栏：选择"修改｜合并"命令。

☑ 工具栏：在"修改"工具栏上单击"合并"按钮⁺⁺。

☑ 命令行：在命令行中输入或动态输入"Join"命令（快捷命令"J"）。

当执行合并命令过后，系统提示选择源对象和要合并到源对象的对象，然后按〈Enter〉键即可进行合并，如图 3-98 所示。

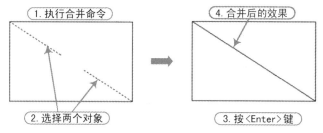

图 3-98　合并对象

对于有一定宽度的多段线对象，如果各个多段线的起点和端点重合，即会有缺口的效果，这时用户可以采用"合并"命令（J），将其几条多段线进行合并，从而形成一个整体，则各个重合点自动闭合，不会有缺口效果，如图 3-99 所示。

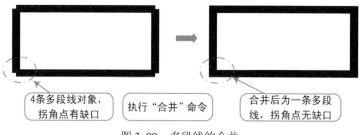

图 3-99　多段线的合并

在进行合并时，合并的对象必须具有同一属性，如直线与直线合并，且这两条直线在同一条直线上；圆弧与圆弧合并时，圆弧的圆心点和半径值应相同，否则将无法合并，如图 3-100 所示。

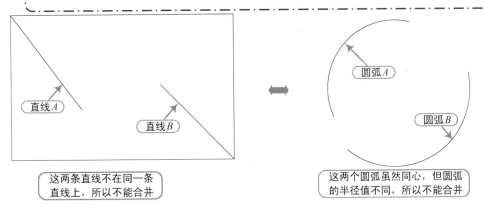

这两条直线不在同一条直线上，所以不能合并

圆弧 A

圆弧 B

这两个圆弧虽然同心，但圆弧的半径值不同，所以不能合并

图 3-100　不能合并

3.3.15　分解对象

对于诸如矩形、块等由多个对象组成的组合对象，如果需要对单个成员进行编辑，就需要先将其分解开。

要分解对象，用户可以通过以下几种方法。

☑ **面板**：在"修改"面板中单击"分解"按钮 。

☑ **菜单栏**：选择"修改 | 分解"命令。

☑ **工具栏**：在"修改"工具栏上单击"分解"按钮 。

☑ **命令行**：在命令行中输入或动态输入"Explode"命令（快捷命令"X"）。

如图 3-101 左图所示的门对象是一个图块对象，使用鼠标选择该图块时，该图块只有一个夹点；若执行"分解"命令并选择该图块后再选择该门对象，则会发现该门对象的所有线段、圆弧等都显示出相应的夹点。

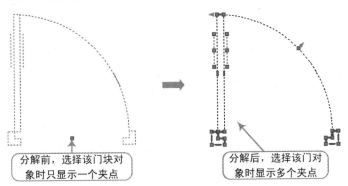

分解前，选择该门块对象时只显示一个夹点

分解后，选择该门对象时显示多个夹点

图 3-101　分解对象前后比较

3.3.16 倒角对象

倒角命令用于在两条不平行的直线间绘制一个斜角。可以进行倒角操作的对象有直线、多段线、射线、构造线和三维实体等。

要倒角对象，用户可以通过以下几种方法。

☑ 面板：在"修改"面板中单击"倒角"按钮 ⌐。

☑ 菜单栏：选择"修改 | 倒角"命令。

☑ 工具栏：在"修改"工具栏上单击"倒角"按钮 ⌐。

☑ 命令行：在命令行中输入或动态输入"Chamfer"命令（快捷命令"CHA"）。

当执行倒角命令后，首先显示当前的修剪模式及倒角 1、2 的距离值，用户可以根据需要来进行设置，再根据提示选择第一个、第二个需要倒角的对象后按〈Enter〉键，即可按照所设置的模式和倒角 1、2 的值进行倒角操作，如图 3-102 所示。

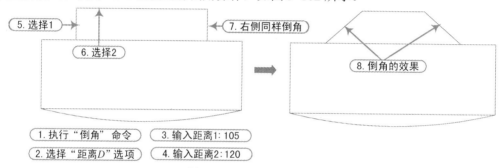

图 3-102　进行倒角操作

当执行了倒角命令后，系统将显示如下提示。

命令：_chamfer
（"不修剪"模式）当前倒角距离 1 = 10.0000，距离 2 = 10.0000
选择第一条直线或 [放弃(U)/多段线(P)/距离(D)/角度(A)/修剪(T)/方式(E)/多个(M)]：

其中各选项含义如下。

☑ 选择第一条直线：该选项是系统的默认选项。选择该选项后直接在绘图窗口选取要进行倒角的第一条直线，系统继续提示"选择第二条直线，或按住 Shift 键选择要应用角点的直线："。在该提示下，选取要进行倒角的第二条直线，系统将会按照当前的倒角模式对选取的两条直线进行倒角。

> 如果按住〈Shift〉键选择直线或多段线，它们的长度将调整以适应倒角，并用"0"值替代当前的倒角距离。

☑ 放弃(U)：该选项用于恢复在命令执行中的上一个操作。

☑ 多段线(P)：该选项用于对整条多段线的各顶点处（交角）进行倒角。选择该选项，系统继续提示"选择二维多段线："。在该提示下，选择要进行倒角的多段线，选择结束后，系统将在多段线的各顶点处进行倒角。

"多段线(P)"选项也适用于矩形和正多边形。在对封闭多边形进行倒角时，采用不同方法画出的封闭多边形的倒角结果不同。若画多段线时用"闭合(C)"选项进行封闭，系统将在每一个顶点处倒角；若封闭多边形是使用点的捕捉功能画出的，系统则认为封闭处是断点，所以不进行倒角。

☑ **距离(D)**：该选项用于设置倒角的距离。选择该选项，输入"D"并按〈Enter〉键后，系统继续提示"指定第一个倒角距离 <0.0000>："。在该提示下，输入沿第一条直线方向的倒角距离，并按〈Enter〉键，系统继续提示"指定第二个倒角距离<5.0000>："。在该提示下，输入沿第二条直线方向的倒角距离，并按〈Enter〉键，系统返回提示。

☑ **角度(A)**：该选项用于根据第一个倒角距离和角度来设置倒角尺寸。选择该选项，系统继续提示"指定第一条直线的倒角长度<0.0000>："。在该提示下，输入第一条直线的倒角距离后按〈Enter〉键，系统继续提示"指定第一条直线的倒角角度<0>："。在该提示下，输入倒角边与第一条直线间的夹角后按〈Enter〉键，系统返回提示。

☑ **修剪(T)**：该选项用于设置进行倒角时是否对相应的被倒角边进行修剪。选择该选项，系统提示"输入修剪模式选项[修剪(T)/不修剪(N)]<修剪>："。选择"修剪(T)"选项，在倒角的同时对被倒角边进行修剪；选择"不修剪(N)"选项，在倒角时不对被倒角边进行修剪。

☑ **方法(E)**：该选项用于设置倒角方法。选择该选项，系统继续提示"输入修剪方法 [距离(D)/角度(A)] <角度>："，前面对上述提示中的各选项已介绍过，在此不再重述。

☑ **多个(M)**：该选项用于对多个对象进行倒角。选择该选项，进行倒角操作后，系统将反复提示。

　　当出现按照用户的设置不能倒角的情况时（例如，倒角距离太大、倒角角度无效或选择的两条直线平行），系统将在命令行给出信息提示。在修剪模式下对相交的两条直线进行倒角时，两条直线的保留部分将是拾取点的一边。另外，如果将倒角距离设置为"0"，执行倒角命令可以使没有相交的两条直线（两直线不平行）交于一点。

 ### 3.3.17　圆角对象

　　圆角命令用于将两个图形对象用指定半径的圆弧光滑连接起来。可以应用圆角命令的对象包括有直线、多段线、样条曲线、构造线和射线等。

　　要圆角对象，用户可以通过以下几种方法实现。

☑ **面板**：在"修改"面板中单击"圆角"按钮。

☑ **菜单栏**：选择"修改 | 圆角"命令。

☑ **工具栏**：在"修改"工具栏上单击"圆角"按钮。

☑ **命令行**：在命令行中输入或动态输入"Fillet"命令（快捷命令"F"）。

　　当执行圆角命令后，首先显示当前的修剪模式及圆角的半径值，用户可以事先根据需要来进行设置，再根据提示选择第一个、第二个对象后按〈Enter〉键，即可按照所设置的模式和半径值进行圆角操作，如图 3-103 所示。

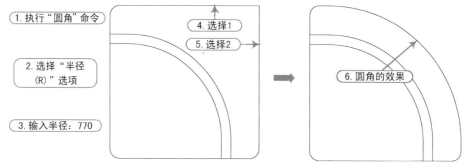

图 3-103　进行圆角操作

当执行了圆角命令后，系统将显示如下提示。

命令:_fillet
当前设置: 模式 = 修剪，半径 = 0
选择第一个对象或 [放弃(U)/多段线(P)/半径(R)/修剪(T)/多个(M)]:

各选项的含义如下。

☑ 选择第一个对象：该选项是系统的默认选项。选择该选项，直接在绘图窗口选取要用圆角连接的第一个图形对象，系统提示"选择第二个对象，或按住〈Shift〉键选择要应用角点的对象:"。在该提示下，选取要用圆角连接的第二个图形对象，系统会按照当前的圆角半径将选取的两个图形对象用圆角连接起来。

如果按住〈Shift〉键选择直线或多段线，它们的长度将调整以适应圆角，并用"0"值替代当前的圆角半径。

☑ 放弃(U)：该选项用于撤销正在执行的操作。

☑ 多段线(P)：该选项用于对整条多段线的各顶点处（交角）进行圆角连接。该选项的操作过程与倒角命令的同名选项相同，在此不再重述。

☑ 半径(R)：该选项用于设置圆角半径。选择该选项，输入"R"，按〈Enter〉键，系统提示"指定圆角半径<0.0000>:"。在该提示下，输入新的圆角半径并按〈Enter〉键，系统返回提示"选择第一个对象或[放弃(U)/多段线(P)/半径(R)/修剪(T)/多个(M)]:"。

☑ 修剪(T)：该选项的含义和操作与倒角命令的同名选项相似，在此不再重述。如图 3-104所示圆角命令的修剪模式和不修剪模式的效果对比。

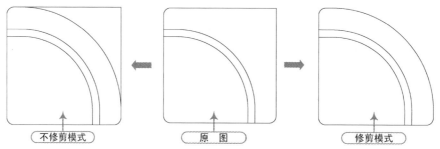

图 3-104　圆角的修剪模式与不修剪模式效果对比

☑ 多个(M)：该选项用于对图形对象的多处进行圆角连接。

当出现按照用户的设置不能用圆角进行连接的情况时（例如圆角半径太大或太小），系统将在命令行给出信息提示。在修剪模式下对相交的两个图形对象进行圆角连接时，两个图形对象的保留部分将是拾取点的一边；当选取的是两条平行线时，系统会自动将圆角半径定义为两条平行线间距离的一半，并将这两条平行线用圆角连接起来，如图 3-105 所示。

图 3-105　平行线的圆角

3.4　绘制医院平面图的门窗

视频\03\医院平面图门窗的绘制.avi
案例\03\医院平面图的门窗.dwg

在绘制医院平面图的门窗对象时，首先将准备好的图形打开，并将其另存为新的文件；再使用偏移和修剪命令，从而形成门窗洞口；然后根据要求设置多线样式（C），使之成为绘制平面窗的对象；然后使用"多线"命令在相应的窗洞口绘制平面窗；然后使用直线、圆弧、矩形、修剪等命令绘制平面门（M-2），并将其进行编组，使之成为一个整体对象；最后使用移动、镜像、复制等命令将平面门"安装"到相应的位置。绘制完成的效果如图 3-106 所示。

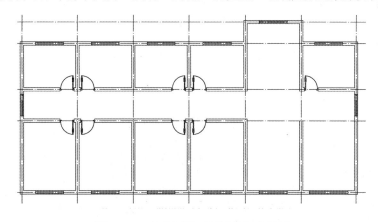

图 3-106　绘制医院平面图的门窗效果

（1）正常启动 AutoCAD 2014 软件，选择"文件｜打开"命令，将"案例\03\医院平面图的轴线和墙体.dwg"文件打开，再选择"文件｜另存为"命令，将该文件另存为"案例

\03\医院平面图的门窗.dwg"

（2）使用偏移命令（O），将从左至右的第 2、4 根垂直轴线分别向左、右两侧各偏移240mm 和 1000mm，将从右至左的第 2 根垂直轴线分别向右偏移 240mm 和 1000mm，如图 3-107 所示。

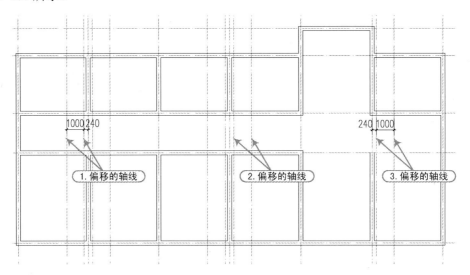

图 3-107　偏移的轴线

（3）使用修剪命令（TR），将偏移的轴线与中间绘制的墙线进行修剪操作，使之成为门洞口，如图 3-108 所示。

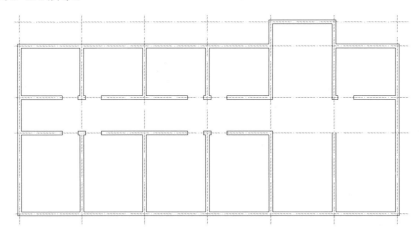

图 3-108　修剪后形成的门洞口

　　　　由于修剪后，门沿口的垂直线段是轴线对象，所以用户应将其转换为"墙体"图层。

（4）同样，再使用偏移命令（O）将垂直线的轴线段进行偏移，再使用修剪命令（TR）将偏移的垂直轴线段与上、下侧的墙线进行修剪，使之形成窗洞口，如图 3-109 所示。

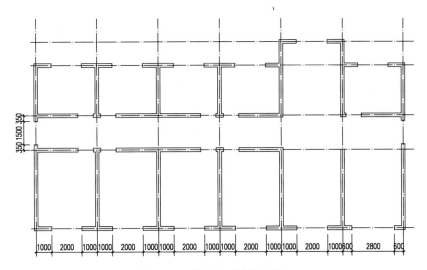

图 3-109　修剪后形成的窗洞口

实际上，用户在绘制平面窗对象时可以使用多线，这样绘制起来较为灵活，不管该窗的宽度是多少，只要连接窗洞口的左、右两点即可。但是，如果要在120mm厚的墙上绘制多线样式的平面窗，应设置多线的总宽度为 120mm；同样，要在 240mm 厚的墙上绘制多线样式的平面窗，应设置多线的总宽为 240mm。

（5）执行"格式 | 多线样式"命令，将弹出"多线样式"对话框，按照要求再设置"C"多线样式，如图 3-110 所示。

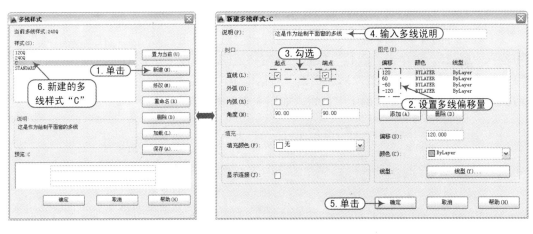

图 3-110　设置多线样式"C"

（6）将"门窗"图层置为当前图层，使用多线命令（ML），沿图形上、下、左、右的窗洞口位置绘制多线样式"C"，从而完成该图形的平面窗效果，如图 3-111 所示。

（7）使用矩形、圆弧、直线和修剪等命令，按照图 3-112 所示绘制平面门。

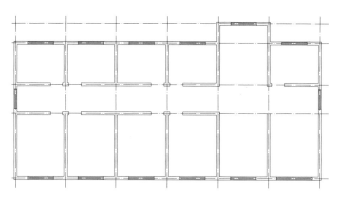

图 3-111　绘制多线样式"C"作为平面窗

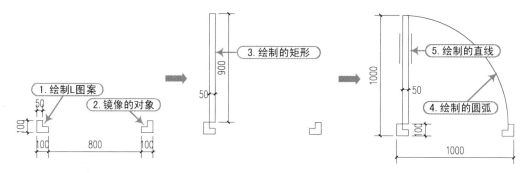

图 3-112　绘制的平面门对象

操作提示

由于该图形中所开启的门洞口的宽度均为 1000mm，因此用户可绘制一个平面门图形，再使用"对象组合"命令将该平面门对象组合成一个整体，然后通过移动、复制、镜像等操作将组合的平面门对象"安装"到相应的位置。

（8）在命令行中输入编组命令"G"，将弹出"对象编组"对话框，在"编组名"文本框中输入"M-2"，再单击"新建"按钮，此时将返回到视图中，使用鼠标框选整个平面门对象，按【空格】键，返回到"对象编组"对话框中，则在"编组名"列表框中显示新建的组名称"M-2"，然后单击"确定"按钮，如图 3-113 所示。

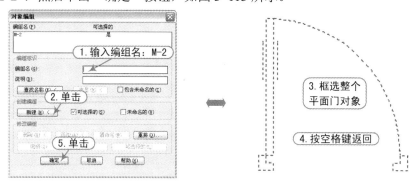

图 3-113　对象编组

（9）使用移动命令（M），将编组的平面门对象（M-2）移至相应的门洞口位置，如图 3-114 所示。

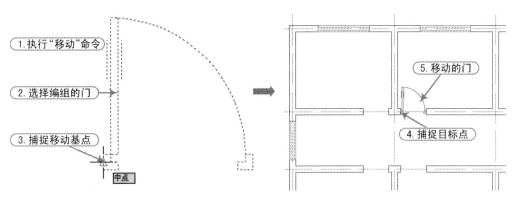

图 3-114 移动的门对象

（10）使用镜像命令（MI），将刚"安装"的平面门（M-2）按照左侧的垂直轴线进行水平镜像，如图 3-115 所示。

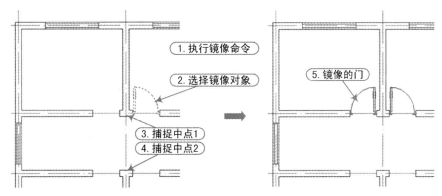

图 3-115 水平镜像的门

（11）同样，用户可以通过镜像的方式在下侧门洞口"安装"门。使用直线命令（L）在中间的墙体上绘制一条垂直的线段，再使用镜像命令（MI），将刚"安装"的两扇平面门（M-2）按照刚绘制垂直线段的中点进行垂直镜像，如图 3-116 所示。

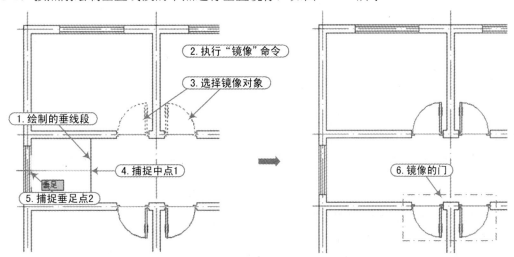

图 3-116 垂直镜像的门

软件技能　　在前面通过移动、镜像的方法将第 2 根轴线上的平面门"安装"好，而第 4 根轴线上的平面门与第 2 根轴线的平面门的开启方向、宽度等均相同，这时可以使用"复制"的方法进行复制。

（12）使用复制命令（CO），首先选择前面"安装"的 4 扇平面门，捕捉第 2 根轴线上的一个交点作为基点，再捕捉第 4 根轴线上的相应交点作为目标点，从而进行复制操作，如图 3-117 所示。

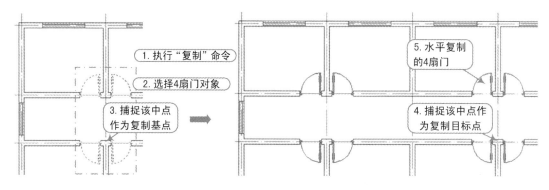

图 3-117　复制的门

（13）至此，该医院平面图的门窗已经"安装"完毕，按〈Ctrl+S〉组合键进行保存。

软件技能　　**3.5　课后练习与项目测试**

1．选择题

1）按比例改变图形实际大小的命令是（　　　）。

　　A．offset　　　　　　　B．zoom　　　　　　　C．scale　　　　　　　D．stretch

2）下面关于移动命令（move）和平移命令（pan）的说法中正确的是（　　　）。

　　A．都是移动命令，效果一样

　　B．移动速度快，平移速度慢

　　C．移动的对象是视图，平移的对象是物体

　　D．移动的对象是物体，平移的对象是视图

3）改变图形实际位置的命令是（　　　）。

　　A．zoom　　　　　　　B．move　　　　　　　C．pan　　　　　　　D．offset

4）如果以（5,5）为起点，画出与 x 轴正方向成 30°夹角，长度为 50 的直线段，应输入（　　　）。

　　A．50,30　　　　　　　B．@30,50　　　　　　C．@50<30　　　　　　D．30,50

5）执行（　　　）命令对闭合图形无效。

　　A．打断　　　　　　　B．复制　　　　　　　C．拉长　　　　　　　D．删除

6）应用（　　　）可以使直线、样条曲线、多线段绘制的图形闭合。

A．close　　　　　　B．connect　　　　　C．complete　　　D．done

7）下面可以对两个对象用圆弧进行连接的命令是（　　　）。

　　A．fillet　　　　　　B．pedit　　　　　　　C．chamfer　　　D．array

8）下面不可以使用 pline 命令绘制的是（　　　）。

　　A．直线　　　　　　　　　　　　　B．圆弧

　　C．具有宽度的直线　　　　　　　　D．椭圆弧

9）可以通过系统变量（　　　）控制点的样式。

　　A．pdmode　　　　　B．pdsize　　　　　　C．pline　　　　D．point

10）[拉长]命令中的[动态]选项适用于（　　　）对象。

　　A．多段线　　　　　B．多线　　　　　　　C．样条曲线　　D．直线

2．简答题

1）简述应用"相切、相切、相切"方式来绘制圆的方法。

2）简述"图案填充"操作的方法及比例的设置。

3）简述"镜像"操作时，如何保持文字的可读性。

4）简述采用直线和矩形命令所绘制出来的矩形对象有什么区别。

3．操作题

　　要想熟练掌握 AutoCAD 中图形的绘制技巧和方法，只有不断加强各种复杂图形对象的练习。请参考如图 3-118 所示的 6 个图形进行演练操作，从而提高绘图技能。

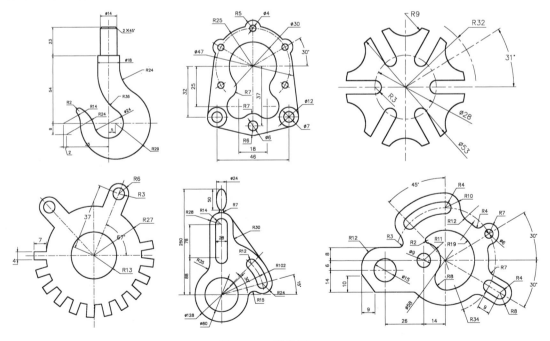

图 3-118　操作题 1～6

第4章 尺寸标注与文本注释

本章导读

在建筑施工图的设计过程中，少不了要对图形对象进行一些数据说明及细节描述，才能使施工人员正确无误、高效快捷地按照设计人员的要求进行施工操作，包括尺寸的描述、材料的规格属性描述等。

在本章中，主要讲解了尺寸标注样式的创建与设置、图形对象的尺寸标注与编辑、文字的创建与编辑、多重引线的标注与设置、表格的创建与管理、图形对象的参数化几何约束和标注约束等，从而使用户能够快速掌握对图形对象的尺寸、文字、约束标注等操作。

主要内容

☑ 掌握尺寸标注样式的创建和设置
☑ 掌握图形对象的尺寸标注及修改
☑ 掌握文字的创建与编辑
☑ 掌握多重引线的创建和编辑
☑ 掌握表格的创建和管理
☑ 掌握参数化几何约束和标注约束
☑ 练习楼梯对象的尺寸和文字标注实例

效果预览

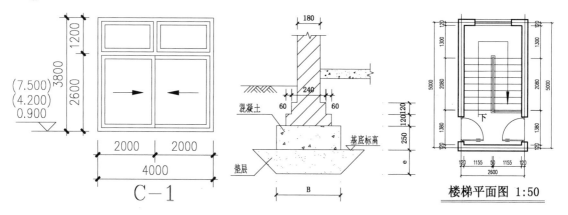

4.1 尺寸标注概述

在使用 AutoCAD 进行尺寸标注时，首先应掌握尺寸标注的类型和尺寸标注的组成，然后应掌握 AutoCAD 中尺寸标注的步骤。

4.1.1 AutoCAD 尺寸标注的类型

AutoCAD 提供了十余种标注工具以标注图形对象，分别位于"标注"菜单、"标注"工具栏和·"注释"面板中。常用的尺寸标注类型如图 4-1 所示，使用它们可以进行角度、直径、半径、线性、对齐、连续、圆心及基线等标注。

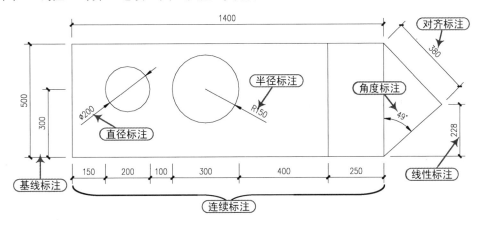

图 4-1 标注的类型

4.1.2 AutoCAD 尺寸标注的组成

在建筑工程图中，一个完整的尺寸标注由标注文字、尺寸线、尺寸界线、起止符号（箭头）及尺寸起点等组成，如图 4-2 所示。

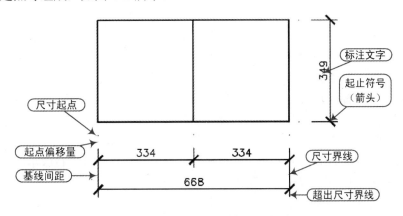

图 4-2 AutoCAD 尺寸标注的组成

☑ 标注文字：表明图形对象的标识值。标注文字可以反映建筑构件的尺寸。在同一张图样上，不论各个部分的图形比例是否相同，标注文字的字体、高度必须统一。施工图样上尺寸文字高度须满足制图标准的规定。

☑ 起止符号（箭头）：建筑工程图样中，起止符号必须是 45°中粗斜短线。起止符号绘制在尺寸线的起止点，用于指出标识值的开始和结束位置。

☑ 尺寸起点：尺寸标注的起点是尺寸标注对象标注的起始定义点。通常，尺寸起点与被标注图形对象的起止点重合（如图 4-2 所示中尺寸起点离开矩形的下边界，是为了表述起点的含义）。

☑ 尺寸界线：从标注起点引出的表明标注范围的直线，可以从图形的轮廓、轴线、对称中心线等引出。尺寸界线是用细实线绘制的。

☑ 超出尺寸界线：尺寸界线超出尺寸线的大小。

☑ 起点偏移量：尺寸界线离开尺寸线起点的距离。

☑ 基线间距：是指使用 AutoCAD 的"基线标注"时，基线尺寸线与前一个基线对象尺寸线之间的距离。

4.1.3 AutoCAD 尺寸标注的基本步骤

尺寸标注的尺寸线是由多个尺寸线元素组成的匿名块。该匿名块具有一定的"智能性"，当标注对象被缩放或移动时，标注该对象的尺寸线就像粘附其上一样，也会自动缩放或移动，且除了标注文字内容会随标注对象图形大小变化而变化之外，还能自动控制尺寸线的其他外观保持不变。

尺寸标注可能还存在这样一些问题。

☑ 尺寸起止符是箭头，不符合制图标准规定，不知道打印到图样上的箭头到底多大。

☑ 不知道打印到图样之后，尺寸文字的高度是否符合制图标准的要求。

☑ 图形放大后，尺寸文字的内容也从 500 变为 1000，这也可能不是用户所希望的。

☑ 图形缩放后，尺寸标注（箭头大小、文字高度等）的外观没有变化。

必须解决这些问题，才能保证尺寸标注的效果。那么，到底该如何进行尺寸标注，才能解决这些问题呢？

文字标注的效果是由"文字样式"控制的，尺寸标注的效果是由"标注样式"决定的。在进行图样打印时，尺寸标注的所有几何外观（尺寸文字内容保持不变）会和文字一样，都会按打印比例进行缩放并输出到图样上。因此，要保证尺寸标注的图面效果和准确度，必须深入了解尺寸标注的基本构成规律以及各种变化操作对标注的影响，遵循合乎 AutoCAD 要求的操作进行尺寸的标注。

在 AutoCAD 中，使用"标注样式"命令可以控制标注的格式和外观，并便于对标注进行修改。从 AutoCAD 2008 开始，为了使尺寸标注自动适应图样的打印及缩放，新增加了注释性标注，这样 AutoCAD 就有两种尺寸标注样式：非注释标注（以往版本所具有的）和注释标注（自 AutoCAD 2008 起新增的功能）。

另外，在进行尺寸标注操作时可以分为三种情况。

☑ 在模型卡的图形窗口中标注尺寸。此时的工作空间是模型空间，尽管对象显示会发生大小变化，但是其本质仍是实际对象本身。

☑ 在布局卡上激活视口，在视口内标注尺寸。此时的工作空间本质上也是模型空间。

☑ 在布局卡上不激活视口，直接在布局上（与视口无关）标注尺寸。此时的工作空间为图纸空间，此时对象显示的是图样上的情况，与实际对象大小相比，相差打印比例或视口比例的倍数。

在 AutoCAD 中对图形进行尺寸标注的基本步骤如下。

（1）确定打印比例或视口比例。

（2）创建一个专门用于尺寸的标注文字样式。

（3）创建标注样式，依照是否采用注释标注及尺寸标注操作类型，设置标注参数。

（4）进行尺寸标注。

4.2　设置尺寸标注样式

在对图形对象进行尺寸标注样式设置后，可根据不同的需要设置不同的尺寸标注样式。用户对标注样式的格式和外观进行修改，即可改变图形对象的标注。

AutoCAD 系统中建立了大量的尺寸标注变量，它们用来控制尺寸要素的绘制方式，并设置好满足通用要求的默认值。用户可通过这些变量来进行相应的设置，见表4-1。

表 4-1　AutoCAD 尺寸变量

名　　称	中 文 描 述	类　　型	新　　值
DIMASZ	尺寸箭头大小	数值	4～5
DIMDLI	尺寸线间距	数值	8
DIMEXE	尺寸界线超出量	数值	3～4
DIMEXO	尺寸界线间隙	数值	0
DIMTAD	尺寸数字在尺寸线之上	开关	On
DIMTIH	使尺寸数值与尺寸线方向一致	开关	Off
DIMTOFL	使尺寸线和箭头放在弧或圆内	开关	On
DIMTXT	尺寸数字高度	数值	3

 4.2.1　创建标注样式

在 AutoCAD 中，使用"标注样式"可以控制标注的格式和外观，建立强制执行的绘图标准，并有利于对标注格式及用途进行修改。

要创建尺寸标注样式，用户可以通过以下三种方式。

☑ 面板：单击"标注"面板中的"标注｜标注样式"按钮。

☑ 菜单栏：选择"标注｜标注样式"命令。

☑ 工具栏：在"标注"工具栏上单击"标注样式"按钮。

☑ 命令行：在命令行中输入或动态输入"dimstyle"（快捷命令"D"）。

执行"标注样式"命令之后，系统将弹出"标注样式管理器"对话框，单击"新建"按钮，将弹出"创建新标注样式"对话框，在"新样式名"文本框中输入样式的名称，然后单击"继续"按钮，如图4-3所示。

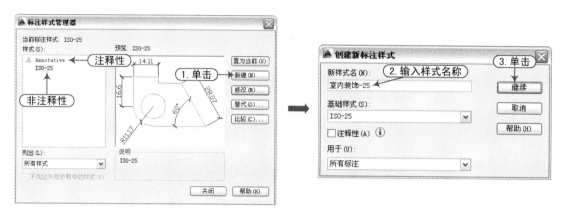

图4-3 创建标注样式

标注样式的命名要遵守"有意义，易识别"的原则，如"1-100平面"表示该标注样式用于标注 1:100 绘图比例的平面图，又如"1-50 大样"表示该标注样式用于标注大样图的尺寸。

4.2.2 编辑并修改标注样式

当用户在新建并命名标注样式后，单击"继续"按钮将弹出"新建标注样式：×××"对话框，从而可以根据需要来设置标注样式线、箭头和符号、文字、调整、主单位等，如图4-4所示。下面就针对各选项卡的设置参数进行讲解。

1. 线

在"线"选项卡中，可设置尺寸线、尺寸界线、超出尺寸线长度值、起点偏移量等。

☑ "颜色" | "线型" | "线宽"下拉列表框：在 AutoCAD 中，每个图形实体都有自己的颜色、线型、线宽。"颜色""线型""线宽"可以设置尺寸线具体的真实参数，

图4-4 设置标注样式

以颜色为例，可以把某个图形实体的颜色设置为红、蓝或绿等物理色。另外，为了实现一些特定的绘图要求，AutoCAD 还允许对图形对象的颜色、线型、线宽设置成ByBlock（随块）和 ByLayer（随层）两种逻辑值；ByLayer（随层）与图层的颜色设置一致，ByBlock（随块）是指随图块定义的图层。

> 通常，对尺寸标注线的颜色、线型、线宽，无需进行特别的设置，采用 AutoCAD 默认的 ByBlock（随块）即可。

软件技能

☑ "超出标记"微调框：当用户采用"建筑符号"作为箭头符号时，该选项即可激活，从而确定尺寸线超出尺寸界线的长度，如图 4-5 所示。

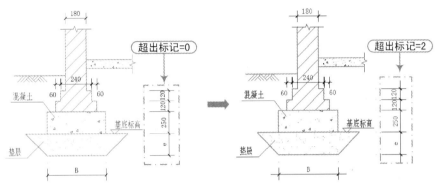

图 4-5　不同的超出标记

☑ "基线间距"微调框：用于限定"基线"标注命令标注的尺寸线离开基础尺寸标注的距离，在建筑图标注多道尺寸线时有用，其他情况下也可以不进行特别设置，如图 4-6 所示。如果要设置的话，应设置在 7～10mm 之内。

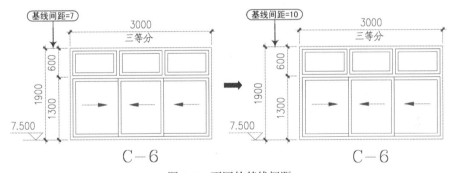

图 4-6　不同的基线间距

☑ "隐藏"（尺寸线）选项组：用来控制标注的尺寸是否隐藏，如图 4-7 所示。

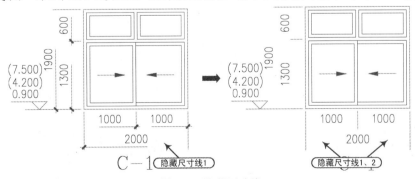

图 4-7　隐藏尺寸线

☑ "超出尺寸线" 微调框: 制图规范规定输出到图样上的值为 2～3mm, 如图 4-8 所示。

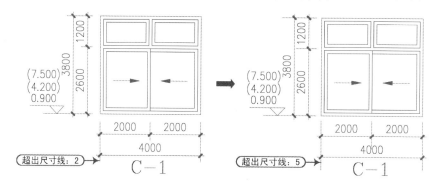

图 4-8 不同的超出尺寸线

☑ "起点偏移量" 微调框: 制图标准规定离开被标注对象距离不能小于 2mm。绘图时应依据具体情况设置, 一般情况下, 尺寸界线应该离开标注对象一定距离, 以使图面清晰易懂, 如图 4-9 所示。比如在平面图中有轴线和柱子, 标注轴线尺寸时一般通过单击轴线交点确定尺寸线的起止点, 为了使标注的轴线不和柱子平面轮廓冲突, 应根据柱子的截面尺寸设置足够大的 "起点偏移量", 从而使尺寸界线离开柱子一定距离。

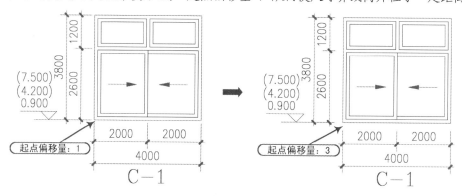

图 4-9 不同的起点偏移量

☑ "固定长度的延伸线" 复选框: 当勾选该复选框后, 可在下面的 "长度" 微调框中输入尺寸界线的固定长度值, 如图 4-10 所示。

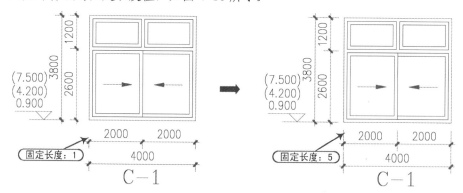

图 4-10 不同的固定长度

☑ "隐藏"（延伸线）选项组：用来控制标注的尺寸延伸线是否隐藏，如图 4-11 所示。

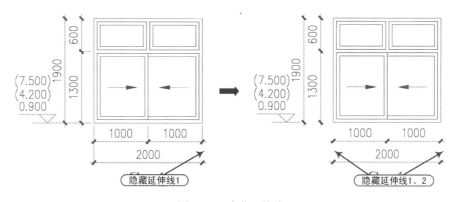

图 4-11 隐藏延伸线

2．符号和箭头

在如图 4-12 所示的"符号和箭头"选项卡中，用户可以设置箭头的类型、大小、引线类型、圆心标记、折断标注等。

☑ "箭头"选项组：为了适用于不同类型的图形标注需要，AutoCAD 设置了 20 多种箭头样式。在 AutoCAD 中，"箭头"标记就是建筑制图标准规定的尺寸线起止符，制图标准规定尺寸线起止符应该选用中粗 45°角斜短线，短线的图样长度为 2～3mm。其"箭头大小"定义的值指箭头的水平或竖直投影长度，如值为 1.5 时，实际绘制的斜短线总长度为 2.12，如图 4-13 所示。"引线"标注在建筑绘图中也时常用到，制图规范规定引线标注无需箭头。

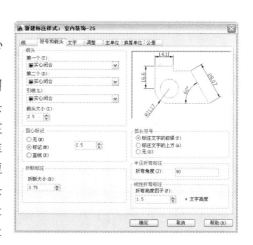

图 4-12 "符号和箭头"选项卡

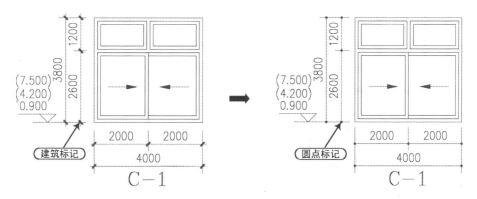

图 4-13 箭头符号

也可以使用自定义箭头，此时可在下拉列表框中选择"用户箭头"选项，打开"选择自定义箭头块"对话框，在"从图形块中选择"组合框内输入当前图形中已有的块名，然后单击"确定"按钮，AutoCAD 将以该块作为尺寸线的箭头样式，如图 4-14 所示。

图 4-14　选择定义的箭头块

☑ "圆心标记"选项组：用于标注圆心位置。在图形区任意绘制两个大小相同的圆后，分别把圆心标记定义为"2"或"4"，选择"标注丨圆心标记"命令后，分别标记刚绘制的两个圆，如图 4-15 所示。

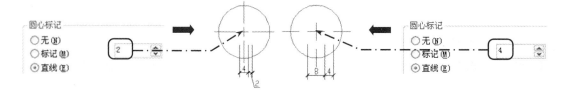

图 4-15　圆心标记设置

☑ "折断标注"选项组：该选项组中的"折断大小"是指尺寸线在遇到其他图元处被打断后，尺寸界线的断开距离。

☑ "线性弯折标注"选项组：为把一个标注尺寸线进行折断时绘制的折断符高度与尺寸文字高度的比值。"折断标注"和"折弯线性"都属于 AutoCAD 中"标注"菜单下的标注命令，执行这两个命令后，被打断和弯折的尺寸标注效果如图 4-16 所示。

☑ "半径折变标注"栏：用于设置标注圆弧半径时标注线的折变角度大小。

3. 文字

尺寸标注的文字设置是标注样式定义的一个很重要的内容。在"新建标注样式：×××"对话框中，可以使用"文字"选项卡设置标注文字的外观、位置和对齐方式，如图 4-17 所示。

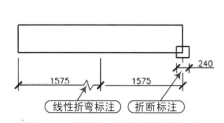

图 4-16　折断标注和线性折弯标注

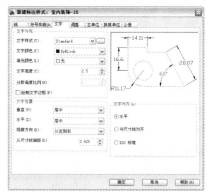

图 4-17　"文字"选项卡

☑ "文字样式"下拉列表框：应使用仅供尺寸标注的文字样式，如果没有，可单击按钮，打开"文字样式"对话框，新建尺寸标注专用的文字样式后，回到"新建标注样式：×××"对话框的"文字"选项卡以选用这个文字样式。

在"文字"选项卡中，"文字高度"微调框必须设置为"0"，而在"标注样式"对话框中设置尺寸文字的高度为图样高度，否则容易导致尺寸标注设置混乱。其他参数可以可直接选用 AutoCAD 的默认设置。

☑ "文字高度"微调框：是指定标注文字的大小，也可以使用变量 DIMTXT 来设置，如图 4-18 所示。

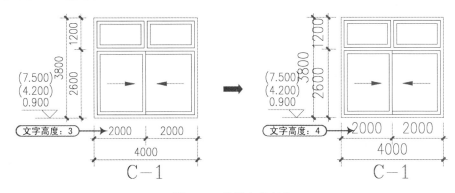

图 4-18 设置文字高度

☑ "分数高度比例"微调框：建筑制图中分数不用标注单位。

☑ "绘制文字边框"复选框：设置是否给标注文字加边框，建筑制图一般不用。

☑ "文字位置"选项组：该选项组用于设置尺寸文本相对于尺寸线和尺寸界线的位置，如图 4-19 所示。

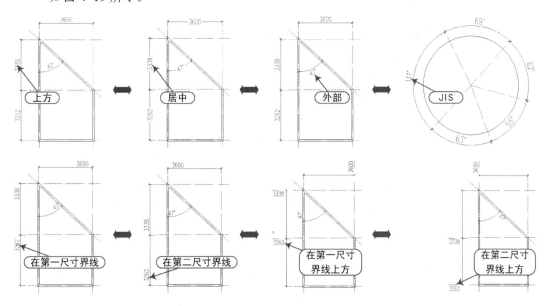

图 4-19 标注文字的位置

建筑制图依据《建筑制图标准》的规定，"文字位置"选项组中，"垂直"下拉列表框选择"上"，"水平"下拉列表框选择"居中"，"文字对齐"选项组中应选择"与尺寸线对齐"单选按钮，如图 4-20 所示。

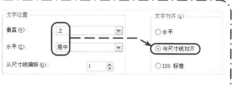

图 4-20 标注样式文字位置

☑ "从尺寸线偏移"微调框：可以设置一个数值以确定尺寸文本和尺寸线之间的偏移距离；如果标注文字位于尺寸线的中间，则表示断开处尺寸端点与尺寸文字的间距，如图 4-21 所示。

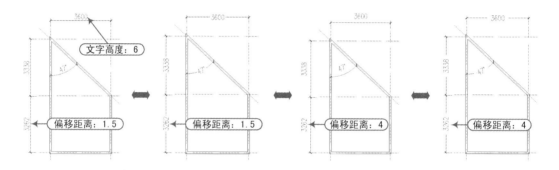

图 4-21 设置文本的偏移距离

4. 调整

对"调整"选项卡中的参数进行设置，可以对标注文字、尺寸线、尺寸箭头等进行调整，如图 4-22 所示。

☑ "调整选项"选项组：当尺寸界线之间没有足够的空间同时放置标注文字和箭头时，可通过"调整选项"选项组设置将部分内容移出到尺寸线的外面。

☑ "文字位置"选项组：当尺寸文字不能按"文字"选项卡设置的位置放置时，尺寸文字按这里的设置放置。选择"尺寸线旁边"单选按钮，容易和其他尺寸文字混淆，建议不要使用。在实际绘图时，一般可以选择"尺寸线上方，带引线"单选按钮。

☑ "注释性"复选框：进行注释性标注时需要勾选该复选框。

☑ "将标注缩放到布局"单选按钮：在布局卡上激活视口后，在视口内进行标注，按此项设置。标注时，尺寸参数将自动按所在视口的视口比例放大。

☑ "使用全局比例"微调框：全局比例因子的作用是把标注样式中的所有几何参数值都按其因子值放大后再绘制到图形中，如文字高度为 3.5，全局比例因子为 100，则图形内尺寸文字高度为 350。在模型卡上进行尺寸标注时，应按打印比例或视口比例设置此项参数值。

"标注特征比例"选项组是尺寸标注中的一个关键设置,在建立尺寸标注样式时,应依据具体的标注方式和打印方式进行设置。

5. 主单位

"主单位"选项卡用于设置单位格式、精度、比例因子等参数,如图4-23所示。

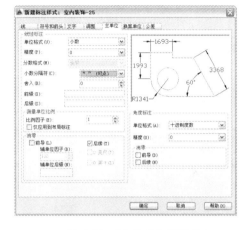

图4-22 "调整"选项卡　　　　图4-23 "主单位"选项卡

☑ "单位格式"下拉列表框:设置除角度标注之外的其余各标注类型的尺寸单位,建筑绘图选"小数"方式。

☑ "精度"下拉列表框:设置除角度标注之外的其他标注的尺寸精度,建筑绘图取0。

☑ "比例因子"微调框:尺寸标注长度为标注对象图形测量值与该比例的乘积。

☑ "仅应用到布局标注"复选框:在没有视口被激活的情况下,在布局卡上直接标注尺寸时,如果勾选了"仅应用到布局标注"复选框,则此时标注长度为测量值与该比例的积。而在激活视口内或在模型卡上的标注值与该比例无关。

☑ "角度标注"选项组:可以使用"单位格式"下拉列表框设置标注角度单位,使用"精度"下拉列表框设置标注角度的尺寸精度。

☑ "消零"选项组设置是否消除角度尺寸的前导零和后续零。

 通过前面对"标注特征比例"和"测量单位比例"的学习,可以发现不同的标注方式和标注样式的存在导致这两个参数设置变得十分难以理解。对于初学者来说,建议只要掌握其中一种或者尽量避免那些会使问题复杂化的标注操作。对于单一比例图样的尺寸标注方法及标注样式主要参数设置情况,汇总见表4-2。

表 4-2　单一比例图样尺寸标注参数设置

标 注 方 法	标注特征比例	单位测量比例因子	其他参数
模型卡图形窗口内注释标注	打印比例的倒数	1	以图样上的大小设置
模型卡图形窗口内注释标注	选注释性	1	同上
布局卡视口内注释或非注释标注	选将标注缩放到布局	1	同上
在布局卡视口外标注	1	视口比例的倒数	同上

软件技能　　对于多比例图样，部分图形需要进行缩放（初学者可以暂时不研究此内容，在后面章节的工程实例中继续学习），则图样上有几种比例，就需要创建几个标注样式，这样尺寸标注就稍显复杂，见表 4-3。

表 4-3　多比例图样尺寸标注参数设置

标 注 方 法	标注特征比例	单位测量比例因子		其他参数
模型卡图形窗口内非注释标注	打印比例的倒数	未缩放部分：1		以图样上的大小设置
		缩放部分：缩放比例的倒数		
模型卡图形窗口内注释标注	选注释性	未缩放部分：1		同上
		缩放部分：缩放比例的倒数		
布局卡视口内注释或非注释标注	选将标注缩放到布局	多个视口比例，　1		同上
在布局卡视口外标注	－－－（建议不用）－－－			

 软件
技能

4.3　图形尺寸的标注和编辑

由于各种建筑工程图的结构和施工方法不同，所以在进行尺寸标注时需要采用不同的标注方式和标注类型。在 AutoCAD 中有多种标注及标注样式，进行尺寸标注时应根据具体需要来选择，从而使标注的尺寸符合设计要求，方便施工和测量。

 ## 4.3.1　"标注"工具栏

在对图形进行尺寸标注时，可以将"标注"工具栏调出，并将其放置到绘图窗口的边缘，从而可以方便地输入标注尺寸的各种命令，如图 4-24 所示。

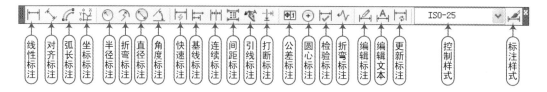

图 4-24　"标注"工具栏

在"注释"选项卡下的"标注"面板中，提供了各种尺寸标注的工具，如图 4-25 所示。

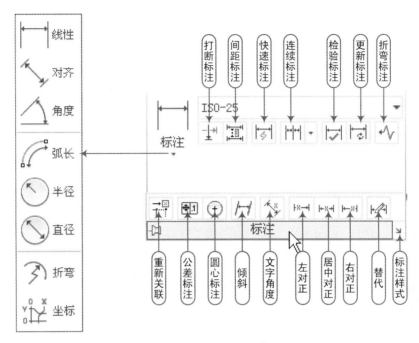

图 4-25 "标注"面板

由于尺寸标注的种类很多，而篇幅有限，下面就简要讲解一些主要的尺寸标注工具。

 4.3.2 线性标注

线性标注 $\sqcap$（DLI），用于标注水平和垂直方向的尺寸，还可以设置为角度与旋转标注。其标注方法和效果如图 4-26 所示。

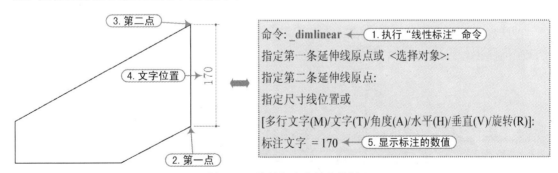

图 4-26 线性标注方法和效果

如果用户在线性标注命令提示下直接按〈Enter〉键，然后在视图中选择要选择尺寸的对象，则 AutoCAD 将该对象的两个端点作为两条尺寸界线的起点进行尺寸标注，如图 4-27 所示。

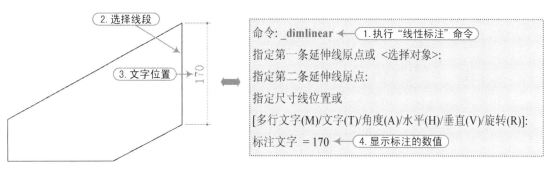

图 4-27 选择对象进行线性标注

4.3.3 对齐标注

对齐标注 （DAL），用于标注倾斜方向的尺寸。其标注方法和效果如图 4-28 所示。

图 4-28 对齐标注方法和效果

4.3.4 连续标注

连续标注 （DCO），它表示创建从上一个或选定标注的第二条延伸线开始的线性、角度或坐标标注。其标注方法和效果如图 4-29 所示。

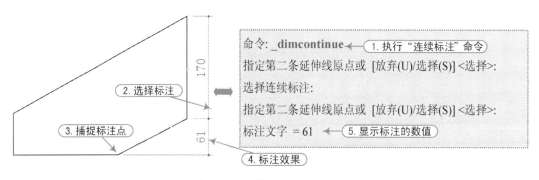

图 4-29 连续标注方法和效果

4.3.5　基线标注

基线标注 （DBA），表示创建从上一个或选定标注的基线开始的连续的线性、角度或坐标标注。其标注方法和效果如图 4-30 所示。

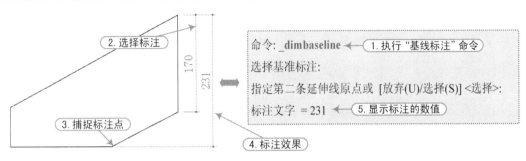

图 4-30　基线标注方法和效果

在基线标注之前，应首先设置合适的基线间距，以免尺寸线重叠。用户可以在设置尺寸标注样式时，在"线"选项卡的"基线间距"微调框中输入相应的数值来进行调整，如图 4-31 所示。

图 4-31　设置基线间距值

4.3.6　角度标注

角度标注 （DAN），用于测量选定的对象或者 3 个点之间的角度。其标注方法和效果如图 4-32 所示。

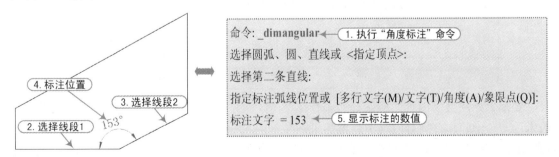

图 4-32　角度标注方法和效果

4.3.7 半径标注

半径标注（DRA），可以测量选定圆或圆弧的半径，并显示前面带有半径符号（R）的标注文字。其标注方法和效果如图4-33所示。

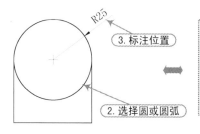

图4-33 半径标注方法和效果

4.3.8 直径标注

直径标注（DDI），用于测量选定圆或圆弧的直径，并显示前面带有直径符号（φ）的标注文字。其标注方法和效果如图4-34所示。

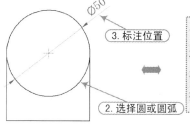

图4-34 直径标注方法和效果

软件技能

在进行圆弧的半径或直径标注时，如果"文字对齐"方式为"水平"，则所标注的半径数值将以水平的方式显示出来，如图4-35所示。

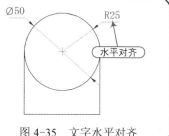

图4-35 文字水平对齐

要编辑标注文字内容，应选择"多行文字(M)"或"文字(T)"选项，直径符号"φ"的输入为"%%C"。在括号内编辑或覆盖尖括号（< >）将修改或删除 AutoCAD 计算的标注值。通过在括号前后添加文字，可以在标注值前后附加文字。要编辑标注文字角度，应选择"角度(A)"选项。

另外，对于尺寸标注的对象，不论是线性标注值，还是半径或直径值，用户可以通过"特性"面板来手动修改标注的值。在"特性"面板的"测量单位"中将显示出当前测量出来的数值，而在"文字替代"中可以修改标注的数值，如图 4-36 所示。同时，用户也可以使用鼠标双击标注的对象，将会弹出"文字格式"工具栏，然后在其相应的文字在位编辑状态下修改标注内容即可，如图 4-37 所示。

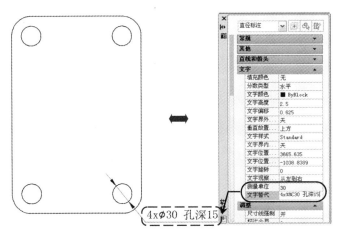

图 4-36　通过"特性"面板修改标注值

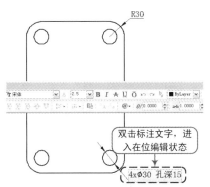

图 4-37　在位编辑修改标注

4.3.9　快速标注

快速标注 （QD），用于快速地标注已创建成组的基线、连续、阶梯和坐标，如图 4-38 所示。

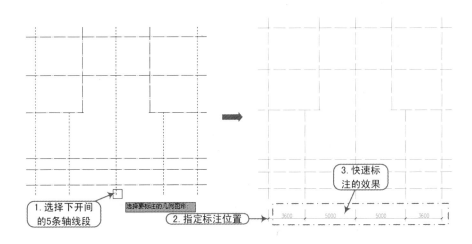

图 4-38　快速标注示意图

在进行快速标注的过程中，命令行中各选项的具体说明如下。

命令: _qdim   \\ 执行 "快速标注" 命令
关联标注优先级 = 端点
选择要标注的几何图形: 指定对角点: 找到 5 个   \\ 选择下开间的 5 条轴线
选择要标注的几何图形: \\ 按〈Enter〉键结束选择
指定尺寸线位置或 [连续(C)/并列(S)/基线(B)/坐标(O)/半径(R)/直径(D)/基准点(P)/编辑(E)/设置(T)]
<连续>:   \\ 确定尺寸位置在下侧

☑ 连续(C): 用于产生一系列连续标注的尺寸。选择此项，系统会提示用户选择要进行快速标注的对象，选择后按〈Enter〉键，返回到上面的提示，给定尺寸线的位置，即完成尺寸标注。

☑ 并列(S): 用于产生一系列交错的尺寸标注。

☑ 基线(B): 用于产生一系列基线标注尺寸，如图 4-39 所示。

☑ 坐标(O): 用于产生一系列坐标标注尺寸，如图 4-40 所示。

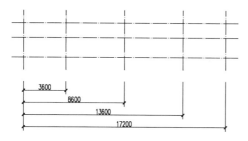

图 4-39 快速基线标注效果

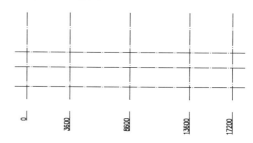

图 4-40 快速坐标标注效果

☑ 半径(R): 快速自动地对选择的圆或圆弧对象进行尺寸标注，如图 4-41 所示。

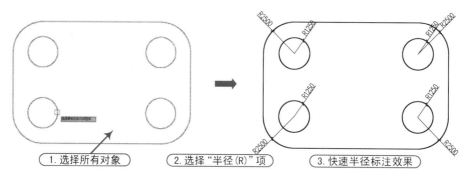

图 4-41 快速半径标注效果

☑ 基准点(P): 为基线标注和连续标注指定一个新的基准点。

☑ 编辑(E): 用于编辑多个尺寸标注，允许对已存在的尺寸标注添加或移去尺寸点。选择此选项，系统会提示 "指定要删除的标注点或[添加(A)\退出(X)]: "，用户确定要删除的标注点后按〈Enter〉键，标注尺寸即可更新。

 ## 4.3.10 编辑标注文字

在 "标注" 工具栏中单击 "编辑标注文字" 按钮，可以修改尺寸文本的位置、对齐方向及角度等。编辑标注文字的方法和效果如图 4-42 所示。

图 4-42 编辑标注文字的方法和效果

4.3.11 编辑标注

在"标注"工具栏中单击"编辑标注"按钮，可以修改尺寸文本的位置、方向、内容及尺寸界线的倾斜角度等。编辑标注的方法和效果如图 4-43 所示。

图 4-43 编辑标注的方法和效果

4.3.12 通过特性编辑标注

在"标准"工具栏中单击"特性"按钮，或者按〈Ctrl+1〉组合键，可以更改选择对象的一些属性。同样，如果要编辑标注对象，单击"特性"按钮将打开"特性"面板，从而可以更改标注对象的图层对象、颜色、线型、箭头和文字等内容，如图 4-44 所示。

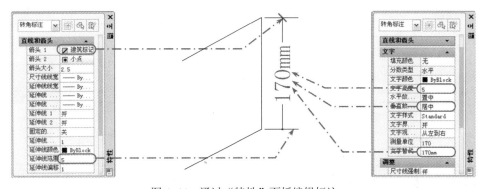

图 4-44 通过"特性"面板编辑标注

软件
技能

4.4　多重引线的标注和编辑

在 AutoCAD 2014 中右击工具栏，从弹出的快捷菜单中选择"多重引线"命令，将打开"多重引线"工具栏，如图 4-45 所示。

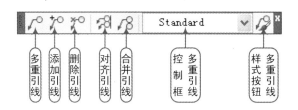

图 4-45　"多重引线"工具栏

 ### 4.4.1　创建多重引线样式

多重引线样式与标注样式一样，可以创建新的样式来对不同的图形进行引线标注。

启动多重引线样式命令主要有以下三种方式。

☑ 面板：在"引线"面板中单击"多重引线样式管理器"按钮⬚。

☑ 菜单栏：选择"格式｜多重引线样式"命令。

☑ 工具栏：在"多重引线"工具栏上单击"多重引线样式"按钮🖉。

☑ 命令行：在命令行中输入或动态输入"mleaderstyle"（快捷命令"D"）。

执行多重引线样式命令后，将弹出"多重引线样式管理器"对话框，在"样式"列表框中列出了已有的多重引线样式，并在右侧的"预览"框中看到该多重引线样式的效果。如果用户要创建新的多重引线样式，可单击"新建"按钮，将弹出"创建新多重引线样式"对话框，在"新样式名"文本框中输入新的多重引线样式的名称，如图 4-46 所示。

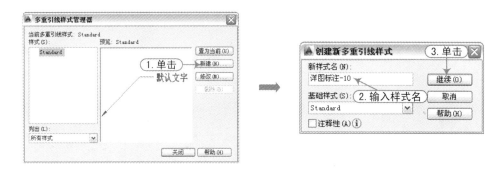

图 4-46　创建新的多重引线样式

当单击"继续"按钮后，系统将弹出"修改多重引线样式：×××"对话框，从而用户可以根据需要来对引线的格式、结构和内容进行修改，如图 4-47 所示。

图 4-47　修改多重引线样式

4.4.2　创建与修改多重引线

当用户创建了多重引线样式过后，就可以通过此样式来创建多重引线，并且可以根据需要来修改多重引线。

启动多重引线命令主要有以下三种方式。

☑ 面板：在"引线"面板中单击"多重引线"按钮 。

☑ 菜单栏：选择"标注｜多重引线"命令。

☑ 工具栏：在"多重引线"工具栏上单击"多重引线"按钮 。

☑ 命令行：在命令行中输入或动态输入"mleader"。

启动多重引线命令之后，用户根据提示信息进行操作，如图 4-48 所示，即可对图形对象进行多重引线标注。

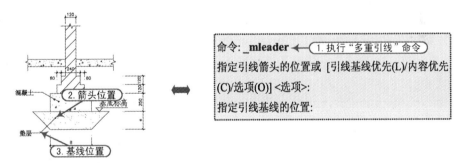

图 4-48　创建多重引线的方法和效果

在创建多重引线时，所选择的多重引线样式类型应尽量与标注的类型一致，否则所标注出来的效果与标注样式不一致。

当用户需要修改所创建的多重引线时，可以右键单击该多重引线对象，从弹出的快捷菜单中选择"特性"命令，将弹出"特性"面板，从而可以修改多重引线的样式、箭头样式与大小、引线类型、是否显示水平基线和基线间距等，如图 4-49 所示。

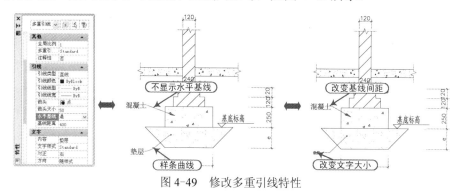

图 4-49　修改多重引线特性

 ### 4.4.3　添加多重引线

当需要同时从几个相同部分引出线时，可采取互相平行或画成集中于一点的放射线，那么这时就可以采用添加多重引线的方法来操作。在"多重引线"工具栏中单击"添加多重引线"按钮，根据提示选择已有的多重引线，然后依次指定引出线箭头的位置即可，如图 4-50 所示。

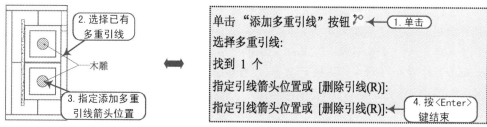

图 4-50　添加多重引线的方法和效果

> 用户可以将添加的多重引线的箭头指定与已有多重引线在同一条直线上，如图 4-51 所示。

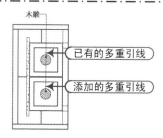

图 4-51　添加多重引线箭头

如果用户在添加了多重引线后，又觉得不符合需要，可以将多余的多重引线删除。在"多重引线"工具栏中单击"删除多重引线"按钮，根据提示选择已有的多重引线，然后依次指定引出线箭头的位置即可，如图 4-52 所示。

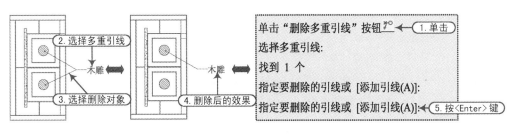

图 4-52 删除多重引线的方法和效果

4.4.4 对齐多重引线

当一个图形中有多处引线标注时，如果没有执行对齐操作，图形就显得不规范，也不符合要求，这时可以通过 AutoCAD 提供的多重引线对齐功能来操作。它可以将多个多重引线以某个引线为基准进行对齐操作。

在"多重引线"工具栏中单击"多重引线对齐"按钮 ，并根据提示选择要对齐的引线对象，再选择要作为对齐的基准引线对象及方向即可，如图 4-53 所示。

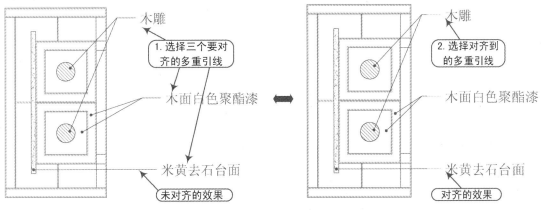

图 4-53 对齐多重引线的方法和效果

4.5 文字标注的创建与编辑

在 AutoCAD 2014 中右键单击工具栏，从弹出的快捷菜单中选择"文字"命令，将打开"文字"工具栏，如图 4-54 所示。

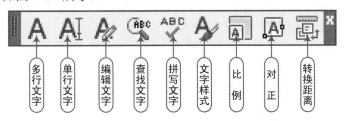

图 4-54 "文字"工具栏

4.5.1　创建文字样式

在创建文字注释和尺寸标注时，AutoCAD 通常使用当前的文字样式，也可以根据具体要求重新设置文字样式或创建新的样式。文字样式包括字体、字型、高度、宽度系数、倾斜角、反向、倒置以及垂直等参数。

创建文字样式命令主要有以下三种方式。

☑ 面板：单击"文字"面板中的"文字样式"按钮。

☑ 菜单栏：选择"格式 | 文字样式"命令。

☑ 工具栏：在"文字"工具栏上单击"文字样式"按钮。

☑ 命令行：在命令行中输入或动态输入"style"（快捷命令"ST"）。

执行文字样式命令之后，系统将打开"文字样式"对话框，利用该对话框可以修改或创建文字样式，并设置文字的当前样式，如图 4-55 所示。

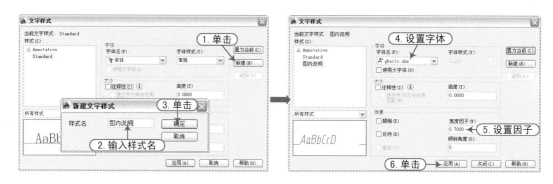

图 4-55　创建文字样式

在"文字样式"对话框中，各选项的含义介绍如下。

☑ "样式"列表框：显示了当前图形文件中所有定义的文字样式名称，默认文字样式为"Standard"。

☑ "新建"按钮：单击该按钮，打开"新建文字样式"对话框，然后在"样式名"文本框中输入新建文字样式名称，再单击"确定"按钮，创建新的文字样式，新建的文字样式将显示在"样式"下拉列表框中。

软件技能

　　当用户需要将创建的文字样式名称进行重命名操作时，可以在"样式"列表框中选择该样式，并单击鼠标右键，从弹出的快捷菜单中选择"重命名"命令，此时的样式名称将呈可编辑状态，用户根据自己的需要输入新的样式名称即可，如图 4-56 所示。

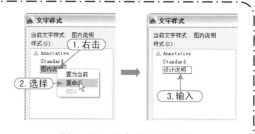

图 4-56　重命名文字样式

☑ "删除" 按钮：单击该按钮，可以删除某一已有的文字样式，但无法删除已经使用的文字样式、当前文字样式和默认的 Standard 样式。

☑ "字体" 选项组：用于设置文字样式使用的字体和字高等属性。其中，"字体名" 下拉列表框用于选择字体；"字体样式" 下列表框用于选择字体格式，如斜体、粗体和常规字体等；"高度" 文本框用于设置文字的高度。选中 "使用大字体" 复选框，"字体样式" 下拉列表框变为 "大字体" 下拉列表框，用于选择大字体文件。

> AutoCAD 提供了符合标注要求的字体形文件：gbenor.shx、gbeitc.shx 和 gbcbig.shx 文件。其中，gbenor.shx 和 gbeitc.shx 文件分别用于标注正体和斜体字母与数字；gbcbig.shx 则用于标注中文。

☑ "大小" 选项组：可以设置文字的高度。如果将文字的高度设为 "0"，在使用 "TEXT" 命令标注文字时，命令行将显示 "指定高度:" 提示，要求指定文字的高度。如果在 "高度" 文本框中输入了文字高度，AutoCAD 将按此高度标注文字，而不再提示指定高度。

☑ "效果" 选项组：可以设置文字的颠倒、反向、垂直等显示效果。在 "宽度因子" 文本框中可以设置文字字符的高度和宽度之比；在 "倾斜角度" 文本框中可以设置文字的倾斜角度，角度为 0° 时不倾斜，角度为正值时向右倾斜，角度为负值时向左倾斜。

4.5.2 创建单行文字

用户可以使用单行文字创建一行或多行文字，其中，每行文字都是独立的对象，可对其进行重定位、调整格式或进行其他修改。

执行单行文字命令主要有以下三种方式。

☑ 面板：单击 "文字" 面板中的 "单行文字" 按钮 AI。

☑ 菜单栏：选择 "绘图丨文字丨单行文字" 命令。

☑ 工具栏：在 "文字" 工具栏上单击 "单行文字" 按钮 AI。

☑ 命令行：在命令行中输入或动态输入 "text"（快捷命令 "DT"）。

启动单行文字命令之后，根据系统提示，即可创建单行文字，如图 4-57 所示。

图 4-57 创建单行文字方法和效果

在创建单行文字时，各选项的含义如下。

☑ 起点：该选项为默认选项，用户可使用鼠标在视图中需要的位置进行指定或捕捉单行文字的起点位置。

☑ 对正（J）：该选项用来确定单行文字的排列方向。选择该项后，系统将显示如下提示。

输入选项 [对齐(A)/布满(F)/居中(C)/中间(M)/右对齐(R)/左上(TL)/中上(TC)/右上(TR)/左中(ML)/正中(MC)/右中(MR)/左下(BL)/中下(BC)/右下(BR)]：

☑ 样式（S）：用来选择已经创建的文字样式。选择该项后，系统将提示"输入样式名或 [?] <Standard>:"，用户输入当前样式的名称即可。而如果用户记不清楚当前文档有哪些文字样式，可在提示下输入"?"，将弹出一个"AutoCAD 文本窗口"显示当前文档中已有的文字样式。

 4.5.3 创建多行文字

多行文字又称为段落文字，是一种更易于管理的文字对象，可以由两行以上的文字组成，而且各行文字都作为一个整体被处理。

执行多行文字命令主要有以下三种方式。

☑ 面板：单击"文字"面板中的"多行文字"按钮 A̅。

☑ 菜单栏：选择"绘图 | 文字 | 多行文字"命令。

☑ 工具栏：在"文字"工具栏上单击"多行文字"按钮 A̅。

☑ 命令行：在命令行中输入或动态输入"mtext"（快捷命令"MT"）。

启动多行文字命令之后，根据系统提示确定多行文字的对角点后，将弹出"文字格式"工具栏，根据要求输入文字内容并设置格式，然后单击"确定"按钮即可，如图 4-58 所示。

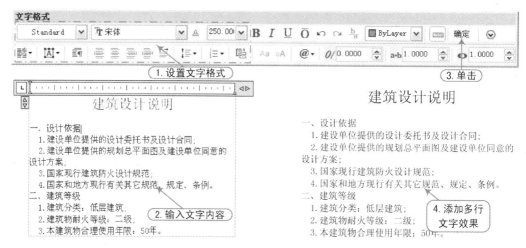

图 4-58　创建多行文字

如果用户是在"草图与注释"工作空间下，这时将添加"文字编辑器"选项卡，如图 4-59 所示。

图 4-59　"文字编辑器"选项卡

在"文字格式"工具栏中，大多数的设置选项与 Word 文字处理软件的设置相似，下面简要介绍一下常用的选项。

☑ "堆叠"按钮 ⬚：常见数学中的"分子丨分母"形式，其间使用"丨"和"^"符号来分隔，选择这部分文字，再单击"堆叠"按钮即可，如图 4-60 所示。

图 4-60　创建堆叠样式

☑ "标尺"按钮 ▦：用于打开或关闭输入窗口上的标尺。

☑ "选项"按钮 ⊙：单击该按钮，可打开多行文字的选项菜单，可对多行文字进行更多的设置。

☑ "段落"按钮 ▦：单击该按钮，将弹出"段落"对话框，从而可以设置制表位、段落的对齐方式、段落的间距和左右缩进等。

☑ "插入字段"按钮 ▦：单击该按钮，将弹出"字段"对话框，从而在当前的光标位置插入其他的字段域，包括打印域、日期和日期域、图纸集域和文档域等。

 软件技能

4.6　表格的创建和编辑

用户在创建工程图的标题栏时，可以使用 AutoCAD 自身提供的表格功能，就像在 Excel 中一样对其表格进行创建、合并单元格、在单元格中使用公式等。

 ### 4.6.1　创建表格

表格是由包含注释（以文字为主，也包含多个块）的单元构成的矩形阵列。

执行创建表格命令主要有以下三种方式。

☑ 面板：单击"表格"面板中的"表格"按钮 ▦。

☑ 菜单栏：选择"绘图丨表格"命令。

☑ 工具栏：在"绘图"工具栏上单击"表格"按钮 ▦。

☑ 命令行：在命令行中输入或动态输入"table"（快捷命令"TB"）。

启动表格命令之后，系统将打开"插入表格"对话框，根据要求设置插入表格的列数、列宽、行数和行高等，然后单击"确定"按钮，即可创建一个表格，如图 4-61 所示。

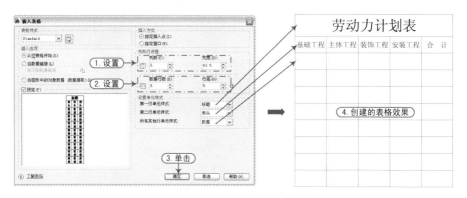

图 4-61　创建表格的方法和效果

　　用户可以将 Excel 或 Word 中的表格进行复制，然后粘贴到 AutoCAD 中，如图 4-62 所示，还可以双击该对象返回原软件环境中进行编辑。

软件技能

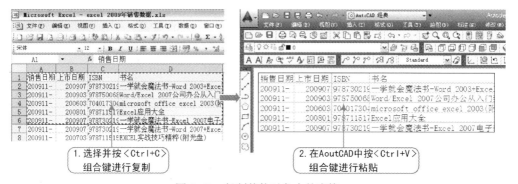

图 4-62　复制其他对象中的表格

 4.6.2　编辑表格

　　当创建表格后，用户可以单击该表格上的任意网格线以选中该表格，然后使用鼠标拖动夹点来修改该表格，如图 4-63 所示。

图 4-63　表格控制的夹点

在表格中单击某单元格，即可选中单个单元格；要选择多个单元格，单击并在多个单元格上拖动；按住〈Shift〉键并在另外一个单元格内单击，可以同时选中这两个单元格以及它们之间的所有单元格。选中的单元格效果如图 4-64 所示。

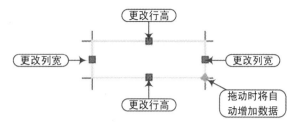

图 4-64　选中的单元格

在选中单元格的同时，将显示"表格"工具栏，如图 4-65 所示。借助该工具栏，可以对 AutoCAD 的表格进行多项操作。

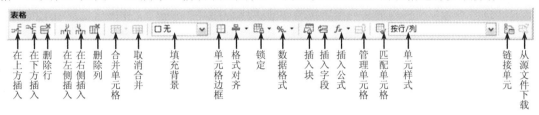

图 4-65　"表格"工具栏

如果用户是在"草图与注释"工作空间下，选择表格的单元格时，将显示"表格单元"选项卡，如图 4-66 所示。

图 4-66　"表格单元"选项卡

在表格中输入公式的注意点

用户在选定表格单元后，可以通过"表格"工具栏及快捷菜单中插入公式，也可以打开在位文字编辑器，然后在表格单元中手动输入公式。

1）单元格的表示。在公式中，可以通过单元的列字母和行号引用单元。例如，表格中左上角的单元为 A1；合并的单元使用左上角单元的编号；单元的范围由第一个单元和最后一个单元定义，并在它们之间加一个冒号（:），如范围 A2：E10 表示第 2～10 行和 A～E 列中的单元。

2）输入公式。公式必须以等号（=）开始；用于求和、求平均值和计数的公式将忽略空单元以及未解析为数据值的单元；如果在算术表达式中的任何单元为空，或者包括非数据，则其他公式将显示错误（#）。

3）复制单元格。在表格中将一个公式复制到其他单元时，范围会随之更改，以反映新的位置。例如，如果单元格 F6 中的公式是对 A6～E6 求和，则将其复制到 F7 时，单元格的范围将发生更改，变为对 A7～E7 求和。

4）绝对引用。如果在复制和粘贴公式时不希望更改单元格地址，应在地址的列或行处添加一个 "$" 符号。例如，如果输入 "$E7"，则列会保持不变，但行会更改；如果输入 "E7"，则列和行都保持不变。

视频\04\楼梯对象的标注.avi
案例\04\楼梯对象的标注.dwg

通过前面所学的尺寸的标注与编辑、文字的创建与编辑、引线的标注与编辑等知识内容，用户可以借用已经绘制的楼梯平面图形来进行尺寸和文字标注。首先打开已经准备好的"楼梯平面图.dwg"文件，将其另存为新的"楼梯对象的标注.dwg"文件；再设置标注样式，并对其进行线性和连续标注；然后使用多段线命令绘制一条多段线作为楼梯的上下指引线；最后设置新的文字样式，并进行相应的文字标注。标注前后的效果如图 4-67 所示。

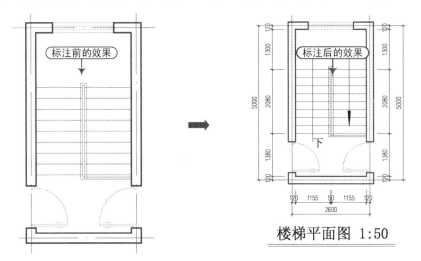

图 4-67　标注的前后效果

（1）正常启动 AutoCAD 2014 软件，按〈Ctrl+O〉组合键将"案例\04\楼梯平面图.dwg"文件打开，如图 4-68 所示。

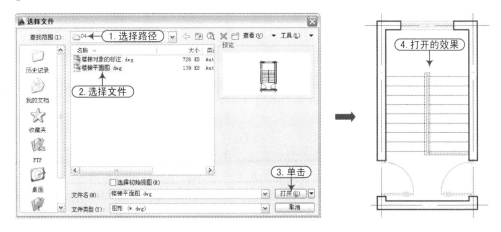

图 4-68　打开的文件

（2）按〈Ctrl+Shift+S〉组合键，将该文件另存为"案例\04\楼梯对象的标注.dwg"。

（3）选择"格式 | 文件样式"命令，将弹出"标注样式管理器"对话框，单击"新建"按钮，输入新样式名称"DIMA-50"，然后单击"继续"按钮，如图4-69所示。

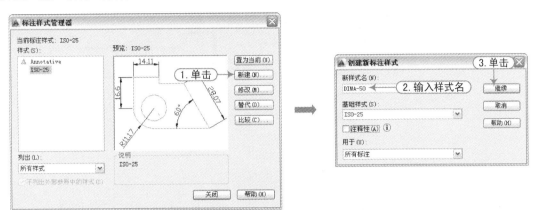

图4-69 输入标注样式名称

（4）单击"继续"按钮后，将弹出"新建标注样式：DIMA-50"对话框，用户在"线""符号和箭头""文字"和"调整"选项卡中进行该标注样式的设置，具体参数见表4-4。

表4-4 "DIMA-50"标注样式的参数设置

"线"选项卡	"符号和箭头"选项卡	"文字"选项卡	"调整"选项卡
尺寸线 颜色(C)：ByBlock 线型(L)：ByBlock 线宽(G)：ByBlock 超出标记(N)：0 基线间距(A)：3.75 隐藏：□尺寸线1(M) □尺寸线2(D) 超出尺寸线(X)：1.5 起点偏移量(F)：0 ☑固定长度的延伸线(0) 长度(E)：8	箭头 第一个(T)：建筑标记 第二个(D)：建筑标记 引线：小点 箭头大小(I)：1	文字外观 文字样式(Y)：DIM_FONT 文字颜色(C)：ByBlock 填充颜色(L)：无 文字高度(T)：3 分数高度比例(H)：1 □绘制文字边框(F) 文字位置 垂直(V)：上 水平(Z)：居中 观察方向(D)：从左到右 从尺寸线偏移(O)：1.5 文字对齐(A) ○水平 ◉与尺寸线对齐 ○ISO标准	标注特征比例 □注释性(A) ○将标注缩放到布局 ◉使用全局比例(S)：50 优化 □手动放置文字(P) ☑在延伸线之间绘制尺寸线(D)

（5）当"DIMA-50"标注样式参数设置完成后，依次单击"确定"按钮返回到"标注样式管理器"对话框中，单击"置为当前"按钮将新建的标注样式置为当前，然后单击"关闭"按钮退出。

（6）执行"格式 | 图层"命令，在弹出的"图层特性管理器"面板中新建"PUB_DIM"图层，并设置其颜色为蓝色，并将其置为当前，如图4-70所示。

图4-70 新建"PUB_DIM"图层

（7）在"标注"工具栏中单击"线性"按钮，使用鼠标在视图的左下角处依次捕捉两个交点，再确定文字放置的位置，从而完成线性标注，如图 4-71 所示。

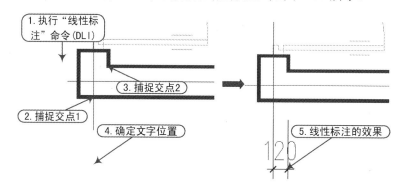

图 4-71　线性标注

（8）在"标注"工具栏中单击"连续"按钮，使用鼠标依次捕捉另外的几个交点，从而进行连续标注，如图 4-72 所示。

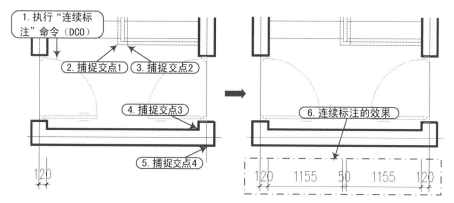

图 4-72　连续标注

（9）在"标注"工具栏中单击"线性"按钮，使用鼠标在视图的下方捕捉左右两侧的两个交点，再确定文字的位置，从而完成第二道尺寸线的线性标注，如图 4-73 所示。

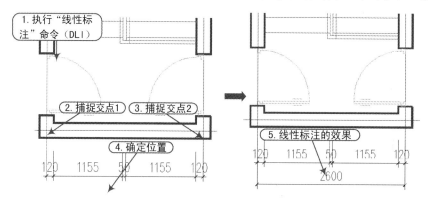

图 4-73　第二道尺寸线的线性标注

（10）按照前面的方法，分别对图形的左侧和右侧进行线性和连续标注，如图 4-74 所示。

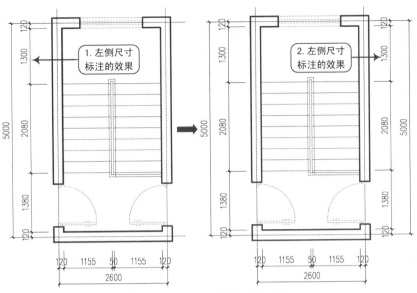

图4-74 左、右两侧的尺寸标注

　　由于该图形左、右两侧的尺寸标注是一致的，因此用户可以事先只标注其中的一侧，然后使用镜像命令（MI）对其按照楼梯的垂直中点进行镜像。

　　（11）在"图层"工具栏的"图层控制"下拉列表框中选择"Windows_TEXT"图层，使之成为当前图层。

　　（12）执行多段线命令（PL），首先捕捉起点 A，按〈F8〉键切换到正交模式，鼠标指向上并输入"3000"确定点 B，再将鼠标指向右并输入"1205"确定点 C，再将鼠标指向下并输入"2000"确定点 D，选择"宽度(W)"选项，提示输入起点宽度为"100"，终点宽度为"0"，再将鼠标指向下并输入"500"确定点 E，从而绘制带有箭头的楼梯方向线，如图4-75 所示。

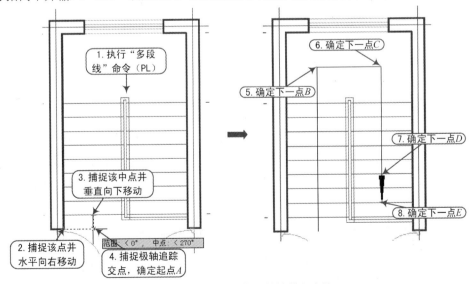

图4-75 绘制带有箭头的楼梯方向线

（13）选择"格式｜文字样式"命令，打开"文字样式"对话框，单击"新建"按钮新建"DIM_TEXT"文字样式，并设置字体名为"宋体"，宽度因为为"1.0000"，如图 4-76 所示。

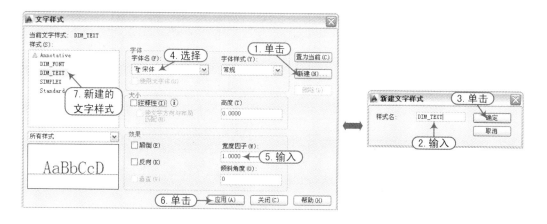

图 4-76 设置"DIM_TEXT"文字样式

（14）在"文字"工具栏中单击"单行文字"按钮 AI，根据命令行提示在多段线的起点位置处单击确定文字的位置，再输入高度"250"，比例为"0"，然后输入汉字"下"，从而在楼梯上标注楼梯的上下方向，如图 4-77 所示。

（15）同样，在整个楼梯图形的正下侧处输入单行文字"楼梯平面图 1:50"，且文字的高度为"350"，绘制两条水平线段，如图 4-78 所示。

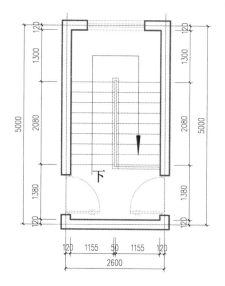

图 4-77 标注楼梯上下方向

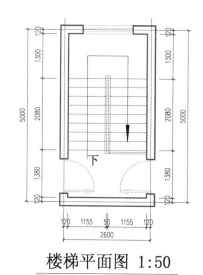

图 4-78 标注楼梯图名

（16）至此，该楼梯图形的标注已经完成，按〈Ctrl+S〉组合键对其进行保存。

4.8 课后练习与项目测试

1．选择题

1）下列文字特性不能在"多行文字编辑器"对话框的"特性"选项卡中设置的是（ ）。

　　A．高度　　　　B．宽度　　　　　　C．旋转角度　　　　D．样式

2）在 AutoCAD 中，用户可以使用（ ）命令将文本设置为快速显示方式，使图形中的文本以线框的形式显示，从而提高图形的显示速度。

　　A．text　　　　B．mtext　　　　　　C．wtext　　　　　　D．qtext

3）多行文本标注命令是（ ）。

　　A．text　　　　B．mtext　　　　　　C．qtext　　　　　　D．wtext

4）下面命令中用于标注在同一方向上连续的线性尺寸或角度尺寸的是（ ）。

　　A．dimbaseline　B．dimcontinue　　　C．qleader　　　　　D．qdim

5）下列不属于基本标注类型的标注是（ ）。

　　A．对齐标注　　B．基线标注　　　　C．快速标注　　　　D．线性标注

6）如果在一个线性标注数值前面添加直径符号，则应用（ ）命令。

　　A．%%c　　　　B．%%o　　　　　　C．%%d　　　　　　D．%%%

7）快速标注的命令是（ ）。

　　A．qdimline　　B．qdim　　　　　　C．qleader　　　　　D．dim

8）下面命令用于为图形标注多行文本、表格文本和下划线文本等特殊文字的是（ ）。

　　A．mtext　　　　B．text　　　　　　C．dtext　　　　　　D．ddedit

9）如果要标注倾斜直线的长度，应该选用下面的（ ）命令。

　　A．dimlinear　　B．dimaligned　　　C．dimordinate　　　D．qdim

10）下面字体中是中文字体的是（ ）。

　　A．gbenor.shx　B．gbeitc.shx　　　C．gbcbig.shx　　　D．txt.shx

2．简答题

1）怎样创建标注并设置标注样式？怎样修改标注样式？

2）怎样对图形对象进行尺寸标注？怎样对标注对象进行修改？

3）怎样创建文字样式？怎样利用文字样式对图形中的文字标注对象进行修改？

4）怎样在 AutoCAD 中创建一个表格，并对其进行编辑修改？

3．操作题

1）选择"格式｜文字样式"菜单命令，在弹出的"文字样式"对话框中按照表 4-5 创建相应的文字样式。

表 4-5　文字样式

文字样式名	打印到图样上的文字高度	图形文字高度（文字样式高度）	字体文件
图内说明	3.5	175	tssdeng tssdchn
尺寸文字	3.5	0	tssdeng

（续）

文字样式名	打印到图纸上的文字高度	图形文字高度 （文字样式高度）	字体文件
标高文字	3.5	175	tssdeng
剖切及轴线符号	7	350	tssdeng
图纸说明	5	250	tssdeng tssdchn
图　名	7	350	tssdeng tssdchn

2）打开"案例\04\别墅首层平面图.dwg"图形文件，然后按照图 4-79 进行创建多重引线文字标注、尺寸标注等操作。

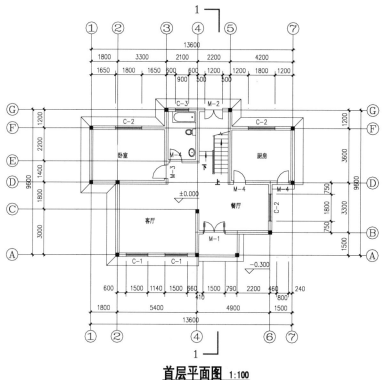

首层平面图 1:100

图 4-79　进行图形的标注

3）使用 AutoCAD 2014 的表格功能，绘制如图 4-80 所示的图纸标题栏，并输入相应的文字内容并设置文字的格式。

		成都市嘉华建设投资有限责任公司	设计号	SJ-2008-01
（甲级：224518-SJ）		锦江区华兴片区新居工程		-02
总负责人	审　核	农贸市场二层平面图	图别	水　施
负责人	校　对		图号	4／11
审　定	设　计	比例：100	日期	2008.04

图 4-80　绘制的表格图纸标题栏

第5章 使用块、外部参照和设计中心

本章导读

在 AutoCAD 中将其他图形插入到当前图形中有三种方法：一是用块插入的方法插入图形（在前面已经讲解了）；二是用外部参照引用图形；三是通过设计中心将其他图形文件中的图形、块、图案填充、图层等放置在当前文件中。

用户在绘制图形时，如果图形中有很多相同或相似的图形对象，或者所绘制的图形与已有的图形对象相同，这时可以将重复绘制的图形创建为块，然后在需要时插入即可。若一个图形中的某些对象为另一个图形对象，且有联动变化时，则采用附着参照。若在另一个文件中需要使用已有图形文件中的图层、块、文字样式等，则可以通过"设计中心"来进行复制操作，从而达到高效制图的目的。

主要内容

- ☑ 了解图块的主要作用和特点
- ☑ 掌握图块的创建和插入的方法
- ☑ 掌握图块的存储和编辑
- ☑ 掌握带属性图块的定义、创建和插入
- ☑ 掌握外部参照的含义和使用方法
- ☑ 掌握设计中心的作用和使用方法

效果预览

在 AutoCAD 中绘图时，图中经常会出现相同的内容，比如图框、标题栏、符号和标准件等，通常先画好一个再用复制粘贴的方式完成，这样的确是一个省事的方法。但是如果用户对 AutoCAD 中的块图形操作了解的话，就会发现插入块会比复制粘贴更加高效。

 5.1.1　图块的主要作用

图块的主要作用如下。

1）建立图形库，避免重复工作。把绘制工程图过程中需要经常使用的某些图形结构定义成图块并保存在磁盘中，这样就建立起了图形库。在绘制工程图时，可以将需要的图块从图形库中调出，插入到图形中，从而提高工作效率。

2）节省磁盘的存储空间。每个图块在图形文件中只存储一次，在多次插入时，计算机只保留有关的插入信息（即图块名、插入点、缩放比例、旋转角度等），而不需要把整个图块重复存储，这样就节省了磁盘的存储空间。

3）便于图形修改。当某个图块修改后，所有原先插入图形中的图块全部随之自动更新，这样就使图形的修改更加方便。

4）可以为图块增添属性。有时，图块中需要增添一些文字信息，这些图块中的文字信息称为图块的属性。AutoCAD 允许为图块增添属性并可以设置可变的属性值，每次插入图块时不仅可以对属性值进行修改，而且可以从图中提取这些属性并将它们传递到数据库中。

　　图块的种类

　　　　在绘图过程中，若要插入的图块来自当前绘制的图形，则这种图块为"内部图块"。"内部图块"可用"Wblock"命令保存到磁盘上，这种以文件的形式保存于计算机磁盘上，可以插入到其他图形文件中的图块为"外部图块"。一个已经保存在磁盘的图形文件也可以当成"外部图块"，用插入命令插入到当前图形中。

专业点滴

 5.1.2　图块的主要特性

图块是图形中的多个实体组合成的一个整体，它的图形实体可以分布在不同的图层上，可以具有不同的线型和颜色等特征，但是在图形中图块是作为一个整体参与图形编辑和调用的，要在绘图过程中高效率地使用已有建筑图块，首先需要了解 AutoCAD 图块的特点。

1. "随层"特性

如果由某个层的具有"随层"设置的实体组成一个内部块，这个层的颜色和线型等特性将设置并存储在块中，以后不管在哪一层插入都保持这些特性。如果在当前图形中插入一个具有"随层"设置的外部图块，当外部块图所在层在当前图形中没定义，则 AutoCAD 自动建立该层来放置块，块的特性与块定义时一致；如果当前图形中存在与之同名而特性不同的层，则当前图形中该层的特性将覆盖块原有的特性。

> 在通常情况下，AutoCAD 会自动把绘制图形时的绘图特性设置为"ByLayer（随层）"，除非在前面的绘图操作中修改了该设置。

2．"随块"特性

如果组成块的实体采用"ByBlock（随块）"设置，则块在插入前没有任何层，颜色、线型和线宽设置被视为白色连续线。当将块插入当前图形中时，块的特性按当前绘图环境的层（颜色、线型和线宽）进行设置。

3．"0"层块具有浮动特性

在进入 AutoCAD 绘图环境之后，AutoCAD 默认的图层是"0"层。如果组成块的实体是在"0"层上绘制的，并且用"随层"设置特性，则该块无论插入哪一层，其特性都采用当前插入层的设置，即"0"层具有浮动特性。

> 创建图块之前的图层设置及绘图特性设置是很重要的环节，在具体绘图工作中，要根据图块是建筑图块还是标准图块来考虑图块内图形的线宽、线型、颜色的设置，并创建需要的图层，选择适当的绘图特性。在插入图块之前，还要正确选择要插入的图层及绘图特性。

4．关闭或冻结选定层上的块

当非"0"层块在某一层插入时，插入块实际上仍处于创建该块的层中（"0"层块除外），因此，不管它的特性怎样随插入层或绘图环境变化，当关闭该插入层时，图块仍会显示出来，只有将建立该块的层关闭或将插入层冻结，图块才不再显示。

而"0"层上建立的块，无论它的特性怎样随插入层或绘图环境变化，当关闭插入层时，插入的"0"层块随着关闭。即"0"层上建立的块是随各插入层浮动的，插入哪层，"0"层块就被置于哪层。

5.1.3　图块的创建

图块的创建就是将图形中选定的一个或几个图形对象组合成一个整体，并保存，这样它就被视作一个实体对象在图形中随时进行调用和编辑，即所谓的"内部图块"。

创建图块主要有以下三种方式。

☑ 面板：单击"块"面板中的"创建块"按钮 。

☑ 菜单栏：选择"绘图｜块｜创建"命令。

☑ 工具栏：在"绘图"工具栏上单击"创建块"按钮 。

☑ 命令行：在命令行中输入或动态输入"block"（快捷命令"B"）。

启动创建图块命令之后，系统将弹出如图 5-1 所示的"块定义"对话框。其中各选项的含义如下。

图 5-1 "块定义"对话框

☑ "名称"文本框：输入块的名称，但最多可使用 255 个字符，可以包含字母、数字、空格以及微软和 AutoCAD 没有用作其他用途的特殊字符。

在为图块命名时需要遵循几点原则：一是图块名要统一；二是图块名要尽量能代表其内容；三是同一个图块的插入点要一致，插入点要选插入最方便的点。

☑ "基点"选项组：用于确定插入点位置，默认值为（0,0,0）。用户可以单击"拾取点"按钮，然后用十字光标在绘图区内选择一个点；也可以在"X""Y""Z"文本框中输入插入点的具体坐标参数值。一般，基点选在块的对称中心、左下角或其他有特征的位置。

☑ "对象"选项组：设置组成块的对象。单击"选择对象"按钮，可切换到绘图区中选择构成块的对象；单击"快速选择"按钮，在弹出的"快速选择"对话框中设置过滤条件，选择组成块的对象；选中"保留"单选按钮，表示创建块后原图形仍然在绘图窗口中；选中"转换为块"单选按钮，表示创建块后将组成块的各对象保留并将其转换为块；选中"删除"单选按钮，表示创建块后原图形将从图形窗口中删除。

☑ "方式"选项组：设置组成块对象的显示方式。

☑ "设置"选项组：设置块的单位是否链接。单击"超链接"按钮，将打开"插入超链接"对话框，在此可以插入超链接的文档。

☑ "说明"选项组：在其中的文本框输入与所定义块有关的描述性说明文字。

5.1.4 图块的插入

当用户在图形文件中定义了块以后，即可在内部文件中进行任意插入块的操作，还可以改变插入块的比例和旋转角度。

插入图块主要有以下三种方式。

☑ 面板：单击"块"面板中的"插入块"按钮。

☑ 菜单栏：选择"插入 | 块"命令。

☑ 工具栏：在"绘图"工具栏上单击"插入块"按钮 🗔。

☑ 命令行：在命令行中输入或动态输入"insert"（快捷命令"I"）。

启动插入图块命令之后，系统将弹出如图 5-2 所示的"插入"对话框。其中各选项的含义如下。

图 5-2　"插入"对话框

☑ "名称"下拉列表框：用于选择已经存在的块或图形名称。若单击其后的"浏览"按钮，将打开"选择图形文件"对话框，从中选择已经存在的外部图块或图形文件。

☑ "插入点"选项组：确定块的插入点位置。若勾选"在屏幕上指定"复选框，则表示用户将在绘图窗口内确定插入点；若不选中该复选框，用户可在其下的"X""Y""Z"文本框中输入插入点的坐标值。

☑ "比例"选项组：确定块的插入比例系数。用户可直接在"X""Y""Z"文本框中输入块在 3 个坐标方向的不同比例；若勾选"统一比例"复选框，则表示所插入的比例一致。

☑ "旋转"选项组：用于设置块插入时的旋转角度，可直接在"角度"文本框中输入角度值，也可直接在屏幕上指定旋转角度。

☑ "分解"复选框：用于设置是否将插入的块分解成各基本对象。

　　用户在插入图块对象后，也可以单击"修改"工具栏的"分解"按钮 🗗 对其进行分解操作。

5.1.5　图块的存储

前面介绍了图块的创建和插入，读者已基本掌握了图块的应用方法。但是，用户创建图块后，只能在当前图形中插入，其他图形文件则无法引用创建的图块，这将很不方便。为解决这个问题，使实际工程设计绘图时创建的图块实现共享，AutoCAD 为用户提供了图块的存储命令。通过该命令可以将已创建的图块或图形中的任何一部分（或整个图形）作为外部图块进行保存。用图块存储命令保存的图块与其他的图形文件并无区别，同样可以打开和编辑，也可以在其他的图形文件中进行插入。

要进行图块的存储操作，在命令行中输入"wblock"命令（快捷命令"W"），此时将弹出"写块"对话框，如图 5-3 所示。利用该对话框可以将图块或图形对象存储为独立的外部图块。

图 5-3 "写块"对话框

用户可以使用"SAVE"或"SAVEAS"命令创建并保存整个图形文件，也可以使用"EXPORT"或"WBLOCK"命令从当前图形中创建选定的对象，然后保存到新图形中。不论使用哪一种方法创建普通的图形文件，它都可以作为块插入到任何其他图形文件中。如果需要作为相互独立的图形文件来创建几种版本的符号，或者要在不保留当前图形的情况下创建图形文件，建议使用"WBLOCK"命令。

5.1.6 图块的创建与插入实例

视频\05\图块的创建与插入实例.avi
案例\05\卫生间.dwg

在前面已经讲解了图块的创建与插入的相关命令以及各对话框的含义，下面通过一个实例来讲解创建与插入图块的具体步骤和方法。

（1）启动 AutoCAD 2014 软件，按〈Ctrl+O〉组合键打开"卫生间平面图.dwg"文件，如图 5-4 所示。

（2）将"0"图层置为当前图层，使用圆、直线、偏移、修剪等命令，在视图的右侧分别绘制宽度为 1000mm 的平面门，以及宽度为 1500mm 的双开门对象，如图 5-5 所示。

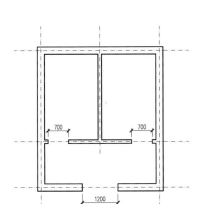

图 5-4 打开的文件

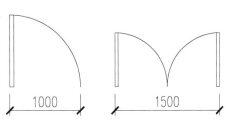

图 5-5 绘制的平面门

（3）执行创建块命令（B），弹出"块定义"对话框，在"名称"文本框中输入图块的名称"M-1"，再单击"选择对象"按钮，在视图中框选宽度为 1000mm 的平面门对象；单击"拾取点"按钮，在视图中选择平面门左下角点作为基点；选择"删除"单选项，然后单击"确定"按钮，从而将平面门对象保存为"M-1"图块，如图 5-6 所示。

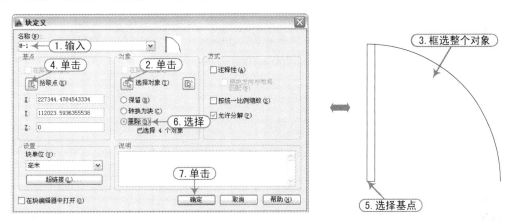

图 5-6 创建"M-1"图块

（4）同样，将双开门对象创建为"M-2"图块，如图 5-7 所示。

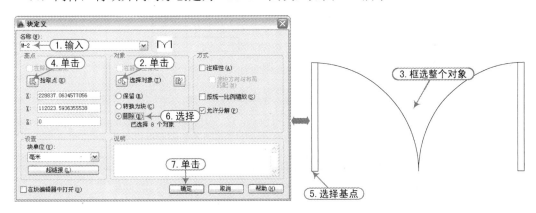

图 5-7 创建"M-2"图块

（5）在"图层控制"列表框中，选择"门窗"图层作为当前图层。

（6）执行插入块命令（I），弹出"插入"对话框，在"名称"组合框中选择前面已经创建的图块"M-1"对象，勾选"统一比例"复选框，并输入比例值"0.7"，再单击"确定"按钮，随后命令行将提示"指定插入点:"，这时在视图中捕捉门洞口的指定点即可，如图 5-8 所示。

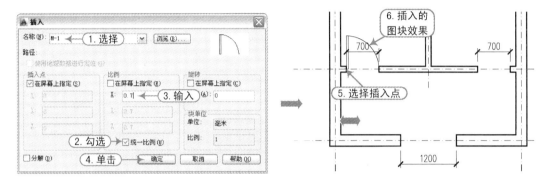

图 5-8　插入"M-1"图块

　　由于所创建的"M-1"图块尺寸为 1000mm，而当前门洞口的尺寸为 700mm，因此应将缩放比例设置为 0.7（700÷1000=0.7）。

（7）执行"镜像"命令（MI），选择插入的"M-1"图块对照，再捕捉中间的轴线两端点，以此作为镜像轴线，从而在图形的右侧镜像平面门对象，如图 5-9 所示。

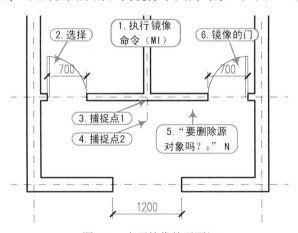

图 5-9　水平镜像的平面门

（8）执行"插入块"命令（I），将双开门"M-2"图块插入到图形的下侧门洞口位置，如图 5-10 所示。

　　由于所创建的"M-2"图块尺寸为 1500mm，而当前门洞口的尺寸为 1200mm，因此应将缩放比例设置为 0.8（1200÷1500=0.8）。

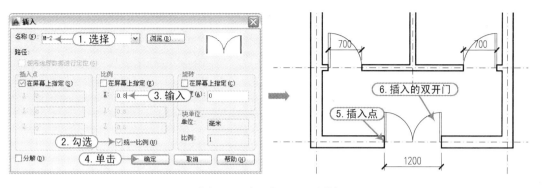

图 5-10 插入"M-2"图块

（9）执行"删除"命令（E），将视图中的门洞口的尺寸标注对象删除。

（10）执行"写块"命令（W），弹出"写块"对话框，单击"选择对象"按钮，在视图中框选所有对象；单击"拾取点"按钮，在视图中选择图形的左下角点；单击"目标"选项区的"浏览"按钮，将其保存为"…\案例\05\卫生间.dwg"文件；单击"确定"按钮，从而将其整个图形对象保存为"卫生间"外部图块对象，如图 5-11 所示。

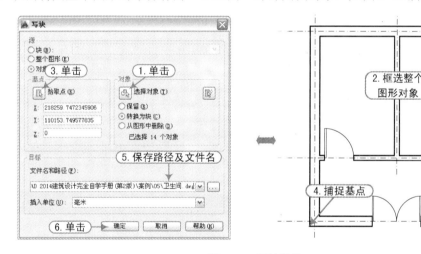

图 5-11 写块操作

 ## 5.1.7 定义图块的属性

AutoCAD 允许为图块附加一些文本信息，以增强图块的通用性，这些文本信息称为属性。如果某个图块带有属性，那么，用户在插入该图块时可根据具体情况通过属性为图块设置不同的文本信息。特别对于那些经常要用到的图块，利用属性尤为重要。

要创建属性，首先创建包含属性特征的属性定义。特征包括标记（标识属性的名称）、插入块时显示的提示、值的信息、文字格式、块中的位置和所有可选模式（不可见、常数、验证、预设、锁定位置和多行）。

定义图块对象的属性主要有以下几种方式。

☑ 面板：在"块"面板中单击"定义属性"按钮。

☑ 菜单栏：选择"绘图 | 块 | 定义属性"命令。

☑ 命令行：在命令行中输入或动态输入"attded"（快捷命令"ATT"）。

当启动定义对象属性命令后，将弹出如图 5-12 所示的"属性定义"对话框。其中各选项的含义如下。

图 5-12 "属性定义"对话框

☑ "不可见"复选框：设置插入块后是否显示其属性值。

☑ "固定"复选框：设置属性是否为固定值。当为固定值时，插入块后，该属性值不再发生变化。

☑ "验证"复选框：设置是否验证所输入属性值的正确性。

☑ "预设"复选框：设置是否将该值预置为默认值。

☑ "锁定位置"复选框：设置是否固定插入块的坐标位置。

☑ "多行"复选框：设置可以使用多行文字来标注块的属性值。

☑ "标记"文本框：设置属性的标记。

☑ "提示"文本框：设置插入块时系统显示的提示信息内容。

☑ "默认"文本框：设置属性的默认值。

☑ "文字位置"选项组：设置属性文字的对正方式、文字样式、高度值、旋转角度等格式。

> 在通过"属性定义"对话框定义属性后，还要使用前面的方法来创建或存储图块。

软件技能

5.1.8 插入属性图块

属性图块的插入方法与普通块的插入方法基本一致，只是在设置块的旋转角度后须输入各属性的具体值。

在命令行中输入或动态输入"insert"（快捷命令"I"），同样将弹出"插入"对话框，根据要求选择要插入的带属性的图块，并设置插入点、比例及旋转角度，这时系统将以命令的方式提示所要输入的属性值。

5.1.9 编辑图块的属性

当用户在插入带属性的对象后，可以对其属性值进行修改操作。

编辑图块的属性主要有以下几种方式。

☑ 面板：在"块"面板中，单击"编辑属性"按钮。

☑ 菜单栏：选择"修改|对象|属性|单个"命令。

☑ 工具栏：在"修改 II"工具栏上单击"编辑属性"按钮，如图 5-13 所示。

☑ 命令行：在命令行中输入或动态输入"ddatte"（快捷命令"ATE"）。

启动编辑块属性命令后，系统将提示"选择对象："，用户使用鼠标在视图中选择带属性块的对象，系统将弹出"增强特性编辑器"对话框，如图 5-14 所示。此时用户根据要求编辑属性块的值即可。

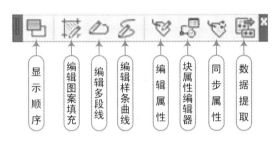

图 5-13 "修改 II"工具栏

图 5-14 "增强特性编辑器"对话框

用户使用鼠标双击带属性块的对象，也将弹出"增强特性编辑器"对话框。

☑ "属性"选项卡：用户可修改该属性的值。

☑ "文字选项"选项卡：用户可修改该属性的文字特性，包括文字样式、对正方式、文字高度、比例因子、旋转角度等，如图 5-15 所示。

☑ "特性"选项卡：用户可修改该属性文字的图层、线宽、线型、颜色等特性，如图 5-16 所示。

图 5-15 "文字选项"选项卡

图 5-16 "特性"选项卡

5.1.10　属性图块的操作实例

视频\05\属性图块的操作实例.avi
案例\05\属性块的操作实例.dwg

　　在前面讲解了属性图块的定义、插入和编辑命令，下面通过实例来贯穿讲解其具体的操作步骤。

　　（1）启动 AutoCAD 2014 软件，按〈Ctrl+O〉组合键打开"图块的创建和插入.dwg"文件，即前面实例中所创建的效果。

　　（2）将当前图层置为"0"图层，在"文字"面板中选择"剖切及轴线符号"文字样式作为当前，如图 5-17 所示。

　　（3）使用"圆"命令（C）在视图中的空白位置绘制直径为 800mm 的圆对象，如图 5-18 所示。

图 5-17　设置当前图层和文字样式　　　　　　图 5-18　绘制的圆

　　（4）在"块定义"面板中单击"定义属性"按钮，弹出"属性定义"对话框，按照图 5-19 所示进行属性的定义。

图 5-19　定义的属性

　　（5）执行写块命令（W），将其定义的属性图块保存为"轴号.dwg"图块对象，如图 5-20 所示。

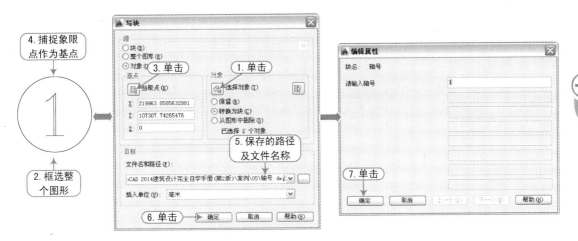

图 5-20 属性图块的定义

（6）将当前图层置为"尺寸标注"图层，使用直线命令（L），在左下侧的轴线下绘制长度为 1000mm 的线段，如图 5-21 所示。

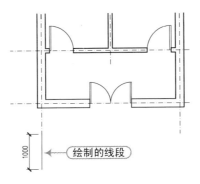

图 5-21 绘制的线段

（7）执行插入块命令（I），弹出"插入"对话框，在"名称"组合框中选择前面已经创建的图块"轴号"对象，这时在视图中捕捉门洞口的指定点即可，如图 5-22 所示。

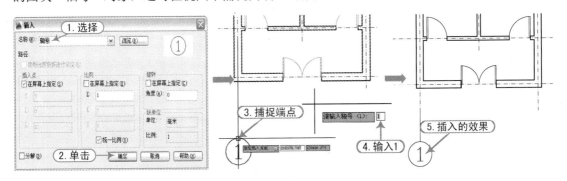

图 5-22 插入"轴号"图块

（8）使用复制命令（CO），将所绘制的线段和插入的"轴号"对象按照图 5-23 所示进行复制。

（9）使用鼠标单击右下侧的"轴号"图块对象，将弹出"增强属性编辑器"对话框，在"值"文本框中输入"3"，然后单击"确定"按钮，即可将该轴编号修改为 3，如图 5-24 所示。

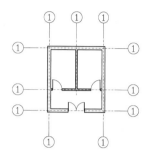

图 5-23　复制的效果

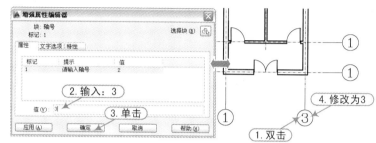

图 5-24　修改属性值

（10）按照同样的方法，分别对其他属性值进行修改，如图 5-25 所示。

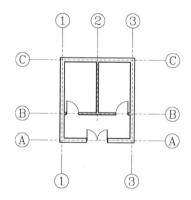

图 5-25　修改属性值的效果

（11）至此，该实例已经操作完成，按〈Ctrl+Shift+S〉组合键，将该文件另存为"属性块的操作实例.dwg"文件。

 5.1.11　打开块编辑器

要对已创建的块或属性图块对象进行编辑，可以通过在"块编辑器"选项卡中进行操作。可以通过以下几种方法打开"块编辑器"选项卡。

☑ 面板：在"块定义"面板中单击"块编辑器"按钮。

☑ 命令行：在命令行中输入或动态输入"BEDIT"命令。

☑ 菜单栏：执行"工具 | 块编辑器"菜单命令。

☑ 鼠标右键：使用鼠标右键单击该块对象，从弹出的快捷菜单中选择"块编辑器"命令。

执行上述命令后，将打开"编辑块定义"对话框，其中列出了当前图形中已经定义的块对象，选择需要编辑的块对象，然后单击"确定"按钮，即可打开"块编辑器"选项卡，如图 5-26 所示。

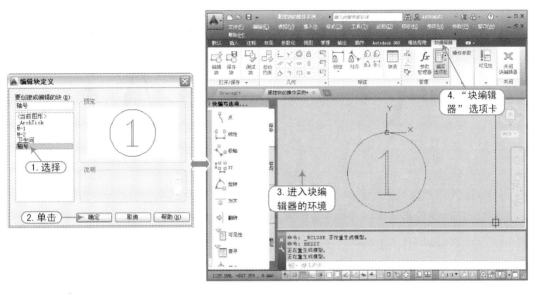

图 5-26　打开"块编辑器"选项卡

其中的"块编写选项板"中包括"参数""动作""参数集"和"约束"4 个面板，如图 5-27 所示。

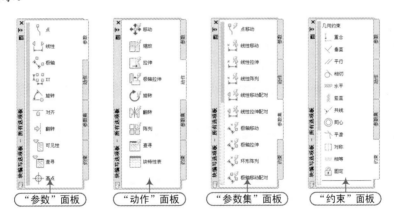

图 5-27　"块编写选项板"各面板

其中，在"参数"面板中各选项的含义如下。

☑ 点：点参数为图形中的块定义 X 和 Y 的值。在块编辑器中，点参数类的外观与坐标标注类似，如图 5-28 所示。

☑ 线性：线性参数显示两个目标点之间的距离。插入线性参数时，夹点移动被约束为只能沿预设角度进行。在块编辑器中，线性参数类似于线性标注，如图 5-29 所示。

☑ 极轴：极轴参数显示两个目标点之间的距离和角度值，可以使用夹点和"特性"面板同时更改块参照的距离和角度。在块编辑器中，极轴参数类似于对齐标注，如图 5-30 所示。

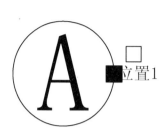

图 5-28　添加点参数

图 5-29　添加线性参数

☑ XY：XY 参数显示距参数基点的 X 距离和 Y 距离。在块编辑器中，XY 参数显示为水平标注和垂直标注，如图 5-31 所示。

图 5-30　添加极轴参数

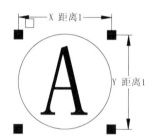

图 5-31　添加 XY 参数

☑ 旋转：旋转参数用于定义角度。在块编辑器中，旋转参数显示为一个圆，如图 5-32 所示。

☑ 对齐：对齐参数定义 X、Y 的值和角度。对齐参数允许块参照自动围绕一个点旋转，以便与图形中的另一对象对齐。对齐参数会影响块参照的旋转特性，如图 5-33 所示。

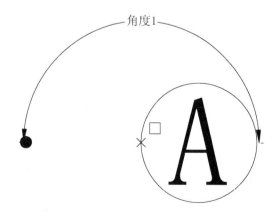

图 5-32　添加旋转参数

图 5-33　添加对齐参数

☑ 翻转：翻转参数用于翻转对象。在块编辑器中，翻转参数显示为投影线，可以围绕这条投影线翻转对象，该参数显示的值用于表示块参照是否已翻转。

☑ 可见性：可见性参数控制块中对象的可见性，可以创建具有许多不同图形表示的块，用户可以轻松修改具有不同可见性状态的块参照，而不必查找不同的块参照，以便插入到图形中。

☑ 查寻：查寻参数定义自定义特性，用户可以指定该特性，也可以将其设置为从定义的列表或表格中计算值。

☑ 基点：基点参数用于定义动态块参照相对于块中的几何图形的基点。

 ## 5.1.12　动态块的相关概念

动作定义了在图形中操作动态块参照时，该块参照中的几何图形将如何移动或更改。通常，向动态块定义中添加了动作后，必须将该动作与参数、参数上的关键点，以及几何图形相关联。关键点是参数上的点，编辑参数时，该点将会驱动与参数相关联的动作。与动作相关联的几何图形称为选择集。

添加参数后，就可以添加关联的动作了，在"块编写选项板"的"动作"面板中，列出了可以与各个参数相关联的动作。

☑ 移动：移动动作使对象移动指定的距离和角度。

☑ 缩放：缩放动作可以缩放块的选择集。

☑ 拉伸：拉伸动作将使对象在指定的位置移动和拉伸指定的距离。

☑ 极轴拉伸：使用极轴拉伸动作可以将对象旋转、移动和拉伸指定角度和距离。

☑ 旋转：旋转动作使关联对象进行旋转。

☑ 翻转：翻转动作允许用户围绕一条称为投影线的指定轴来翻转动态块参照。

☑ 阵列：阵列动作会复制关联对象并以矩形样式对其进行阵列。

☑ 查寻：查寻动作将自定义特性和值，并指定给动态块。

在创建动态块时，为了提高绘图质量与效率，可按以下步骤进行操作。

1．规划动态块的内容

在创建动态块之前，应先了解块的外观及其在图形中的使用方式。确定在操作动态块参照时，块中的哪些对象会移动或修改，以及这些对象将如何修改。

例如，用户创建一个可调整大小的动态块。调整块参照的大小时可能会显示其他几何图形。这些因素决定了添加到块定义中的参数和动作的类型，以及如何使参数、动作和几何图形共同作用。

2．绘制几何图形

可在绘图区域或块编辑器中绘制动态块中的几何图形，也可使用现有几何图形或现有的块定义。

3．了解块元素如何共同作用

在向块定义中添加参数和动作之前，应了解它们之间以及它们与块中的几何图形的相关性。在向块定义添加动作时，需要将动作与参数以及几何图形的选择集相关联，此操作将创建相关性。向动态块添加多个参数和动作时，需要设置正确的相关性，以便于块在图形中正常工作。

例如，用户需要创建一个包含很多个对象的动态块，其中一些对象关联了拉伸动作，同时，用户还希望所有对象围绕同一基点进行旋转。在此情况下，应当在添加所有参数和动作之后添加旋转动作。如果旋转动作并不是与块定义中的其他所有对象（几何图形、参数、动作）相关联，那么块参照的某些部分可能就不旋转，或者操作此块参照时可能会造成意外结果。

4．添加参数

执行"工具 | 块编辑器"菜单命令，选择要进行动态定义的块，打开"块编写选项板"，进入动态块编辑。从"块编写选项板"选择向动态块定义添加的参数，指定动态参数的几何图形在块中的位置、距离和角度。

动态块定义中必须至少包含一个参数。向动态块定义添加参数后，将自动添加与该参数的关键点相关联的夹点。然后，用户必须向块定义添加动作并将该动作与参数相关联。动态块部分参数的类型、说明及支持的动作见表 5-1。

表 5-1　动态块部分参数及支持动作表

参　数	说　明	支持的动作
线性	可显示出两个固定点之间的距离。约束夹点沿预置角度的移动。在块编辑器中，外观类似于对齐标注	移动、缩放、拉伸、阵列
旋转	可定义角度。在块编辑器中，显示为一个圆	旋转
翻转	翻转对象。在块编辑器中，显示为一条投影线。可以围绕这条投影线翻转对象。将显示一个值，该值显示出了块参照是否已被翻转	翻转
可见性	可控制对象在块中的可见性。可见性参数总是应用于整个块，并且无需与任何动作相关联。在图形中单击夹点可以显示块参照中所有可见性状态的列表。在块编辑器中，显示为带有关联夹点的文字	无（此动作是隐含的，并且受可见性控制）

5．添加动作

向动态块定义中添加适当的动作，确保将动作与正确的参数和几何图形相关联。动作用于定义在图形中操作动态块参照的自定义特性时，该块参照的几何图形将如何移动或修改。动态块通常至少包含一个动作。通常，向动态块定义中添加动作后，必须将该动作与参数、参数上的关键点以及几何图形相关联。关键点是参数上的点，编辑参数时该点将会驱动与参数相关联的动作。与动作相关联的几何图形称为选择集。

6．保存块并进行测试

保存动态块定义并退出块编辑器，然后将动态块参照插入到一个图形中，并测试该块的功能。

在创建动态块时，可以使用可见性控制动态块中几何图形的可见或不可见。一个块可以具有任意数量的可见性状态。使用可见性状态是创建具有多种不同图形表示的块的有效方式，用户可以轻松修改具有不同可见性状态的块参照，而不必查找不同的块参照以插入到图形中。

可见性参数中包含查寻夹点，此夹点始终显示在包含可见性状态的块参照中。在块参照中单击该夹点时，将显示块参照中所有可见性状态的下拉列表，从列表中选择一个状态后，在该状态中可见的几何图形将显示在图形中。

5.1.13　动态块的操作实例

视频\05\动态块的操作实例.avi
案例\05\动态门图块.dwg

本实例详细介绍了创建动态门图块的过程和方法，使读者掌握创建动态图块的方法和步骤，从而更好地学习 AutoCAD 软件。

（1）正常启动 AutoCAD 2014 软件，系统自动创建一个空白文件。执行矩形命令（REC）、直线命令（L）和圆弧命令（ARC），绘制宽为 900mm 的平面门对象，如图 5-34 所示。

（2）执行创建块命令（B），将门对象创建为图块，图块的名称为"门"。

（3）在"块定义"面板中单击"块编辑器"按钮 ，打开"编辑块定义"对话框，选择上一步所定义的"门"块对象，并

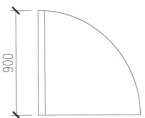

图 5-34　绘制门

单击"确定"按钮，将打开"块编辑器"窗口，同时在视图中打开门图块对象，如图 5-35 所示。

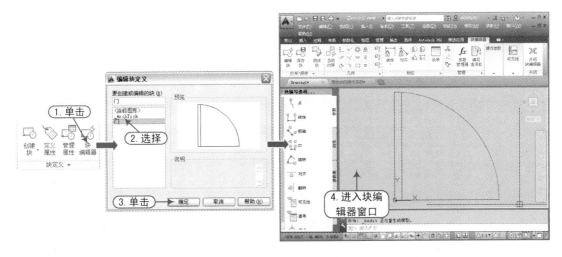

图 5-35　打开块编辑器窗口

（4）在"块编写选项板"中的"参数"面板中选择"线性"和"旋转"项，根据命令行提示，创建一个线性参数和旋转参数，如图 5-36 所示。

（5）在"块编写选项板"的"动作"面板中选择"缩放"项，然后根据命令行提示，选择创建的线型，系统提示"选择对象："时，选择整个门对象，按空格键确定，此时将显示一个缩放图标，表示创建了动态缩放，如图 5-37 所示。

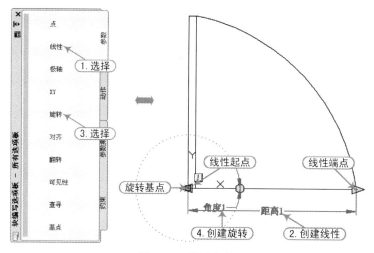

图 5-36　设置参数

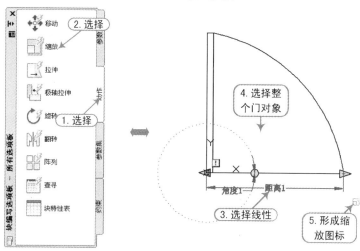

图 5-37　创建动态缩放

（6）用同样的方法，给门对象创建一个动态旋转，如图 5-38 所示。

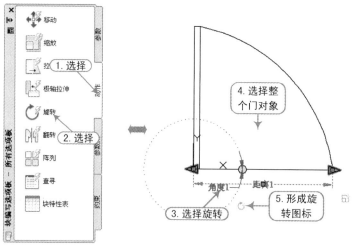

图 5-38　创建动态旋转

（7）在"块编辑器"窗口的左上方单击"保存块"按钮 ，然后退出块编辑器，这时选中创建的动态门图块将显示出几个特征点对象，如图 5-39 所示。

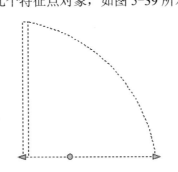

图 5-39　选中创建的动态门图块效果

（8）拖动图中右侧的三角形特征点，就可以随意对门对象进行缩放了；关闭"正交"模式，拖动图中的圆形特征点，就可以随意将门对象旋转一定的角度，如图 5-40 所示。

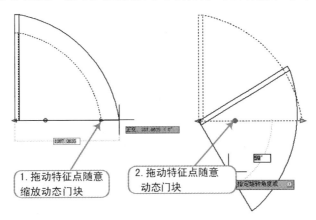

图 5-40　动态块的缩放和旋转

（9）至此，动态门图块则绘制完成了，按〈Ctrl+S〉组合键将该文件保存为"案例\05\动态门图块.dwg"。

5.2　使用外部参照

外部参照是指一个图形文件对另一个图形文件的引用，即把已有的其他图形文件链接到当前图形文件中，但所生成的图形并不会显著增加图形文件的大小。

外部参照具有和图块相似的属性，但它与插入"外部块"是有区别的。插入"外部块"是将块的图形数据全部插入到当前图形中，而外部参照只记录参照图形的位置等链接信息，并不插入该参照图形的图形数据。在绘图过程中，可以将一幅图形作为外部参照附加到当前图形中，这是一种重要的共享数据的方法，也是减少重复绘图的有效手段。

在进行图形设计的过程中，用户可以尽量多地使用外部参照，其优点如下。

☑ 参照图形中对图形对象的更改可以及时反映到当前图形中，以确保用户使用最新参照信息。

☑ 由于外部参照只记录链接信息，因此所有图形文件相对于插入块来说比较小，尤其是参照图本身很大时这一优势就更加明显。

☑ 外部参照的图形一旦被修改，当前图形就会自动更新，以反映外部参照图形所做的修改。

☑ 适合与多个设计者协同工作。

☑ 通过使用参照图形，用户可以在图形中参照其他用户的图形协调用户之间的工作，从而与其他设计师所做的修改保持同步。用户也可以使用组成图形装配一个主图形，主图形将随工程的开发而被修改，确保显示参照图形的最新版本，打开图形时，将自动重载每个参照图形，从而反映参照图形文件的最新状态。请勿在图形中使用参照图形中已存在的图层名、标注样式、文字样式和其他命名元素，当工程完成并准备归档时，将附着的参照图形和当前图形永久合并（绑定）到一起。

5.2.1 外部参照管理器

一个图形中可能存在多个外部参照图形，用户必须了解各个外部参照的所有信息，才能对含有外部参照的图形进行有效管理，这需要通过"外部参照"面板来实现，如图 5-41 所示。

在 AutoCAD 2014 中，用户可以通过以下几种方式来打开"外部参照"选项板。

☑ 命令行：在命令行中输入或动态输入"XREF"命令。

☑ 菜单栏：执行"插入 | 外部参照"菜单命令。

☑ 工具栏：在"参照"工具栏中单击"外部参照"按钮，如图 5-42 所示。

图 5-41 "外部参照"选项板

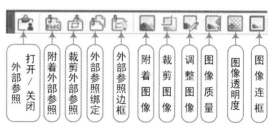

图 5-42 "参照"工具栏

"外部参照"选项板中的"文件参照"列表中列出了当前图形中存在的外部参照的相关信息，包括外部参照的名称、加载状态、文件大小、参照类型、创建日期和保存路径等。此外，用户还可以进行外部参照的附着、拆离、重载、打开、卸载和绑定操作。双击"类型"列，可以使外部参照在"附加型"和"覆盖型"之间进行切换。

单击"附着DWG"按钮，会出现如图5-43所示的下拉菜单。下拉菜单中各命令的含义如下。

图5-43 "附着DWG"下拉菜单

☑ 单击"附着 DWG"命令，会弹出"选择参照文件"对话框，选择要附着的文件，单击"打开"按钮，弹出"附着外部参照"对话框，设置相应的参数，最后单击"确定"按钮即可，如图5-44所示。

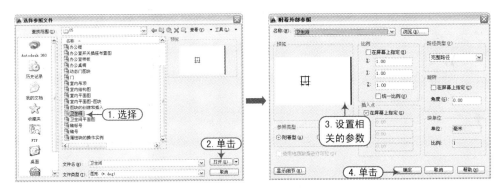

图5-44 执行"附着DWG"命令

☑ 单击"附着图像"命令，弹出"选择参照文件"对话框，选择要附着的图像文件，单击"打开"按钮，弹出"附着图像"对话框，设置相应的参数，最后单击"确定"按钮即可，如图5-45所示。

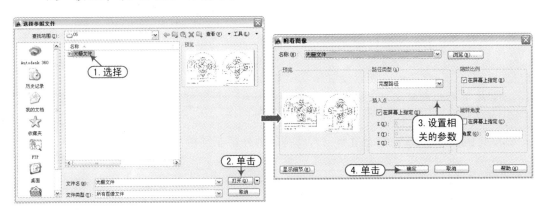

图5-45 执行"附着图像"命令

☑ 单击"附着 DWF"命令，打开"选择参照文件"对话框，选择附着的 DWF 文件即可。

☑ 单击"附着 DGN"命令，打开"选择参照文件"对话框，选择附着的 DGN 文件即可。

 5.2.2　附着外部参照

将图形作为外部参照附着时，会将该参照图形链接到当前图形，打开或重载外部参照时，对参照图形所做的任何修改都会显示在当前图形中。一个图形可以作为外部参照同时附着到多个图形中。反之，也可以将多个图形作为参照图形附着到单个图形中。

通过前面的方法调用外部参照命令后，系统打开"选择参照文件"对话框，选择要附着的图形文件，单击"打开"按钮，即可打开"附着外部参照"对话框。下面就针对"附着外部参照"对话框中相关选项的含义说明如下。

☑ "名称"下拉列表框：当附着了一个外部参照之后，该外部参照的名称将出现在列表里单击其后的"浏览"按钮，即可重新选择参照的文件。

☑ "参照类型"选项组：用于指定外部参照是附着型还是覆盖型。与附着型的外部参照不同，当覆盖型外部参照的图形作为外部参照附着到另一图形时，将忽略该覆盖型外部参照。

☑ "路径类型"选项组：用于指定外部参照的保存路径是完整路径、相对路径还是无路径。将路径类型设置为"相对路径"之前，必须保存当前图形。对于嵌入的外部参照而言，相对路径始终参照其直接主机的位置，并不一定参照当前打开的图形。

◆ "无路径"：该选项表示不使用路径辅助外部参照时，系统首先会在宿主图形的文件夹中查找外部参照。当外部参照文件与宿主图形位于同一个文件夹时，该选项有用。

◆ "相对路径"：该选项表示使用当前驱动器号或宿主图形文件夹的部分指定的文件夹路径，这是灵活性最大的选项，可以使用户将图形集从当前驱动器移动到使用相同文件夹结构的其他驱动器中，即将保存外部参照相对于宿主图形的位置。如果移动工程文件夹，只要此外部参照相对宿主图形的位置未发生变化，系统仍可以继续使用相对路径附着的外部参照。

◆ "完整路径"：该选项表示确定文件参照位置的文件夹的完整层次结构。完整路径包括本地硬盘驱动器号、网站的 URL 或网络服务器驱动器号。这是最明确的选项，但缺乏灵活性，如果用户移动工程文件夹，系统将无法使用任何使用完整路径附着的外部参照。

☑ "插入点"选项组：表示以直接在"X""Y"和"Z"文本框中输入点的坐标值的方式给出外部参照的插入点，也可以通过勾选"在屏幕上指定"复选框来在屏幕上指定插入点的位置。

☑ "比例"：选项组：用于直接输入所插入的外部参照在 X、Y 和 Z 三个方向上的缩放比例，也可以通过勾选"在屏幕上指定"复选框来在屏幕上指定。"统一比例"复选框用于确定所插入的外部参照在三个方向的插入比例是否相同，选中表示相同，反之则不相同。

☑ "旋转"选项组：可以在文本框中直接输入插入外部参照的旋转角度值，也可以勾选

"在屏幕上指定"复选框在屏幕上指定旋转角度。

☑ "块单位"选项组：设置块的单位和比例。

5.2.3 附着外部参照实例

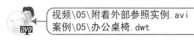

视频\05\附着外部参照实例.avi
案例\05\办公桌椅.dwt

通过本实例的讲解，可以使用户更加熟练地掌握以 DWG 参照文件的方式来创建新的图形文件的方法，并且修改单个参照文件，然后重载参照文件，使创建的文件发生相应的变化。

（1）正常启动 AutoCAD 2014 软件，系统自动创建一个空白文件，按〈Ctrl+S〉键将该文件保存为"案例\05\办公桌椅.dwg"。

（2）选择"插入｜DWG 参照"菜单命令，打开"选择参照文件"对话框，找到"案例\07\1.dwg"文件，再单击"打开"按钮，如图 5-46 所示。

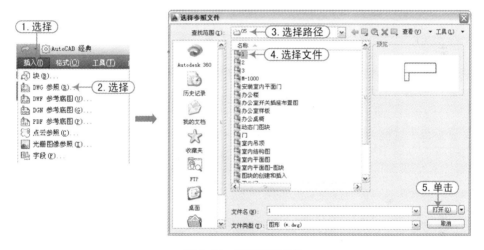

图 5-46 选择参照文件

"案例\05"文件夹中的"1.dwg""2.dwg"和"3.dwg"文件是此实例的三个参照文件，它们的效果如图 5-47 所示。

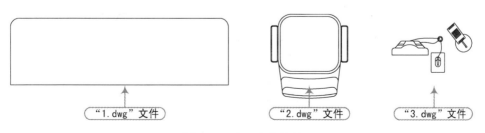

图 5-47 参照文件效果

（3）此时弹出"附着外部参照"对话框，选择"随着型"单选按钮，选择"完整路径"选项，并取消勾选"在屏幕上指定"复选框，确认"插入点"选项组中"X""Y""Z"文本框的值均为 0，然后单击"确定"按钮，将外部参照文件插入到当前文件中，如图 5-48 所示。

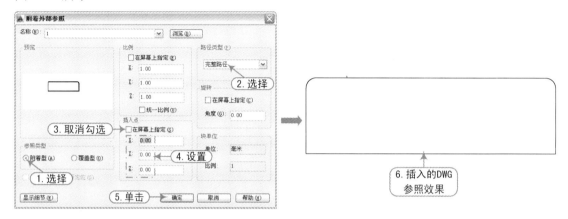

图 5-48　插入"1.dwg"外部文件

 若用户完成插入设置并将对象插入到文件中后却看不到文件，这时可以双击鼠标中键，图形就会显示在可见窗口。

（4）重复以上过程，将"3.dwg"文件插入到文件中，效果如图 5-49 所示。

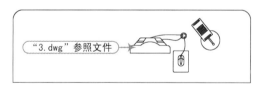

图 5-49　插入"3.dwg"效果

（5）重复以上过程，将"2.dwg"文件插入到文件中，效果如图 5-50 所示。

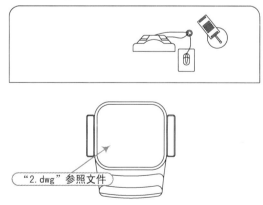

图 5-50　插入"2.dwg"效果

由于这三个参照文件的基点位置均是在坐标原点（0,0），所以当用户参照 DWG 文件时，每个参照位置均自动摆放在指定的位置。

（6）执行"文件 | 打开"菜单命令，将"案例\05\1.dwg"文件打开，再使用矩形、直线、偏移等命令，将原有的文件编辑为如图 5-51 所示的效果。

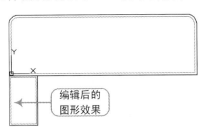

图 5-51　编辑"1.dwg"文件

（7）在键盘上按〈Ctrl+S〉键保存"1.dwg"文件，并单击窗口右上角的"关闭"按钮 ，返回到当前文件"办公桌椅.dwg"中。

（8）此时，系统的右下角将显示"外部参照文件已修改"提示信息，使用鼠标单击"重载 1"链接，则视图中的图形对象将会发生相应的改变，如图 5-52 所示。

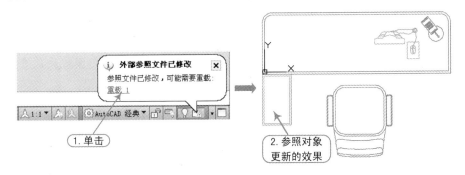

图 5-52　重载文件后的效果

（9）至此，办公桌椅已经创建完成，按〈Ctrl+S〉键保存该文件。

5.2.4　裁剪外部参照

裁剪外部参照，就是将选定的外部参照裁剪到指定边界。裁剪边界决定块或外部参照中隐藏的部分（边界内部或外部）。可以将裁剪边界指定为显示外部参照图形的可见部分。裁剪边界的可见性由系统变量 XCLIPFRAME 控制。

裁剪边界可以是多段线、矩形，也可以是顶点在图像边界内的多边形，可以通过夹点调整裁剪外部参照的边界。裁剪边界时，不会改变外部参照的对象，而只会改变它们的显示方式。

裁剪关闭时，如果对象所在的图层处于打开且已解冻状态，将不显示边界，此时整个外部参照是可见的。可以通过裁剪边框控制裁剪边界的显示。

裁剪外部参照或块时应注意以下问题。

☑ 在三维空间的任何位置都能指定裁剪边界，但裁剪边界通常平行于当前 UCS 坐标轴。

☑ 如果选择了多段线，裁剪边界将应用于该多段线所在的平面。

☑ 外部参照或块中的图形始终被裁剪为矩形边界，在将多边形裁剪用于外部参照图形中的图像时，裁剪边界应用于多边形边界的矩形范围内，而不是用在多边形自身范围内。

在 AutoCAD 2014 中，用户可以通过以下几种方式来执行"裁剪外部参照"命令。

☑ 命令行：在命令行中输入或动态输入 "XCLIP" 命令。

☑ 菜单栏：执行"修改 | 裁剪 | 外部参照"菜单命令。

☑ 工具栏：单击"参照"工具栏中的"裁剪外部参照"按钮 。

执行上述命令后，系统提示如下。

```
命令: _xclip
选择对象: 找到 1 个
选择对象:
输入剪裁选项[开(ON)/关(OFF)/剪裁深度(C)/删除(D)/生成多段线(P)/新建边界(N)] <新建边界>:
指定剪裁边界或选择反向选项:[选择多段线(S)/多边形(P)/矩形(R)/反向剪裁(I)] <矩形>:
```

在命令提示行中，各选项的具体含义说明如下。

☑ 开(ON)：打开外部参照裁剪边界，即在宿主图形中不显示外部参照或块的被裁剪部分。

☑ 关(OFF)：关闭外部参照裁剪边界，在当前图形中显示外部参照或块的全部几何信息，忽略裁剪边界。

☑ 剪裁深度(C)：在外部参照或块上设置前裁剪平面，系统将不显示由边界和指定深度定义的区域外的对象，剪裁深度应用在平行于剪裁边界的方向上，与当前 UCS 无关。

☑ 删除(D)：删除前裁剪平面和后裁剪平面。

☑ 生成多段线(P)：自动绘制一条与裁剪边界重合的多段线，此多段线采用当前的图层、线型、线宽和颜色设置。

☑ 新建边界(N)：定义一个矩形或多边形裁剪边界，或者用多段线生成一个多边形裁剪边界。

☑ 多段线(S)/多边形(P)/矩形(R)：分别表示以什么形状来指定裁剪边界。

☑ 反向剪裁(I)：表示反转裁剪边界的模式，隐藏边界外（默认）或边界内的对象。

例如，按照指定的矩形裁剪边界得到的裁剪外部参照图形，如图 5-53 所示。

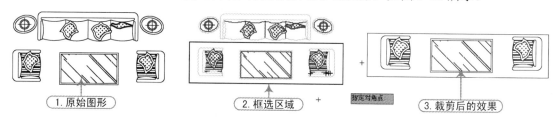

图 5-53　裁剪外部参照

裁剪仅用于外部参照或块的单个实例，而非定义本身，不能改变外部参照和块中的对象，而只能更改它们的显示方式。

5.2.5 绑定外部参照

用户在对包含外部参照的最终图形进行存档时，可以选择如何存储图形中的外部参照。系统提供了两种选择：一是将外部参照图形与最终图形一起存储；二是将外部参照图形绑定至最终图形。

将外部参照与最终图形一起存储要求图形总是保持在一起，对参照图形的任何修改将持续反映在最终图形中。为了防止修改参照图形时更新归档图形，一般是将外部参照绑定到最终图形。

将外部参照绑定到图形以后，外部参照将成为图形中的固有部分，不再是外部参照文件，可以通过使用"XREF"命令的"绑定"选项绑定外部参照图形的整个数据库，包括其所有依赖外部参照的命名对象（块、标注样式、图层、线型和文字样式）。

绑定外部参照的执行方式如下。

☑ 命令行：在命令行中输入或动态输入"XBIND"命令。

☑ 菜单栏：执行"修改 | 对象 | 外部参照 | 绑定"菜单命令。

☑ 工具栏：单击"参照"工具栏中的"外部参照绑定"按钮 。

调用上述命令后，系统弹出"外部参照绑定"对话框，如图 5-54 所示。

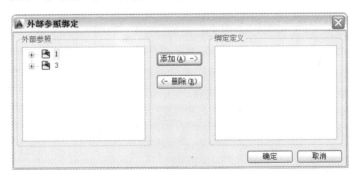

图 5-54 "外部参照绑定"对话框

在该对话框中，"外部参照"列表框用于显示所选择的外部参照。可以将其展开，显示该外部参照的各种设置定义名，如标注样式、图层、线型和文字样式等。"绑定定义"列表框用于显示将被绑定的外部参照的有关设置。

用户也可以在"外部参照"选项板的"文件参照"列表中选择一个外部参照来绑定。具体操作方法是使用鼠标选择要绑定的外部参照文件，并右击鼠标，从弹出的快捷菜单中选择"绑定"命令，同样弹出"绑定外部参照"对话框，再选择"绑定类型"，这时"外部参照"选项板的"文件参照"列表中将不会显示已经被绑定的参照文件，文件被隐藏了，如图 5-55 所示。

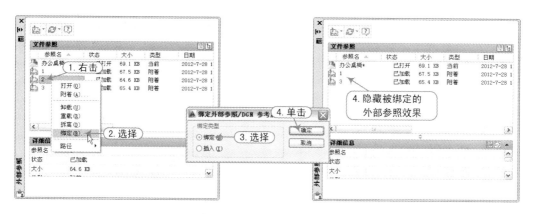

图 5-55 外部参照的绑定

软件技能

在"绑定类型"选项组中，"绑定"将外部参照中的对象转换为块参照，命名对象定义将添加到带有＄n＄前缀的当前图形；"插入"将外部参照中的对象转换为块参照，命名对象定义将合并到当前图形中，但不添加前缀。

5.2.6 插入光栅图像参照实例

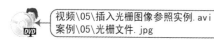
视频\05\插入光栅图像参照实例.avi
案例\05\光栅文件.jpg

用户除了能够在 AutoCAD 2014 环境中绘制并编辑图形之外，还可以插入所有格式的光栅图像文件（如.jpg），从而能够以此作为参照的底图对象进行描绘。

例如，在"案例\05"文件夹下存放有"光栅文件.jpg"图像文件，为了能够更加准确地绘制该图像中的对象，用户可按照如下操作步骤进行。

（1）用户在 AutoCAD 2014 环境中选择"插入｜光栅图像参照"菜单命令，将弹出"选择参照文件"对话框，选择"光栅文件.jpg"图像文件，然后依次单击"打开"和"确定"按钮，如图 5-56 所示。

图 5-56 选择参照文件

（2）此时在命令行提示"指定插入点 <0,0>:"，使用鼠标在视图空白的指定位置单击鼠标，从而确定插入点，而在命令行将显示图片的基本信息"基本图像大小：宽：12.740317，高：6.458124，Millimeters"。

（3）命令行又提示"指定缩放比例因子或 [单位(U)] <1>:"，若此时并不知道缩放的比例因子，用户可按〈Enter〉键以默认的"比例因子 1"进行缩放，这时即可在屏幕的空白位置看到插入的光栅图像（如果当前视图中不能看到完全地看到插入的光栅文件，可使用鼠标对当前视图进行缩放和平移操作），如图 5-57 所示。

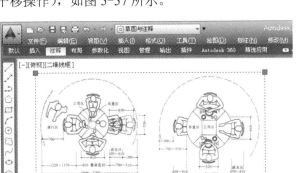

图 5-57　插入的光栅文件

（4）为了使插入的图像能够作为参照底图来绘制图形，用户可选择该对象并单击鼠标右键，从弹出的快捷菜单中选择"绘图次序｜置于对象之下"命令，如图 5-58 所示。

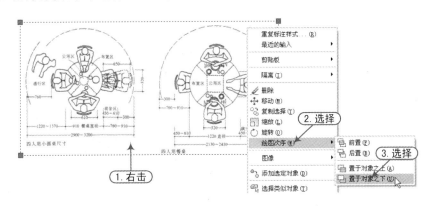

图 5-58　当图像置于对象之下

（5）为了使插入的图像比例因子合适，可在"标注"工具栏中单击"线性"按钮🖵，然后对指定的区域（520 处）"测量"得直线距离为 1.04，如图 5-59 所示。需要注意的是，在测量时应尽量将视图放大，以便使指定的两点距离越近。

（6）由于原始的距离为 520，而现在测量的数值为 1.04，用户可用"计算器"计算得：$520 \div 1.04 = 500$，表示需要将插入的光栅图像缩至 1/500。

（7）在命令行中输入缩放命令"SC"，在"选择对象:"提示下选择插入的光栅对象，在"指定基点:"提示下指定光栅对象的任意一个角点，在"指定比例因子或 [复制(C)/参照

(R)]:"下输入比例因子"500"。

（8）再使用"线性"按钮 ⊢ 测量的数值基本上已经接近 520 了，如图 5-60 所示。

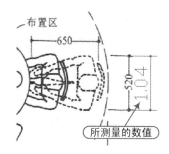

图 5-59　缩放前的测量数值

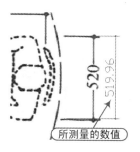

图 5-60　缩放后的测量数值

（9）为了使描绘的图形对象与底图的光栅对象置于不同的图层，用户可以新建一个图层"描绘"，然后使用直线、样条曲线等命令来对照描绘图形对象。待绘完之后，将光栅对象的图层关闭显示即可。

 软件技能　　　**5.3　使用设计中心**　　　

AutoCAD 的设计中心为用户提供了一个直观且高效的工具，它与 Windows 资源管理器类似，可以方便地在当前图形中插入块、引用光栅图像及外部参照，在图形之间复制块、复制图层、线型、文字样式、标注样式以及用户定义的内容等。

打开"设计中心"选项板主要有以下三种方法。

☑ 菜单栏：选择"工具 | 选项板 | 设计中心"命令。

☑ 工具栏：在"标准"工具栏上单击"设计中心"按钮 。

☑ 命令行：在命令行中输入或动态输入"adcenter"（快捷键〈Ctrl+2〉）

执行以上任何一种方法后，系统将打开"设计中心"选项板，如图 5-61 所示。

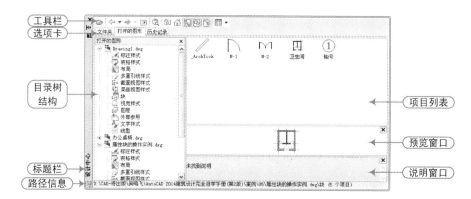

图 5-61　"设计中心"选项板

5.3.1 设计中心的作用

在 AutoCAD 中，使用 AutoCAD 设计中心可以完成如下工作。

1）浏览用户计算机、网络驱动器和 Web 页上的图形内容（例如图形或符号库）。

2）在定义表中查看图形文件中命名对象（例如块和图层）的定义，然后将定义插入、附着、复制和粘贴到当前图形中。

3）更新（重定义）块定义。

4）创建指向常用图形、文件夹和 Internet 网址的快捷方式。

5）向图形中添加内容（例如外部参照、块和填充）。

6）在新窗口中打开图形文件。

7）将图形、块和填充拖动到工具栏选项板上以便于访问。

8）可以控制调色板的显示方式，可以选择大图标、小图标、列表和详细资料 4 种 Windows 的标准方式中的一种，可以控制是否预览图形，是否显示调色板中图形内容相关的说明内容。

 5.3.2 通过设计中心添加内容

在设计中心，用户可以向绘图区插入块、引用光栅图像、引用外部参照、在图形之间复制块、在图形之间复制图层及用户自定义内容等。

1．插入块

把一个图块插入到图形中的时候，块定义就被复制到图形数据库当中。在一个图块被插入图形之后，如果原来的图块被修改，则插入到图形当中的图块也随之改变。

AutoCAD 2014 设计中心提供了插入图块的两种方法："按默认缩放比例和旋转方式"和"精确指定坐标、比例和旋转角度方式"。

按默认缩放比例和旋转方式插入图块时，系统根据鼠标拉出的线段的长度与角度比较图形文件和所插入块的单位比例，以此比例自动缩放插入块的尺寸。

插入图块的具体步骤如下。

1）从"项目列表"或"查找"结果列表中选择要插入的图块，按住鼠标左键，将其拖动到打开的图形。

2）松开鼠标左键，被选择的对象就被插入到当前被打开的图形当中，利用当前设置的捕捉方式，可以将对象插入到任何存在的图形中。

3）单击鼠标左键，指定一点作为插入点，移动鼠标，则鼠标的位置点与插入点之间的距离为缩放比例，再次单击鼠标左键来确定比例。用同样的方法移动鼠标，鼠标指定的位置与插入点连线与水平线角度与旋转角度，被选择的对象就根据鼠标指定的比例和角度被插入到图形中。

 如果其他命令正在执行，则不能进行插入块的操作，必须先结束当前激活的命令。

按默认缩放比例和旋转方式插入图块时容易造成块内的尺寸发生错误，这时可以利用精确指定的坐标、比例和旋转角度插入图块的方式插入图块，具体步骤如下。

（1）从"项目列表"或"查找"结果列表框中用右键选择要插入的块，拖动对象到绘图区。

（2）松开鼠标右键，从弹出的快捷菜单中选择"插入为块"命令。

（3）弹出"插入"对话框，在"插入"对话框中确定插入基点、输入比例和旋转角度等数值，或在屏幕上拾取确定以上参数。

（4）单击"确定"按钮，被选择的对象根据指定的参数被插入到图形中，如图 5-62 所示。

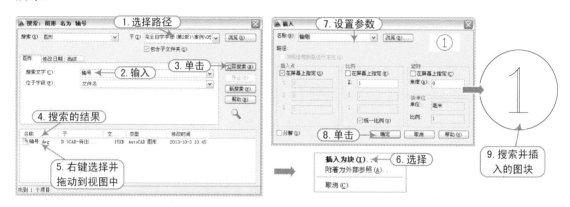

图 5-62　插入图块操作

2．引用光栅图像

光栅图形由一些着色的像素点组成，在 AutoCAD 中除了可以向当前图形插入块，还可以插入光栅图像，如数字照片和微标等。光栅图形类似于外部参照，插入时必须确定插入的坐标、比例和旋转角度，在 AutoCAD 2014 中几乎支持所有的图像文件格式。

插入光栅图像的具体步骤如下。

（1）在"设计中心"窗口左边的文件列表中找到光栅图像文件所在的文件夹名称。

（2）用鼠标右键将要加载的图形拖至绘图区，然后松开右键，弹出快捷菜单，选择"附着图像"选项，弹出"图形"对话框，也可以直接拖至绘图区，然后输入插入点坐标、缩放比例和旋转角度即可。

（3）在"附着图形"对话框中设置插入点的坐标、缩放比例和旋转角度，单击"确定"按钮完成光栅引用。

3．复制图层

与添加外部图块相似，图层、线型、尺寸样式、布局等都可以通过从内容区显示窗口中拖放到绘图区的方式添加到图形文件中，但添加内容时，不需要给定插入点、缩放比例等信息，它们将直接被添加到图形文件数据库中。

例如，使用设计中心复制图层，如果需要创建的新图层和设计中心提供的某个图形文件的图层相同，则只需要使用设计中心将这些预先定义的图层拖放到新文件中，这样既节省了重新创建图层的时间，又能保证项目标准的要求，保证图形间的一致性。

5.3.3 设计中心操作实例

视频\05\设计中心操作实例.avi
案例\05\办公楼.dwg

本实例讲解通过设计中心来调用绘图环境，让读者能更快地设置绘图环境，不用一点一点地去创建，只需要找到一个设置好的.dwg 文件，即可调用它的绘图环境，从而提高绘图效率。

（1）正常启动 AutoCAD 2014 软件，选择"文件 | 打开"菜单命令，将"案例\05"文件夹下面的"办公楼.dwg"文件打开，如图 5-63 所示。

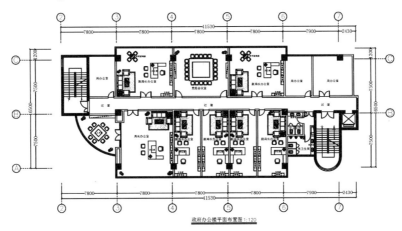

图 5-63　打开文件的效果

（2）在"办公楼.dwg"文件中已经设置了图层、标注样式、文字样式等，这时新建一个文件，就需要调用"办公楼 dwg."文件中设置好的绘图环境。

（3）在键盘上按〈Ctrl+N〉组合键，以系统默认设置创建一个新的.dwg 文件，文件名为"Drawing*N*.dwg"，效果如图 5-64 所示。

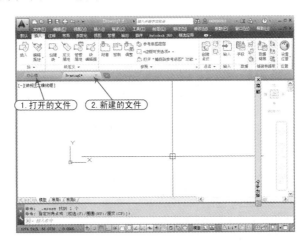

图 5-64　新建文件效果

（4）在键盘上按〈Ctrl+2〉组合键，系统将弹出"设计中心"选项板，展开新建的文件"DrawingN.dwg"，将弹出新建文件的绘图环境，选择"标注样式"项，即可在右侧窗口中查看到该文件已有的几种默认的"标注样式"，如图5-65所示。

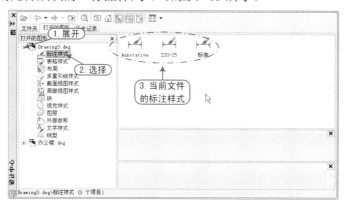

图 5-65　新建文件的标注样式

（5）展开打开的"办公楼.dwg"文件，选择"标注样式"项，可以查看到"办公楼"的标注样式，框选所有的标注样式，然后按住鼠标左键不放，拖动鼠标到绘图窗口中，然后放开鼠标，这时"办公楼"的标注样式就调用到了"DrawingN.dwg"，如图5-66所示。

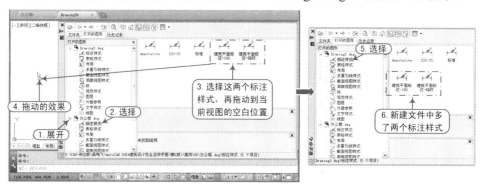

图 5-66　添加的标注样式

（6）用同样的方法，将办公楼的"图层"样式调用到"DrawingN.dwg"，效果如图 5-67所示。

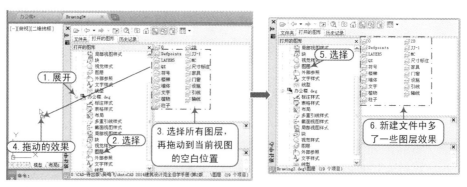

图 5-67　添加的图层

（7）用同样的方法，还可以将需要的其他样式调用到新建文件中，从而提高绘图效率。

（8）至此，通过设计中心调用绘图环境的步骤已经完成，按〈Ctrl+S〉组合键即可将当前新建未命名的文件保存为指定的文件即可。

5.4 课后练习与项目测试

1．选择题

1）在定义块属性时，要使属性为定值，可选择（ ）模式。

    A．不可见   B．固定   C．验证   D．预置

2）可以创建图块，且只能在当前图形文件中调用，而不能在其他图形中调用的命令是（ ）。

    A．block   B．wblock   C．explode   D．mblock

3）在创建块时，在块定义对话框中必须确定的要素为（ ）。

    A．块名、基点、对象   B．块名、基点、属性

    C．基点、对象、属性   D．块名、基点、对象、属性

4）编辑块属性的途径有（ ）。

    A．单击属性定义进行属性编辑   B．双击包含属性的块进行属性编辑

    C．应用块属性管理器编辑属性   D．只可以用命令进行编辑属性

5）关于块的属性的定义正确的是（ ）。

    A．块必须定义属性   B．一个块中最多只能定义一个属性

    C．多个块可以共用一个属性   D．一个块中可以定义多个属性

6）图形属性一般含有哪些选项（ ）。

    A．基本   B．普通   C．概要   D．视图

7）属性提取过程中描述正确的是（ ）。

    A．必须定义样板文件   B．一次只能提取一个图形文件中的属性

    C．一次可以提取多个图形文件中的属性   D．只能输出文本格式文件 txt

8）使用块的优点有（ ）。

    A．建立图形库   B．方便修改

    C．节省存储空间   D．节约绘图时间

2．简答题

1）简述图块的使用方法及特点。

2）简述图块的创建及插入方法。

3）简述属性图块的创建及插入方法。

4）简述外部参照的特点及操作方法。

5）简述设计中心的使用方法。

3．操作题

1）在 AutoCAD 中，以"插入光栅"的方式将"案例\05\住宅人体尺寸.tif"文件插入其

中，并调其中的比例来绘制光栅中的图形对象。

　　2）打开"案例\13\建筑平面图.dwt"样板文件，通过"设计中心"命令来调用其中的图层、样式等，来新建"建筑样板.dwt"文件。

　　3）打开"案例\05\CAD 常用图库.dwg"文件，如图 5-68 所示，然后将所需要的图形对象分别保存为单独的图块对象。

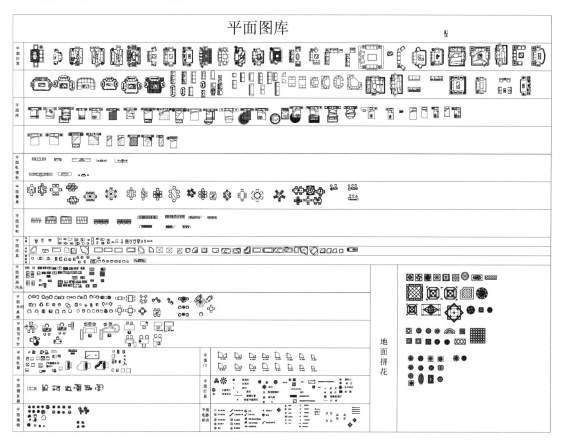

图 5-68　CAD 平面图库

第6章 建筑基础与CAD制图规范

本章导读

　　凡涉及建筑施工图的阅读和设计的人员，都应该熟练地掌握建筑物的基本结构及其施工图的内容和形成。为了规范建筑专业、室内设计专业制图，保证制图质量，提高制图效率，做到图面清晰、简洁，符合设计、施工和存档的要求，以及适应工程建筑的需要，在原有《建筑制图标准》(GB/T 20104—2001)的基础上修订形成了最新的《建筑制图统一标准》(GB/T 50104—2010)。

　　在本章中，首先针对建筑物的基本结构介绍建筑施工图的内容及形成；再讲解了图样幅面规格与编排顺序；再依次介绍了建筑施工图的图线、字体、比例、符号、定位轴线等，以及常用的建筑图例；然后讲解了建筑施工图的各种类型的尺寸标注；最后讲解了建筑样板文件的创建方法。

主要内容

- ☑ 掌握建筑物的基本结构
- ☑ 掌握建筑施工图的内容和形成
- ☑ 掌握建筑图样规格与编排顺序
- ☑ 掌握建筑图线、字体、比例和符号
- ☑ 掌握建筑定位轴线和常用材料图例
- ☑ 掌握建筑的尺寸标注
- ☑ 掌握建筑样板文件的创建方法

效果预览

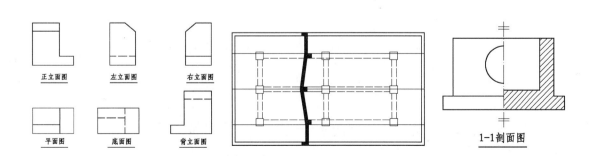

正立面图　左立面图　右立面图

平面图　底面图　背立面图

1-1剖面图

6.1　建筑设计基础知识

　　建筑设计是指建筑设计专业本身的设计工作，一般是由建筑师根据建设单位提供的设计任务书，综合分析建筑功能、建筑规模、基地环境、结构施工、材料设备、建筑经济、建筑美观等因素，完成全部建筑施工图设计。

6.1.1　建筑物的基本结构

　　建筑物是由基础、墙或柱、楼地层、屋顶、楼梯等主要部分组成，此外还有门窗、采光井、散水、勒脚、窗帘盒等附属部分组成，如图6-1～图6-4所示。

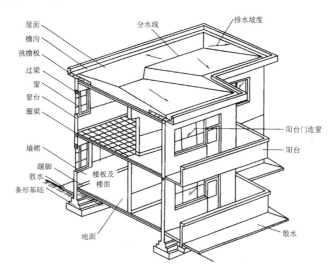

图 6-1　房屋各部位名称（1）

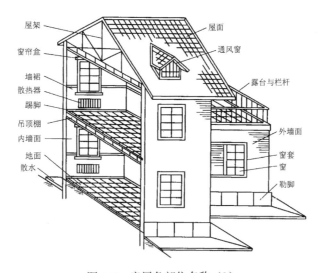

图 6-2　房屋各部位名称（2）

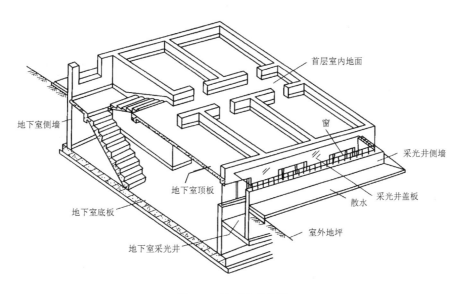

图 6-3 地下室的构造

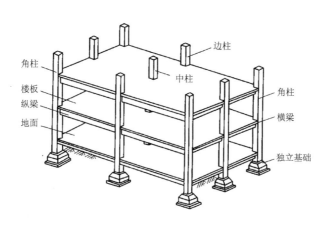

图 6-4 框架结构

　　建筑施工图就是把这些组成的构造、形状及尺寸等表示清楚。想要表示清楚这些建筑内容，就需要少则几张，多则几十张或几百张的施工图样。阅读这些图样要先粗看后细看，要先从建筑平面图看起，再看立面图、剖面图和详图。在看图的过程中，要将这些图样反复对照，了解图中的内容，并将其牢记在心中。

 6.1.2　建筑施工图的产生

　　建筑工程施工图（房屋施工图），是将建筑物的平面布置、外形轮廓、尺寸大小、结构构造和材料做法等内容，按照"国标"的规定，用正投影方法，详细准确画出的图样。它是用以组织、指导建筑施工、进行经济核算、工程监理、完成整个房屋建造的一套图样。

　　一般，房屋须经过设计和施工两个过程，其中设计过程包括两个阶段，即初步设计阶段和施工图设计阶段，如图 6-5 所示。对于大型的、比较复杂的工程，应采用三个设计阶段，即在初步设计阶段之后增加一个技术设计阶段，来解决各工种之间的协调等技术问题。

图 6-5　建筑施工图的产生

6.1.3　建筑施工图的内容及形成

对一般建筑工程来讲，建筑施工图一般包括以下图样内容。

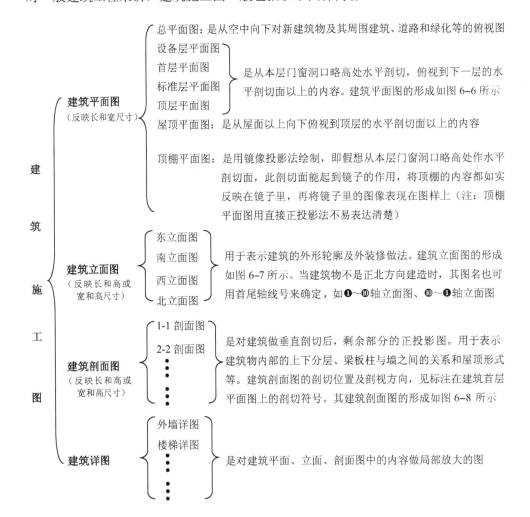

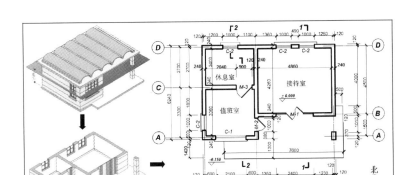

图6-6 建筑平面图的形成

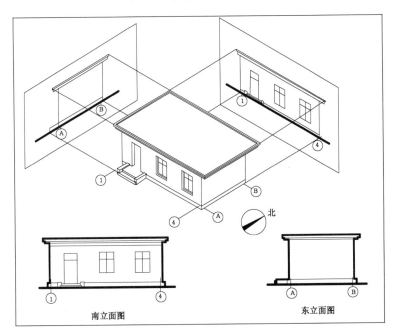

图6-7 建筑立面图的形成

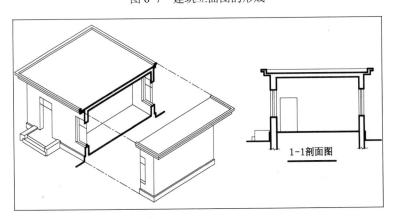

图6-8 建筑剖面图的形成

软件
技能　　　**6.2　图样规格与编排顺序**

在进行建筑工程制图时，图纸的幅面规格、标题栏、签字栏以及图纸的编排顺序，都有特别的规定。

6.2.1　图样幅面规格

图样幅面及图框尺寸应符合表 6-1 的规定及如图 6-9～图 6-12 所示的格式。

表 6-1　幅面及图框尺寸　　　　　　（单位：mm）

图纸幅面 尺寸代号	A0	A1	A2	A3	A4
$B \times L$	841×1189	594×841	420×594	297×420	210×297
C		10		5	
A			25		

纸张幅面尺寸

　　需要微缩复制的图样，其一个边上应附有一段准确米制尺度，四个边上均附有对中标志，米制尺度的总长应为 100mm，分格应为 10mm。对中标志应画在图样内框各边长的中点处，线宽 0.35mm，应伸入内框边，在框外为 5mm。对中标志的线段，于 l1 和 b1 范围取中。

图样的短边一般不应加长，长边可以加长，但加长的尺寸应符合国标规定，如表 6-2 所示。

表 6-2　图纸长边加长尺寸　　　　　　（单位：mm）

幅面尺寸	长边尺寸	长边加长后尺寸
A0	1189	1486　1635　1783　1932　2080　2230　2378
A1	841	1051　1261　1471　1682　1892　2102
A2	594	743　891　1041　1189　1338　1486　1635
A3	420	630　841　1051　1261　1471　1682　1892

注：有特殊需要的图样，可采用 B×L 为 841mm×891mm 与 1189mm×1261mm 的幅面

图样使用提示

　　图样以短边作为垂直边时称为横式，以短边作为水平边时称为立式。A0～A3 图样宜使用横式，必要时也可使用立式。在一个工程设计中，每个专业所使用的图样，不宜多于两种幅面，不含目录及表格所采用的 A4 幅面。

6.2.2　标题栏与会签栏

图样中应有标题栏、图框线、幅面线、装订边线和对中标志。图样的标题栏及装订边的

位置，应符合下列规定。

1）横式的图样，应按如图 6-9 和图 6-10 所示的形式进行布置。

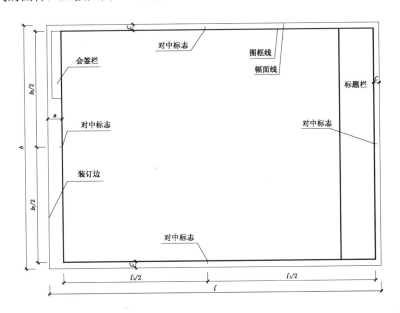

图 6-9　A0～A3 横式幅面（1）

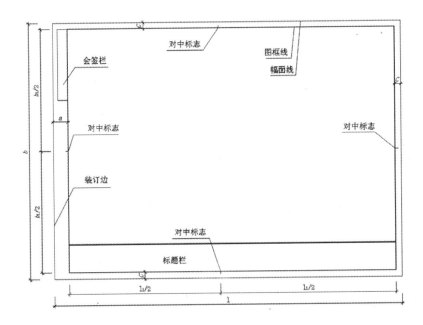

图 6-10　A0～A3 横式幅面（2）

2）立式的图样，应按如图 6-11 和图 6-12 所示的形式进行布置。

3）标题栏应按如图 6-13 和图 6-14 所示，根据工程的需要确定其尺寸、格式及分区。签字栏应包括实名列和签名列，并应符合下列规定。

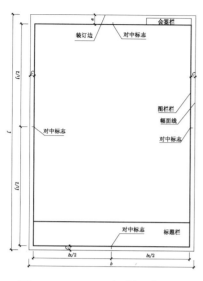

图 6-11　A0～A4 立式幅面（1）

图 6-12　A0～A4 立式幅面（2）

图 6-13　标题栏（1）

设计单位名称	注册师签章	项目经理	修改记录	工程名称区	图号区	签字区	会签区

图 6-14　标题栏（2）

6.2.3　图样编排顺序

建筑工程施工图是用来指导施工的一整套图样，它将拟建房屋的内外形状、大小以及各部分的构造、结构、装饰、设备等，按照建筑工程制图的规定，用投影方法详细准确地表示出来。建筑工程施工图按照专业分工不同，可分为建筑施工图、结构施工图、设备施工图和电气施工图。

建筑施工图样编排顺序也非常重要，通过图样的编排顺序能让读图者更直观地了解各个图纸的含义和用途，一般可按照如图 6-15 所示进行编排。

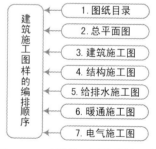

图 6-15　建筑施工图的编排顺序

软件技能

6.3　图　　线

☑ 图线的宽度 b 应从下列线宽系列中选取：0.18mm、0.25mm、0.35mm、0.5mm、

0.7mm、1.0mm、1.4mm、2.0mm，应先根据图样的复杂程度和比例大小确定每个图样的基本线宽，再选用表6-3中相应的线宽组。

表6-3　线宽组　　　　　　　　　　　　（单位：mm）

线宽比	线宽组			
b	1.4	1.0	0.7	0.5
$0.7b$	1.0	0.7	0.5	0.35
$0.5b$	0.7	0.5	0.35	0.25
$0.25b$	0.35	0.25	0.18	0.13

需要微缩的图纸，不宜采用0.18mm及更细的线宽。同一张图纸内，不同线宽组中的细线，可统一采用较细的线宽组中的细线。

☑ 线型的种类及用途。建筑装饰制图中的线型有：实线、虚线、单点长画线、双点长画线、折断线和波浪线等，其中有些线型还有粗、中、细三种。在建筑装饰制图中，应选用如表6-4所示的图线。

表6-4　图线的线型、宽度及用途

名　称		线　型	线宽	一般用途
实线	粗	——	b	主要可见轮廓线 剖面图中被剖着部分的主要结构构件轮廓线、结构图中的钢筋线、建筑或构筑物的外轮廓线、剖切符号、地面线、详图标志的圆圈、图纸的图框线、新设计的各种给水管线、总平面图及运输中的公路或铁路线等
	中	——	$0.5b$	可见轮廓线 剖面图中被剖着部分的次要结构构件轮廓线、未剖切面但仍能看到而需要画出的轮廓线、标注尺寸的尺寸起止45°短画线、原有的各种水管线或循环水管线等
	细	——	$0.25b$	可见轮廓线、图例线 尺寸界线、尺寸线、材料的图例线、索引标志的圆圈及引出线、标高符号线、重合断面的轮廓线、较小图形中的中心线
虚线	粗	– – –	b	新设计的各种排水管线、总平面图及运输图中的地下建筑物或构筑物等
	中	– – –	$0.5b$	不可见轮廓线 建筑平面图运输装置（例如桥式吊车）的外轮廓线、原有的各种排水管线、拟扩建的建筑工程轮廓线等
	细	– – –	$0.25b$	不可见轮廓线、图例线
单点长画线	粗	–·–·–	b	结构图中梁或框架的位置线、建筑图中的吊车轨道线、其他特殊构件的位置指示线
	中	–·–·–	$0.5b$	见各有关专业制图标准
	细	–·–·–	$0.25b$	中心线、对称线、定位轴线 管道纵断面图或管系轴测图中的设计地面线等
双点长画线	粗	–··–··	b	预应力钢筋线
	中	–··–··	$0.5b$	见各有关专业制图标准
	细	–··–··	$0.25b$	假想轮廓线、成型前原始轮廓线
折断线		—⌇—	$0.25b$	断开界线
波浪线		∿∿	$0.25b$	断开界线
加粗线		━━	$1.4b$	地坪线、立面图的外框线等

☑ 同一张图纸内，相同比例的各图样应选用相同的线宽组。图样的图框和标题栏线可采用如表 6-5 所示的线宽。

表 6-5　图框线、标题栏线的宽度　　　　　　　　　　（单位：mm）

幅面代号	图框线	标题栏外框线	标题栏分格线、会签栏线
A0、A1	b	0.5b	0.25b
A2、A3、A4	b	0.7b	0.35b

☑ 相互平行的图线，其间隙不宜小于其中的粗线宽度，且不宜小于 0.7mm。

☑ 虚线、单点长画线或双点长画线的线段长度和间隔，宜各自相等。

☑ 单点长画线或双点长画线，当在较小图形中绘制有困难时，可用实线代替。

☑ 单点长画线或双点长画线的两端不应是点。点画线与点画线交接或点画线与其他图线交接时，应是线段交接。

☑ 虚线与虚线交接或虚线与其他图线交接时，应是线段交接。虚线为实线的延长线时，不得与实线连接。

☑ 图线不得与文字、数字或符号重叠、混淆，不可避免时，应首先保证文字等的清晰。

<table>
<tr><td>软件技能</td></tr>
</table>

6.4　字　　体

在一幅完整的工程图中用图线方式表现得不充分和无法用图线表示的地方，就需要进行文字说明，例如材料名称、构配件名称、构造方法、统计表及图名等。

文字说明是图样内容的重要组成部分，制图规范对文字标注中的字体、字的大小、字体字号搭配等方面作了一些具体规定。

☑ 图样上所需书写的文字、数字或符号等，均应笔画清晰、字体端正、排列整齐；标点符号应清楚正确。

☑ 文字的字高以字体的高度 h（单位为 mm）表示，最小高度为 3.5mm，应从如下系列中选用：3.5mm、5mm、7mm、10mm、14mm、20mm。如需书写更大的字，其高度应按 $\sqrt{2}$ 的比值递增。

☑ 图样及说明中的汉字，宜采用长仿宋体，宽度与高度的关系应符合如表 6-6 所示的规定。大标题、图册封面、地形图等的汉字，也可书写成其他字体，但应易于辨认。

表 6-6　长仿宋体字高宽关系　　　　　　　　　　（单位：mm）

幅面代号	图框线	标题栏外框线	标题栏分格线、会签栏线
A0、A1	b	0.5b	0.25b
A2、A3、A4	b	0.7b	0.35b

6.6.3　引出线

引出线应以细实线绘制，宜采用水平方向的直线，与水平方向成 30°、45°、60°、90° 的直线，或经上述角度再折为水平线。文字说明宜注写在水平线的上方，也可注写在水平线的端部，索引详图的引出线，应与水平直径线相连接，如图 6-27 所示。

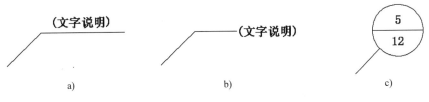

图 6-27　引出线

同时从几个相同部分引出的引出线，宜互相平行，也可画成集中于一点的放射线，如图 6-28 所示。

图 6-28　共用引出线

多层构造或多层管道共用引出线，应通过被引出的各层。文字说明宜注写在水平线的上方，或注写在水平线的端部，说明的顺序应由上至下，并应与被说明的层次相互一致；如层次为横向排序，则由上至下的说明顺序应与由左至右的层次相互一致，如图 6-29 所示。

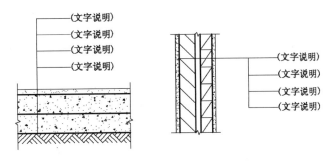

图 6-29　多层构造引出线

6.6.4　其他符号

对称符号由对称线和两端的两对平行线组成。对称线用细点画线绘制；平行线用细实线绘制，其长度宜为 6～10mm，每对平行线之间的间距宜为 2～3mm；对称线垂直平分于两对平行线，两端超出平行线的长度宜为 2～3mm，如图 6-30 所示。

指北针的形状如图 6-31 所示，其圆的直径宜为 24mm，用细实线绘制；指针尾部的宽度宜为 3mm，指针头部应注"北"或"N"字。需用较大直径绘制指北针时，指针尾部宽度宜为直径的 1/8。

图 6-30　对称符号　　　　　　　　　图 6-31　指北针

连接符号应以折断线表示需连接的部位。两部位相距过远时，折断线两端靠图样一侧应标注大写拉丁字母表示连接编号。两个被连接的图样必须用相同的字母编号，如图 6-32 所示。

对图样中局部变更部分宜采用云线，并注明修改版次，如图 6-33 所示。

图 6-32　连接符号　　　　　　　　　图 6-33　变更云线

6.6.5　标高符号

标高用来表示建筑物各部位高度的一种尺寸形式。标高符号用细实线画出，短横线是所注高度的界线，在长横线之上或之下注出标高数字（如图 6-34a 所示）。总平面图上的标高符号，宜用涂黑的三角形表示（如图 6-34d），标高数字可注明在黑三角形的右上方，也可注写在黑三角形的上方或右面。不论哪种形式的标高符号，均为等腰直角三角形，高为 3mm。如图 6-34b、6-34c 所示用以标注其他部位的标高，短横线为需要标注高度的界限，标高数字注写在长横线的上方或下方。

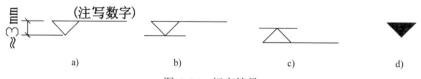

图 6-34　标高符号

标高数字以米为单位，注写到小数点以后第三位（在总平面图中可注写到小数点后第二位）。零点标高应注写成"±0.000"，正数标高不注"+"，负数标高应注"-"，例如 3.000、-0.600。如图 6-35 所示为标高注写的几种格式。

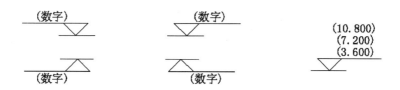

图 6-35 标高数字注写格式

专业点滴

标高的分类

标高有绝对标高和相对标高两种。绝对标高是指把青岛附近黄海的平均海平面定为绝对标高的零点，其他各地标高都以它作为基准。如在总平面图中的室外整平标高即为绝对标高。

相对标高是指在建筑物的施工图上注明的许多标高，用相对标高来标注，容易直接得出各部分的高差。因此除总平面图外，一般都采用相对标高，即把底层室内主要的地坪标高定为相对标高的零点，标注为"±0.000"，而在建筑工程图的总说明中说明相对标高和绝对标高的关系，再根据当地附近的水准点（绝对标高）测定拟建工程的底层地面标高。

在 AutoCAD 室内装饰设计标高中，其标高的数字字高为 2.5mm（在 A0、A1、A2 图纸）或字高为 2mm（在 A3、A4 图纸）。

软件技能

6.7 定位轴线

定位轴线是用来确定建筑物主要结构及构件位置的尺寸基准线。凡是承重墙、柱、大梁或屋架等主要承重构件都应画出轴线以确定其位置。对于非承重的隔断墙及其他次要承重构件等，一般不画轴线，只需注明它们与附近轴线的相关尺寸以确定其位置。

☑ 定位轴线应用细点画线绘制。定位轴线一般应编号，编号应注写在轴线端部的圆内。圆应用细实线绘制，直径为 8～10mm。定位轴线圆的圆心，应在定位轴线的延长线上或延长线的折线上。

☑ 平面图上定位轴线的编号，宜标注在图样的下方与左侧。横向编号应用阿拉伯数字，按从左至右的顺序编写，竖向编号应用大写拉丁字母，按从下至上的顺序编写，如图 6-36 所示。

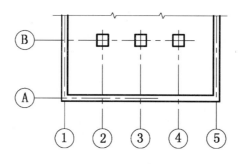

图 6-36 定位轴线及编号

☑ 拉丁字母的 I、O、Z 不得用做轴线编号。如字母数量不够用，可增用双字母或单字母加数字注脚，如 AA、BA…YA 或 A1、B1…Y1。

☑ 组合较复杂的平面图中定位轴线也可采用分区编号，如图 6-37 所示，编号的注写形式应为"分区号——该分区编号"，分区号采用阿拉伯数字或大写拉丁字母表示。

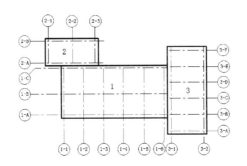

图 6-37　分区定位轴线及编号

☑ 附加定位轴线的编号，应以分数形式表示。两根轴线间的附加轴线，应以分母表示前一轴线的编号，分子表示附加轴线的编号，编号宜用阿拉伯数字顺序编写，如图 6-38 所示。1 号轴线或 A 号轴线之前的附加轴线的分母应以 01 或 0A 表示，如图 6-39 所示。

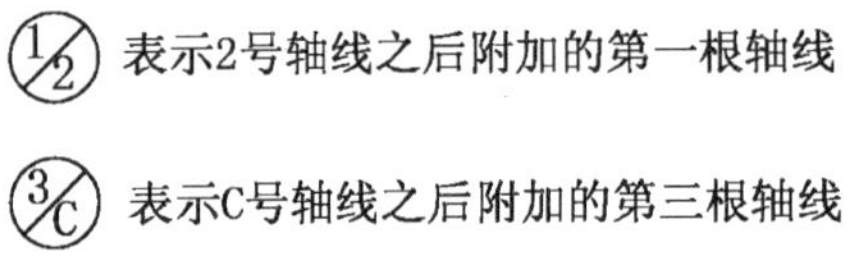

$\frac{1}{2}$ 表示2号轴线之后附加的第一根轴线　　$\frac{1}{01}$ 表示1号轴线之前附加的第一根轴线

$\frac{3}{C}$ 表示C号轴线之后附加的第三根轴线　　$\frac{3}{0A}$ 表示A号轴线之前附加的第三根轴线

图 6-38　在轴线之后附加的轴线 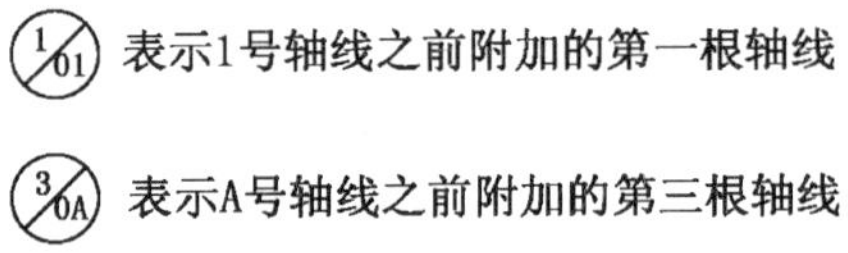　　　　图 6-39　在轴线之前附加的轴线

☑ 通用详图中的定位轴线，应只画圆，不注写轴线编号。

☑ 圆形平面图中定位轴线的编号，其径向轴线宜用阿拉伯数字表示，从左下角开始，按逆时针顺序编写；其圆周轴线宜用大写拉丁字母表示，从外向内顺序编写，如图 6-40 所示。折线形平面图中的定位轴线及编号如图 6-41 所示。

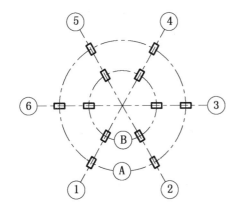

图 6-40　圆形平面图定位轴线及编号

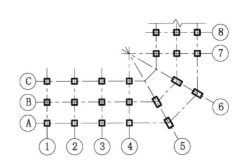

图 6-41　折线形平面图定位轴线及编号

6.8 常用建筑材料图例

软件技能

建筑物或构筑物需要按比例绘制在图样上，对于一些建筑物的细部节点，无法按照真实形状表示，只能用示意性的符号画出。国家标准规定的正规示意性符号，都称为图例。凡是国家批准使用的图例均应统一遵守国家规定，按照标准画法表示在图形中，如果有个别新型材料还未纳入国家标准，设计人员要在图样的空白处画出并写明符号代表的意义，方便对照阅读。

6.8.1 建筑图例的一般规定

本标准只规定常用建筑材料的图例画法，对其尺度比例不作具体规定。使用时，应根据图样大小而定，并应注意下列事项。

☑ 图例线应间隔均匀，疏密适度，做到图例正确，表示清楚。

☑ 不同品种的同类材料使用同一图例时（如某些特定部位的石膏板必须注明是防水石膏板），应在图上附加必要的说明。

☑ 两个相同的图例相接时，图例线宜错开或使倾斜方向相反，如图 6-42 所示。

☑ 两个相邻的涂黑图例（如混凝土构件、金属件）间，应留有空隙，其宽度不得小于0.7mm，如图 6-43 所示。

 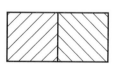

图 6-42　相同图例相接时的画法

图 6-43　相邻涂黑图例的画法

下列情况可不加图例，但应加文字说明。

1）一张图样内的图样只用一种图例时。

2）图形较小无法画出建筑材料图例时。

需画出的建筑材料图例面积过大时，可在断面轮廓线内沿轮廓线作局部表示，如图 6-44所示。

当选用本标准中未包括的建筑材料时，可自编图例，但不得与本标准所列的图例重复。绘制时，应在适当位置画出该材料图例，并加以说明。

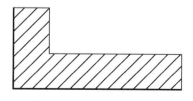

图 6-44　局部表示图例

6.8.2 建筑的常用图例

从广义上讲，建筑材料指建造建筑物和构筑物的所有材料，包括使用的各种原材料、半成品、成品等的总称。从狭义上讲，指直接构成建筑物和构筑物实体的材料。一切建筑工程都是由各种各样的建筑材料组成。

常用建筑材料应按表 6-9 所示图例画法绘制。

表 6-9　常用建筑材料图例

图　例	名　称	图　例	名　称
	自然土壤		素土夯实
	砂、灰土及粉刷		空心砖
	砖砌体		多孔材料
	金属材料		石材
	防水材料		塑料
	石砖、瓷砖		夹板
	钢筋混凝土	12厚玻璃系数5.345 10厚玻璃系数4.45 3厚玻璃系数1.33 5厚玻璃系数2.227	镜面、玻璃
	混凝土		软质吸音层
	砖		硬质吸音层
	钢、金融		硬隔层
	基层龙骨		陶质类
	细木工板、夹芯板		石膏板
	实木		层积塑材

软件技能

6.9 建筑的尺寸标注

图样只能表示物体各部分的外部形状，表达不出各个部分之间的联系及变化。所以，必须准确、详尽、清晰地表达出其尺寸，以确定大小并作为施工的依据。绘制图形并不仅仅只是为了反映对象的形状，对图形对象的真实大小和位置关系描述更加重要，而只有尺寸标注能反映这些大小和关系。AutoCAD 包含了整套的尺寸标注命令和实用程序，读者使用它们足以完成图样中尺寸标注的所有工作。

6.9.1 尺寸界线、尺寸线及尺寸起止符号

本标准只规定常用建筑材料的图例画法，对其尺度比例不作具体规定。使用时，应根据图样大小而定，并应注意下列事项。

图样上的尺寸，包括尺寸界线、尺寸线、尺寸起止符号和尺寸数字，如图 6-45 所示。

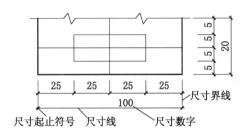

图 6-45 尺寸组成

尺寸界线应用细实线绘制，一般应与被注长度垂直，其一端应离开图样轮廓线不小于 2mm，另一端宜超出尺寸线 2～3mm。图样轮廓线可用作尺寸界线，如图 6-46 所示。

尺寸线应用细实线绘制，应与被注长度平行。图样本身的任何图线均不得用作尺寸线。

尺寸起止符号一般用中粗斜短线绘制，其倾斜方向应与尺寸界线成顺时针 45°角，长度宜为 2～3mm。半径、直径、角度与弧长的尺寸起止符号，宜用箭头表示，如图 6-47 所示。

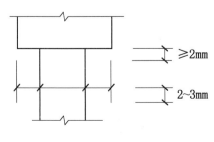

图 6-46 尺寸界线

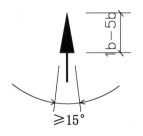

图 6-47 箭头尺寸起止符号

6.9.2　尺寸数字

图样上的尺寸，应以尺寸数字为准，不得从图上直接量取。

图样上的尺寸单位，除标高及总平面以 m（米）为单位外，其他必须以 mm（毫米）为单位。

尺寸数字的方向，应按如图 6-48a 所示的规定注写。若尺寸数字在 30°斜线区内，宜按如图 6-48b 所示的形式注写。

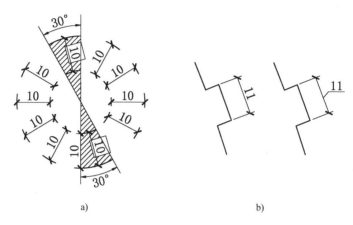

图 6-48　尺寸数字的注写方向

尺寸数字一般应依据其方向注写在靠近尺寸线的上方中部。如没有足够的注写位置，最外边的尺寸数字可注写在尺寸界线的外侧，中间相邻的尺寸数字可错开注写，如图 6-49 所示。

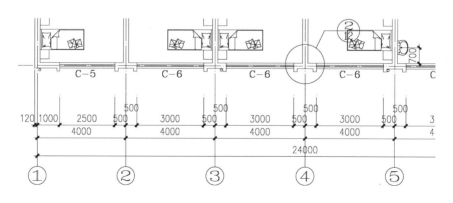

图 6-49　尺寸数字的注写位置

6.9.3　尺寸的排列与布置

尺寸宜标注在图样轮廓以外，不宜与图线、文字及符号等相交。图样轮廓线以外的尺寸界线，与图样最外轮廓之间的距离，不宜小于 10mm。平行排列的尺寸线的间距，宜为 7～10mm，并应保持一致，如图 6-50 所示。

　　互相平行的尺寸线，应从被注写的图样轮廓线由近向远整齐排列，较小尺寸应离轮廓线较近，较大尺寸应离轮廓线较远，如图 6-51 所示。总尺寸的尺寸界线应靠近所指部位，中间的分尺寸的尺寸界线可稍短，但其长度应相等。

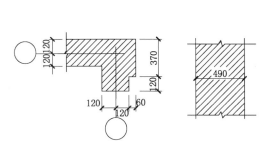

图 6-50　尺寸数字的注写

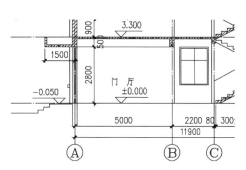

图 6-51　尺寸的排列

 ### 6.9.4　半径、直径、球的尺寸标注

　　标注半径、直径和球的尺寸起止符号不用 45° 斜短线，而用箭头表示。半径的尺寸线一端从圆心开始，另一端画箭头，指向圆弧。半径数字前应加半径符号"R"。标注直径时，应在直径数字前加符号"ϕ"。在圆内标注的直径尺寸线应通过圆心，两端画箭头指向圆弧。当圆的直径较小时，直径数字可以用引出线标注在圆外。直径标注也可以用尺寸起止符号是 45° 斜短线的形式标注在圆外，如图 6-52 所示。标注球的半径跟直径时，应在尺寸数字前面加注符号"SR"或"Sϕ"。标注方法与圆弧半径和圆直径的尺寸标注方法相同。

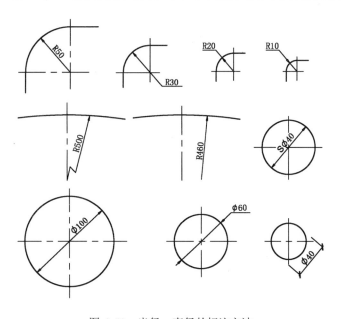

图 6-52　半径、直径的标注方法

6.9.5 角度、弧长、弦长的尺寸标注

角度的尺寸线以圆弧线表示，以角的顶点为圆心，角度的两边为尺寸界线，尺寸起止符号用箭头表示，如果没有足够的位置画箭头，也可以用圆点代替，角度数字一律按水平方向书写，如图 6-53 所示。

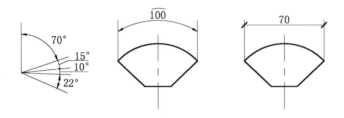

图 6-53　角度、弧长、弦长的标注方法

6.9.6 薄板厚度、正方形、坡度的尺寸标注

在薄板板面标注板厚尺寸时，应在厚度数字前加厚度符号"t"，如图 6-54 所示。

标注正方形的尺寸，可用"边长×边长"的形式，也可在边长数字前加正方形符号"□"，如图 6-55 所示。

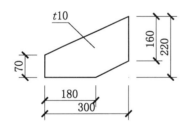

图 6-54　薄板厚度标注方法

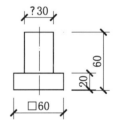

图 6-55　标注正方形尺寸

标注坡度时，应加注坡度箭头符号，如图 6-56a 和图 6-56b 所示，该符号为单面箭头，箭头应指向下坡方向。坡度也可用直角三角形形式标注，如图 6-56c 所示。

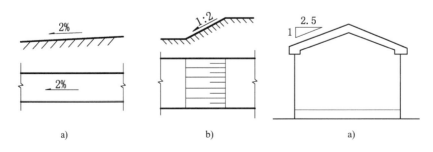

图 6-56　坡度标注方法

外形为非圆曲线的构件可用坐标形式标注尺寸，如图 6-57 所示。复杂的图形可用网格形式标注尺寸，如图 6-58 所示。

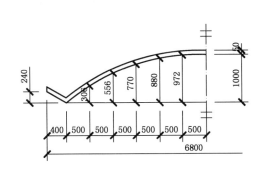

图 6-57　坐标法标注曲线尺寸

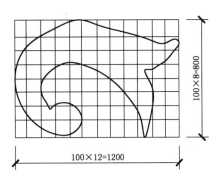

图 6-58　网格法标注曲线尺寸

 6.9.7　简化的尺寸标注

杆件或管线的长度，在单线图（桁架简图、钢筋简图、管线简图）上，可直接将尺寸数字沿杆件或管线的一侧注写，如图 6-59 所示。

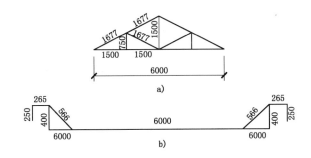

图 6-59　单线图尺寸标注方法

连续排列的等长尺寸，可用"个数×等长尺寸=总长"的形式标注，如图 6-60 所示。

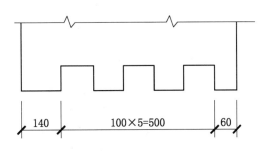

图 6-60　等长尺寸简化标注方法

两个构配件，如个别尺寸数字不同，可在同一图样中将其中一个构配件的不同尺寸数字注写在括号内，该构配件的名称也应注写在相应的括号内，如图 6-61 所示。

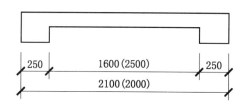

图 6-61　相似构件尺寸标注方法

数个构配件，如仅某些尺寸不同，这些有变化的尺寸数字，可用拉丁字母注写在同一图样中，另列表格写明其具体尺寸，如图 6-62 所示。

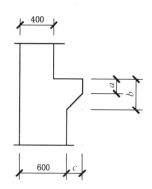

构件编号	a	b	c
Z-1	200	200	200
Z-2	250	250	200
Z-3	200	250	250

图 6-62　相似构配件尺寸表格式标注方法

软件
技能

6.10　建筑样板文件的创建

视频\06\建筑样板文件的创建.avi
案例\06\建筑样板.dwt

　　用户在绘制建筑施工图时，首先应设置绘制环境，包括设置图形界限、图形单位、规划图层、设置文字和标注样式等。如果将这些工作创建为一个样板文件，可在下次绘制建筑施工图时直接调用该样板文件，从而极大地提高绘图效率。

6.10.1　样板文件的建立

　　创建样板文件也就是将在绘制相应图形前的准备工作事先准备好，可避免在绘制相应图形前的繁重的工作。样板文件的文件扩展名为"·dwt"，创建方法有两种。
　　方法一：现有图形创建图形样板文件。打开一个扩展名为"·dwg"的 AutoCAD 系统的普通图形文件，将不需要存为图形样板文件中的图形内容删除，然后将文件另存，"文件类型"选择"图形样板"，即"*.dwt"。

方法二：创建一个包括原始默认值的新图形，打开一个新图形文件（使用公制默认设置），根据需要做必要的设置及添加图形内容，然后保存文件，"文件类型"选择"图形样板"，即"*.dwt"。

下面讲解第一种方法的具体操作步骤。

正常启动 AutoCAD 2014 软件，这时系统自动创建一个格式为"*.dwg"的空白文档，在这里进行各项参数设置以后，在屏幕菜单中单击"另存为"按钮 ，这时会弹出"图形另存为"对话框，输入相应的文件名称，再选择"AutoCAD 图形样板（*.dwt）"文件类型，最后单击"保存"按钮 **保存(S)** 即可，如图 6-63 所示。

图 6-63　保存样板文件

软件技能

> 请读者注意，这里是将所有的参数都设置完毕以后将其保存成样板文件类型的过程，样板文件的相应具体设置会在接下来详细讲解。

6.10.2　设置单位及图形界限

图形界限，用于标明用户的工作区域和图纸边界，让读者在设置好的区域内绘图，以避免所绘制的图形超出该边界。单位则设置为图中统一的单位。

（1）正常启动 AutoCAD 2014 软件，然后在菜单栏中选择"格式 | 单位"菜单命令（UN），打开"图形单位"对话框，将长度单位类型设置为"小数"，精度设置为"0.000"，角度单位类型设置为"十进制度数"，精度设置为"0.00"，如图 6-64 所示。

软件技能

> 此处的单位精度是绘图时确定坐标的精度，不是尺寸标注的单位精度。通常，长度单位精度取小数点后面的三位，角度单位精度取小数点后两位。

（2）在菜单栏中选择"格式 | 图形界限"命令（limits），然后根据命令栏提示，设置图形界限的左下角为（0,0），右上角为（420 000,297 000）。

（3）在命令行中输入"Z A"，使输入的图形界限区域全部显示在图形窗口内。

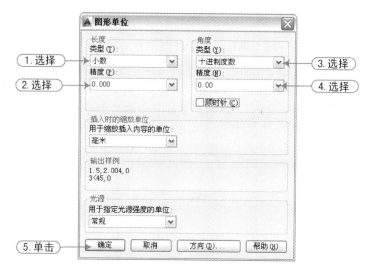

图 6-64 设计图形单位

6.10.3 规划图层对象

一套完整的建筑施工平面图主要由轴线、门窗、墙体、楼梯、设施、文本标注、尺寸标注等图层组成，因此，在绘制平面图形前，应建立如表 6-10 所示的图层。

表 6-10 图层设置

序号	图 层 名	线宽	线 型	颜色	描 述 内 容	打 印 属 性
1	轴线	0.13	点画线（ACAD_ISOO4W100）	红色	定位轴线	不打印
2	墙体	0.30	实线（CONTINUOUS）	黑色	墙体	打印
3	柱子	0.30	实线（CONTINUOUS）	黑色	柱子	打印
3	门窗	0.13	实线（CONTINUOUS）	8 色	门窗	打印
3	楼梯	0.13	实线（CONTINUOUS）	123 色	楼梯	打印
6	尺寸标注	0.13	实线（CONTINUOUS）	蓝色	尺寸线	打印
7	文字标注	0.13	实线（CONTINUOUS）	黑色	图中文字	打印
8	设施	0.13	实线（CONTINUOUS）	32 色	家具、卫生设备	打印
9	符号	0.30	实线（CONTINUOUS）	绿色	剖切、定位符号	打印
10	图框	0.15	实线（CONTINUOUS）	青色	图框	打印

（1）选择"格式｜图层"菜单命令（LA），或者单击屏幕中的"图层特性"按钮，打开"图层特性管理器"选项板，如图 6-65 所示，根据表 6-10 设置图层的名称、线宽、线型和颜色等，如图 6-66 所示。

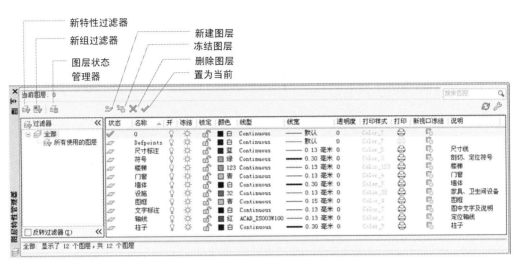

图6-65 "图层特性管理器"选项板

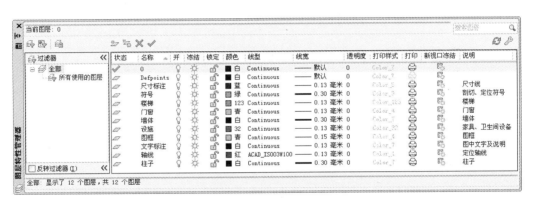

图6-66 创建的图层

（2）选择"格式｜线型"菜单命令（LT），弹出"线型管理器"对话框，单击"显示细节"按钮，打开"详细信息"选项组，将"全局比例因子"设置为"100"，然后单击"确定"按钮即可，如图6-67所示。

图6-67 设置线型比例

6.10.4　设置文字样式

在一套完整的建筑施工平面图中，除了重要的图层外，平面图中的文字（如尺寸文字、标高文字、图内文字说明、剖切符号文字、图名文字、轴线符号等）这些也是必不可少的，所以根据建筑制图标准，相应的平面图中文字样式的规划见表 6-11。

表 6-11　文字样式

文字样式名	打印到图纸上的文字高度	图形文字高度（文字样式高度）	宽度因子	字体 | 大字体
图内说明	3.3	330		
尺寸文字	3.3	0		
标高文字	3.3	330	0.7	Tssdeng | tssdchn
剖切及轴线符号	7	700		
图纸说明	3	300		
图名标注	7	700		

（1）在 AutoCAD 2014 软件中选择"格式 \| 文字样式" 菜单命令（ST），这时会弹出"文字样式"对话框，然后单击"新建"按钮，打开"新建文字样式"对话框，"样式名"定义为"图内说明"，然后按图 6-68 所示操作。

图 6-68　文字样式名称的定义

（2）在"SHX 字体"下拉列表框中选择"tssdeng.shx"，勾选"使用大字体"复选框，并在"大字体"下拉列表框中选择"tssdchn.shx"，在"高度"文本框中输入"330"，在"宽度因子"文本框中输入"0.7"，单击"应用"按钮，完成该文字样式的设置，如图 6-69 所示。

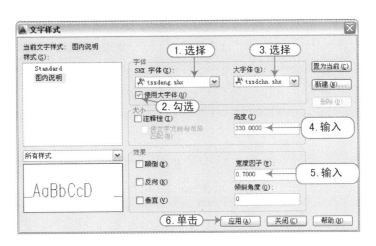

图 6-69 设置"图内说明"文字样式

（3）依照上一步骤的操作方法，建立表 3-2 中其他各种文字样式，如图 6-70 所示。

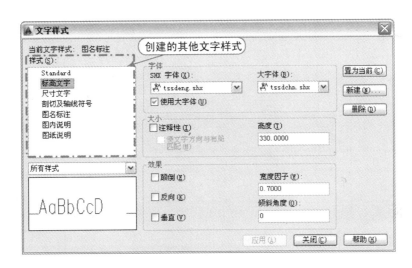

图 6-70 创建其他文字样式

 6.10.5 设置标注样式

在对图形对象进行尺寸标注样式设置后，只要通过设置不同的尺寸标注样式，就可以根据需要来进行设置。读者只需要对标注样式的格式和外观进行修改即可改变图形对象的标注。

（1）在 AutoCAD 2014 软件中选择"格式 | 标注样式"菜单命令（D），弹出"标注样式管理器"对话框，然后单击"新建"按钮，打开"创建新标注样式"对话框，将新建样式名定义为"建筑平面标注-100"，如图 6-71 所示。

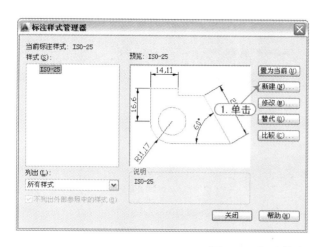

图 6-71　标注样式名称的定义

（2）单击"继续"按钮，打开"新建标注样式"对话框，然后分别在各选项卡中设置相应的参数，其设置后的效果见表 6-12。

表 6-12　"建筑平面标注-100"标注样式的参数设置

"线"选项卡	"符号和箭头"选项卡	"文字"选项卡	"调整"选项卡

（3）这时相应的样板文件设置完了，直接按〈Ctrl+S〉组合键进行保存即可。

 软件技能

6.11　课后练习与项目测试

1．选择题

1）建筑工程施工图（房屋施工图），是将建筑物的平面布置、外形轮廓、尺寸大小、结构构造和材料做法等内容，按照"国标"的规定，用（　　）方法，详细准确地画出的图样。

    A．投影　　　　　　B．正投影　　　　　C．侧投影　　　　　D．轴侧图

2）建筑专业的施工图，一般包括平面图、立面图、剖面图和（　　）。

A．断面图　　　　　　B．大样图　　　　　C．轴侧图　　　　　D．结构图

　3）建筑工程施工图按照专业分工不同，可分为建筑施工图、结构施工图、设备施工图和（　　）施工图。

　　　　A．给水　　　　　　　B．排水　　　　　　C．电气　　　　　　D．暖通

　4）下列针对图线的描述中，描述错误的是（　　）。

　　　A．图线的宽度 b 应从 0.18mm、0.25mm、0.35mm、0.5mm、0.7mm、1.0mm、1.4mm、2.0mm 线宽系列中选取

　　　B．建筑装饰制图中的线型有：实线、虚线、单点长画线、双点长画线、折断线和波浪线等，其中有些线型还有粗、中、细三种

　　　C．相互平行的图线，其间隙不宜小于其中的粗线宽度，且不宜小于 0.7mm

　　　D．单点长画线或双点长画线，当在较小图形中绘制有困难时，可用虚线代替

　5）下列针对剖切符号的描述中，描述错误的是（　　）。

　　　A．剖切位置线的长度宜为 6～10mm；剖视方向线应垂直于剖切位置线，长度应短于剖切位置线，宜为 4～6mm

　　　B．剖视剖切符号的编号宜采用阿拉伯数字，按顺序由右至左、由上至下连续编排，并应注写在剖视方向线的端部

　　　C．需要转折的剖切位置线，应在转角的外侧加注与该符号相同的编号

　　　D．建（构）筑物剖面图的剖切符号宜注在 ±0.00 标高的平面图上

2．简答题

　1）掌握建筑物中房屋各部分名称、地下室各部分名称和框架结构。

　2）简述建筑定位轴线的绘制方法及规定要求。

　3）掌握常用建筑材料的一般规定及图例。

3．操作题

　1）在 AutoCAD 2014 中，绘制直径为 10mm 的轴号，并制作成属性图块对象"轴号.dwg"。

　2）在 AutoCAD 2014 中，绘制高度为 3mm 的标高符号，并制作成属性图块对象"标高.dwg"。

第7章 建筑总平面图概述与绘制方法

本章导读

    本章首先讲解了建筑总平面图的形成和使用、图示方法和内容、总平面图的阅读方法等；再通过某办公楼建筑总平面图的绘制，引领读者掌握建筑总平面图的绘制方法，包括设置绘图环境、再介绍了办公楼建筑物轮廓和主要道路轮廓对象的绘制方法，并插入配景设施至相应位置和填充地面图例；然后对其进行文字、楼层、标高、尺寸、图名、比例的标注，以及对其指北针的绘制；最后给出另一建筑总平面图效果图，让读者自行演练，从而牢固掌握建筑总平面图的绘制方法和步骤。

主要内容

- ☑ 掌握建筑总平面图的形成和作用
- ☑ 掌握建筑总平面图的图示方法和内容
- ☑ 掌握建筑总平面图的识读
- ☑ 练习某办公楼建筑总平面图的绘制实例
- ☑ 练习建筑总平面图的拓展实例

效果预览

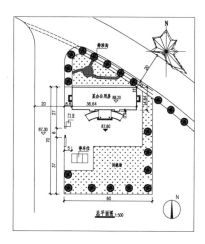

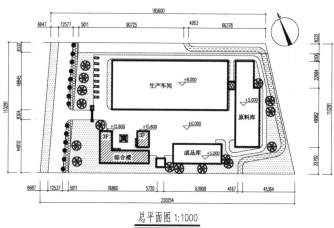

7.1　建筑总平面图概述

总平面图用来表达整个建筑基地的总体布局，表达新建建筑物及构筑物的位置、朝向，以及与周边环境的关系，它是建筑设计中必不可少的要件。

7.1.1　建筑总平面图的形成和作用

建筑总平面图是表明一项建设工程总体布置情况的图样。它是在建设基地的地形图上，把已有的、新建的和拟建的建筑物、构筑物以及道路、绿化等，用水平投影方法按与地形图同样比例绘制出来的平面图。它主要表明新建平面形状、层数、室内外地面标高、新建道路、绿化、场地排水和管线的布置情况，并表明原有建筑、道路、绿化等和新建筑的相互关系以及环境保护方面的要求等。

总平面专业设计成果包括设计说明书、设计图样，以及按照合同所规定的鸟瞰图、模型等。总平面图只是其中的设计图样部分。在不同设计阶段，总平面图除了具备其基本功能外，表达设计意图的深度和倾向有所不同。

在方案设计阶段，总平面图着重体现新建建筑物的体量大小、形状以及与周边道路、房屋、绿地、广场和红线之间的空间关系，同时传达室外空间的设计效果。因此，方案图在具有必要的技术性的基础上，还强调艺术性的体现。就目前的情况来看，除了绘制 CAD 线条图外，还须对线条图进行套色、渲染处理或制作鸟瞰图、模型等。总之，设计者需要不遗余力地展现自己设计方案的优点及魅力，以在竞争中胜出。

在初步设计阶段，设计者需要进一步推敲总平面设计中涉及的各种因素和环节（如道路红线、建筑红线或用地界线、建筑控制高度、容积率、建筑密度、绿地率、停车位数，以及总平面布局、周围环境、空间处理、交通组织、环境保护、文物保护、分期建设等），推敲方案的合理性、科学性和可实施性，进一步准确落实各种技术指标，深化竖向设计，为施工图设计做准备。

在施工图设计阶段，总平面专业成果包括图样目录、设计说明、设计图样、计算书。其中，设计图纸包括总平面图、竖向布置图、土方图、管道综合图、景观布置图以及详图等。总平面图是新建房屋定位、放线，以及布置施工现场的依据，可见，总平面图必须详细、准确、清楚地表达出设计思想。

7.1.2　建筑总平面图的图示方法

总平面图是用正投影的原理绘制的，图形主要以图例的形式表示，总平面图的图例采用《总图制图标准》（GB/T 50103——2010）规定的图例。表 7-1 给出了部分常用的总平面图图例符号，画图时应严格遵行该图例符号规定。如图中采用的图例不是标准中的图例，应在总平面图下面说明。图线的宽度 b，应根据图样的复杂程度和比例，按《建筑制图统一标准》（GB/T 50104——2010）中图线的有关规定执行。总平面图的坐标、标高、距离以 m（米）为单位，并应至少取至小数点后两位。

表 7-1 总平面图图例符号

图例	名称	图例	名称
8F	新建建筑物 右上角以点数或数字表示层数		原有建筑物
（虚线框）	计划扩建的建筑物	×（带叉的框）	拆除的建筑物
151.00	室内地坪标高	143.00	室外整坪标高
（梯形框）	散状材料露天堆场		原有的道路
（公路桥符号）	公路桥		计划扩建道路
（铁路桥符号）	铁路桥	（护坡符号）	护坡
（草坪符号）	草坪	（指北针符号）	指北针

 7.1.3 建筑总平面图的图示内容

建筑总平面图大致包括以下基本内容。

☑ 新建筑物：拟建房屋，用粗实线框表示，并在线框内用数字表示建筑层数。

☑ 新建建筑物的定位：总平面图的主要任务是确定新建建筑物的位置，通常是利用原有建筑物、道路等来定位的。

☑ 新建建筑物的室内外标高：我国把青岛市外的黄海海平面作为零点所测定的高度尺寸，称为绝对标高。在总平面图中，用绝对标高表示高度数值，单位为 m。

☑ 相邻有关建筑、拆除建筑的位置或范围：原有建筑用细实线框表示，并在线框内也用数字表示建筑层数；拟建建筑物用虚线表示；拆除建筑物用细实线表示，并在其细实线上打叉。

☑ 附近的地形地物：如等高线、道路、水沟、河流、池塘、土坡等。

☑ 指北针和风向频率玫瑰图：在总平面图中应画出指北针或风向频率玫瑰图来表示建筑物的朝向。风向频率玫瑰图一般画出十六个方向的长短线来表示该地区常年的风向频率，有箭头的方向为北向，如图 7-1 所示。

☑ 绿化规划、管道布置。

☑ 道路（或铁路）和明沟等的起点、变坡点、转折点、终点的标高与坡向箭头。

以上内容并不是在所有总平面图上都是必需的，可根据具体情况加以选择。

在阅读总平面图时应首先阅读标题栏，以了解新建建筑工程的名称，再看指北针和风向频率玫瑰图，了解新建建筑的地理位置、朝向和常年风向，最后了解新建建筑物的形状、层数、室内外标高及其定位，以及道路、绿化和原有建筑物等周边环境。

图 7-1　风向频率玫瑰图

7.1.4　建筑总平面图的识读

如图 7-2 所示为某办公楼的总平面图，用户可以按以下步骤来识读此图。

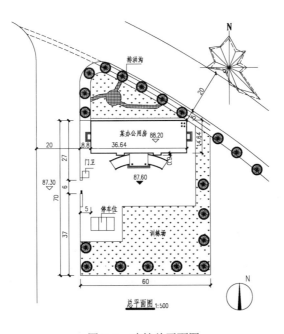

图 7-2　建筑总平面图

（1）首先看图样的比例、图例以及文字说明。图中绘制了指北针、风向频率玫瑰图。该楼房坐北朝南，施工总平面图的比例为 1:500。西侧大门为该区主要出入口，并设有门卫房。

（2）了解新建建筑物的基本情况、用地范围、地形地貌以及周围的环境等。该楼房紧邻西侧马路，楼前为停车场与训练场。楼房东侧为绿化带，紧邻东墙外侧的排洪沟。总平面图中新建的建筑物用粗实线画出外形轮廓。从图中可以看出，新建建筑物的总长为 36.64m，总宽为 14.64m。建筑物层数为四层，建筑面积为 2150m²。本例中，新建建筑物位置根据原有的建筑物及围墙定位：从图中可以看出新建建筑物的西墙与西侧围墙距离 8.8m，新建建筑物北墙体与门卫房距离 27m。

（3）了解新建建筑物的标高。总平面图标注的尺寸一律以 m（米）为单位。图中新建建筑物的室内地坪标高为绝对标高 88.20m，室外整坪标高为 87.60m。图中还标注出西侧马路的标高 87.30m。

（4）了解新建建筑物的周围绿化等情况。总平面图还反映出道路围墙及绿化的情况。

 软件技能

7.2　某办公楼总平面图的绘制方法

 视频\07\建筑总平面图的绘制.avi
案例\07\办公楼建筑总平面图.dwg

在绘制该办公楼总平面图时，首先根据要求设置绘图环境，包括设置图形界限、图层的规划、文字和标注样式的设置等，再根据要求绘制辅助线和主要道路对象，接着使用多段线命令绘制建筑物的平面轮廓对，再将所绘制的建筑物对象插入到总平面图的相应位置，然后绘制次要道路、绿化带边界和停车场对象，再进行文字、标高、尺寸、图名、比例等的标注，最后绘制图例及指北针对象。绘制的总平面图效果如图 7-3 所示。

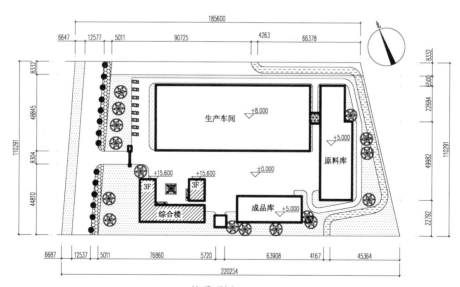

总平面图 1:1000

图 7-3　办公楼总平面图效果

7.2.1 总平面图绘图环境的设置

在正式绘制建筑总平面图之前，首先要设置与所绘图形相匹配的绘图环境。总平面图的绘图环境主要包括绘图区的设置、图层规划、文字样式与标注样式的设置等。

1．绘图区的设置

绘图区设置包括绘图单位和图形界限的设置。根据建筑制图标准的规定，建筑总平面图使用的长度单位为 m（米），角度单位是°、'、"（度、分、秒）。图形界限是指所绘制图形对象的范围，AutoCAD 中默认的图形界限为 A3 图纸大小，如果不修正该默认值，可能会使按实际尺寸绘制的图形不能全部显示在窗口之内。

从图 7-3 可知，该建筑总平面图的实际长度约为 220m，宽度为 110m，绘图比例为 1：1000，打印到 A3 图纸，图形界限可直接将 A3 图纸幅面放大 1000 倍，即长×宽为 420 000mm×297 000mm。

（1）正常启动 AutoCAD 2014 软件，单击工具栏上的"新建"按钮，打开"选择样板"对话框，然后选择"acadiso.dwt"样板文件，再选择"文件 | 另存为"菜单命令，打开"图形另存为"对话框，将文件另存为"案例\07\建筑总平面图.dwg"图形文件。

（2）选择"格式 | 单位"菜单命令，打开"图形单位"对话框。把长度单位"类型"设置为"小数"，"精度"为"0.000"，角度单位"类型"设置为"十进制度数"，"精度"精确到小数点后两位，即"0.00"，如图 7-4 所示。

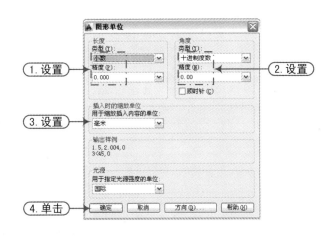

图 7-4 图形单位设置

（3）选择"格式 | 图形界限"菜单命令，依照提示，设置图形界限的左下角为（0,0），右上角为（420 000,297 000）。

（4）在命令行中输入命令"Z A"，使输入的图形界限区域全部显示在图形窗口内。

2．图层的规划

图层规划主要考虑图形元素的组成以及各图形元素的特征。该建筑总平面图形主要由道路、绿地、新建建筑、配景、水渠、文字、尺寸标注等元素组成，因此绘制总平面图时，需建立如表 7-2 所示的图层。

表 7-2 图层设置

序　号	图 层 名	线　宽	线　型	颜　色	打印属性
1	水渠	0.35	实线	蓝色	打印
2	配景	默认	实线	黑色	不打印
3	道路	默认	实线	粉红	打印
4	新建建筑	0.3	实线	黑色	打印
5	绿地	默认	实线	绿色	打印
6	文字	默认	实线	黑色	打印
7	尺寸标注	默认	实线	蓝色	打印

（1）单击"图层"工具栏的"图层"按钮 ，打开"图层特性管理器"选项板，按照如表 7-2 所示的规划来设置图层的名称、线宽、线型、颜色等，如图 7-5 所示。

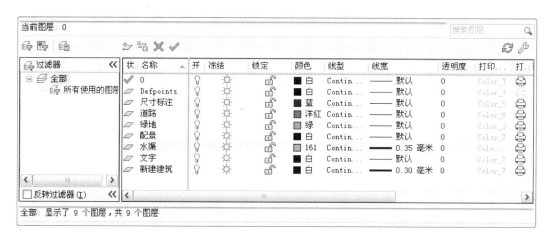

图 7-5 图层设置

软件技能　　在设置图层线宽的过程中，大部分图层的线宽可以设置为"默认"，AutoCAD默认线宽通常为 0.25mm。为了方便线宽的定义，默认线宽的大小可以根据需要进行设置。其设置方法为单击"格式|线宽"命令，打开"线宽设置"对话框，在"默认"下拉列表框中选择相应的线宽数值，然后单击"确定"按钮，如图 7-6 所示。

（2）选择"格式 | 线型"菜单命令，打开"线型管理器"对话框，单击"显示细节"按钮，打开"详细信息"选项组，将"全局比例因子"设置为"1000"，然后单击"确定"按钮，如图 7-7 所示。

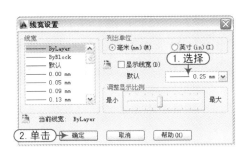

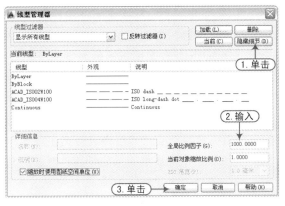

图 7-6 默认线宽设置　　　　　　　　　图 7-7 线型比例设置

软件技能

> 　　用户在绘图时，经常遇到这样的问题，即虽然图形对象对应图层的线型是虚线或中心线，但在屏幕上显示的是一根实线，这时可通过设置"线型管理器"对话框中的"全局比例因子"参数使虚线显示出来。如果在"线型管理器"对话框中看不到该参数，可单击对话框的"显示细节"按钮，将会显示"全局比例因子"文本框。通常，全局比例因子的设置应和打印比例相协调，若建筑总平面图的打印比例是 1:1000，则全局比例因子大约设为 1000。

3. 文字样式的设置

在绘图之前，应在对图形统一规划的基础上，结合图形的各种比例并依据制图标准中的有关规定创建自己的文字样式，一幅图中的文字样式不宜过多。文字样式的设置主要包括字体的选择和字高及其显示效果的设置。

- ☑ 文字字体的选择。AutoCAD 支持 TrueType 和 SHX 两种字体，TrueType 字库位于 Windows 的 Fonts 文件夹中，是操作系统使用的字库，其文件扩展名为".ttf"，矢量字库（shx）位于 AutoCAD 的 Fonts 文件夹中，其文件扩展名为".shx"。TrueType 字库由于占用内存较大，一般用于文书制作、出版印刷等场合，对于绘制施工图样主要采用 shx 字体。选用矢量字体时，如果只书写字母符号，则可以只在"字体名"下拉列表框中选择小 SHX 字体，常用的小字体字库为"txt.shx""simplex.shx"。AutoCAD 自带的"txt.shx"中不含我国规范规定的钢筋等级符号，要在图样上书写钢筋符号，则需要用含有钢筋符号的字库替代原来的 txt.shx。如果文字样式要用于字母符号和中文文字的书写，则在选择了"字体名"之后，还需要勾选"使用大字体"复选框，并在"大字体"下拉列表框中选择需要的中文字库。AutoCAD 安装文件本身只提供了有限的几种汉字大字体 SHX，如果 AutoCAD 没有合适的 SHX 的中文字体，则需要首先找到能用的 SHX 中文字库，把该字库复制到本地 AutoCAD 安装文件夹下的 Fonts 文件夹中，退出 AutoCAD 并重新进入。本例中采用的字体文件为 tssdeng.shx 和 gbcbig.shx。
- ☑ 文字高度的设置。不同高度的文字在 AutoCAD 中应建立不同的文字样式。AutoCAD

2014 在定义文字样式时有非注释文字（未勾选"注释性"复选框）和注释文字（勾选"注释性"复选框）之分，其高度设置完全不同。"文字样式"对话框中的非注释文字高度=打印到图纸上的文字高度÷打印比例÷图形放大比例，其中打印到图纸上的文字高度应该符合制图标准的规定；注释文字高度=打印到图纸上的文字高度÷图形放大比例，此时须将注释比例调整为打印比例。如果在图形放大之后再书写文字，则可以不考虑图形缩放对文字高度的影响，因此绘图时建议先绘制图形部分，将其缩放至合适尺寸后再进行文字标注。

☑ 文字宽高比及显示效果的设置。根据建筑制图标准，文字的高宽比一般为 0.7 左右。除此之外，为了使图纸表达更为丰富多彩，可以在"文字样式"对话框中设置文字的颠倒、反向等显示效果。

由图 7-3 可知，建筑总平面图上的文字有尺寸文字、图内文字说明、标高文字、图名文字，打印比例为 1:1000，文字样式中的高度为打印到图纸上的文字高度与打印比例倒数的乘积。根据建筑制图标准，该总平面图文字样式的规划如表 7-3 所示。

表 7-3　文字样式

文字样式名	打印到图纸上的文字高度	图形文字高度 （文字样式高度）	字体文件
图内说明及图名	7	7000	tssdeng　gbcbig
尺寸文字	3.5	0	tssdeng
图纸说明	5	5000	tssdeng　gbcbig
标高文字	3.5	3500	tssdeng　gbcbig

（1）选择"格式 | 文字样式"菜单命令，打开"文字样式"对话框，单击"新建"按钮，打开"新建文字样式"对话框，样式名定义为"图内说明及图名"，单击"确定"按钮，然后在"SHX 字体"下拉列表框中选择字体"tssdeng.shx"，勾选"使用大字体"复选框，并在"大字体"下拉列表框中选择字体"gbcbig.shx"，在"高度"文本框中输入"3500"，"宽度因子"文本框中输入"0.7"，然后单击"应用"按钮，从而完成"图内说明及图名"文字样式的设置，如图 7-8 所示。

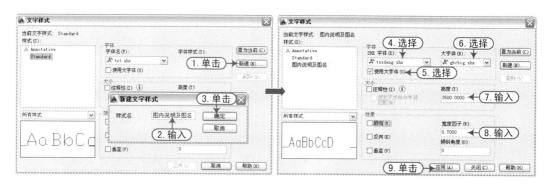

图 7-8　新建"图内说明及图名"文字样式

（2）使用相同的方法，建立表 7-3 中其他各种文字样式，如图 7-9 所示。

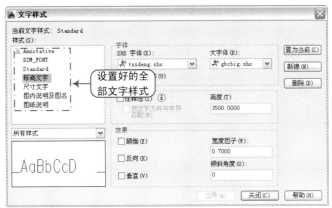

图 7-9　建立其他文字样式

4．尺寸标注样式的设置

依据第 6 章讲述的建筑制图标准的有关规定，对尺寸标注各组成部分的尺寸进行设置，主要包括尺寸线、尺寸界线参数、尺寸文字、全局比例因子、测量单位比例因子的设置。

- ☑ 尺寸线和尺寸界线参数的设置。依据建筑制图标准的规定，设置相关参数。
- ☑ 尺寸文字的设置。在创建尺寸标注样式之前，须为尺寸标注建立专门的文本样式，其中文字高度设为 0，此步可在文字样式设置中完成，然后在标注样式中选择该文本样式，并设置字高。
- ☑ 全局比例因子的设置。全局比例因子的作用是整体放大或缩小标注的全部基本元素的几何尺寸，如文字高度设置为 3.5，全局比例因子为 100，则图形文字高度为 350。当然，标注的其他基本元素尺寸也被放大 100 倍。在模型空间中进行尺寸标注时，应根据打印比例设置此项参数值，其值一般为打印比例的倒数。
- ☑ 测量单位比例因子的设置。当标注实物时获得的标注数据与物体的实际尺寸不相符时，可以用测量单位比例对标注数据进行放大或缩小，使标注数据与物体的实际尺寸相吻合。如一张图样上有平面图和构件详图两种比例的图形，为了减少绘图时的比例换算工作量，提高绘图效率，一般都是按照构件的实际尺寸 1:1 绘制图形，待图形绘制完毕再依据建筑制图标准要求把图形缩放到合适的比例，这样缩放后的图形尺寸和实际尺寸就不一致，用户就可以通过设置测量单位比例使标注长度自动按照实际尺寸标注。测量单位比例因子的设置只与图形的缩放比例有关，不管是模型空间打印还是图样空间打印，只要对图形进行了缩放，都要在缩放图形对应的标注样式中调整测量单位比例因子。测量单位比例因子的值与图形的缩放比例成反比，如果一个图形放大了 5 倍，则对应标注样式的测量单位比例就是 1/5。

（1）选择"格式 | 标注样式"菜单命令，打开"标注样式管理器"对话框，单击"新建"按钮，打开"创建新标注样式"对话框，新建样式名定义为"建筑总平面标注-1000"，如图 7-10 所示。

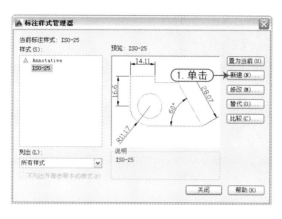 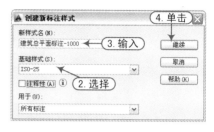

图 7-10 尺寸标注样式名称的建立

（2）单击"继续"按钮，进入"新建标注样式"对话框，分别在各选项卡中设置相应的参数。设置后的效果如表 7-4 所示。

表 7-4 "建筑总平面标注-1000"标注样式的设置

"线"选项卡	"符号和箭头"选项卡	"文字"选项卡	"调整"选项卡

 7.2.2 绘制主要道路轮廓

先使用直线命令绘制出外围轮廓，再通过偏移、修剪、圆角、矩形等命令来绘制内部道路轮廓。

（1）在"图层"工具栏的"图层控制"下拉列表框中，将"道路"图层置为当前层。

（2）使用直线命令（L），根据图 7-11 所示平面标注来绘制总平面图的边界线对象。

（3）切换至"水渠"图层，执行直线命令（L）和偏移命令（O），绘制出如图 7-12 所示的图形效果，且将偏移的线段也转换到"水渠"图层。

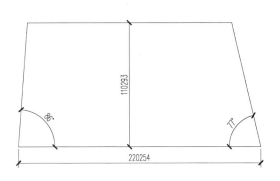

图 7-11　绘制的总平面图边界　　　　　　　　　　图 7-12　绘制水渠轮廓

（4）执行圆角命令（F），设置相应的半径值，对线段进行圆角操作，效果如图 7-13 所示。

　　　　在圆角的过程中，若提示"无效，半径太大"，则还可以执行圆命令（C），选择"相切，相切，半径(T)"项，捕捉两条线段的切点，再输入一个半径值，从而绘制出相切圆，再将圆和线段进行修剪即可。

（5）执行偏移命令（O），按照图 7-14 所示将相应线段进行偏移。

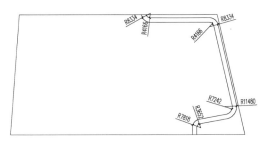
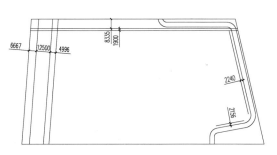

图 7-13　圆角处理　　　　　　　　　　　　　图 7-14　偏移图形

（6）切换至"道路"图层，执行直线命令（L）和偏移命令（O），绘制出如图 7-15 所示的线段。

（7）执行修剪命令（TR），将多余线段进行修剪，将内部道路轮廓显示出来，效果如图 7-16 所示。

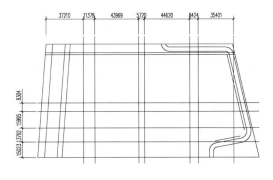
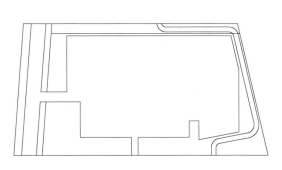

图 7-15　绘制线段　　　　　　　　　　　　　图 7-16　修剪操作

（8）执行圆角命令（F），设置不同的圆角值，对各夹角进行圆角操作，如图 7-17 所示。

（9）执行偏移命令（O），将中间相应的道路轮廓各向内偏移 3334mm，如图 7-18 所示。

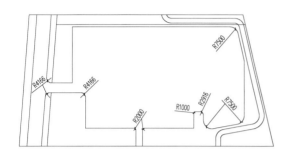

图 7-17　圆角操作

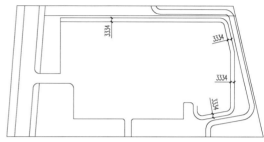

图 7-18　偏移操作

（10）执行直线命令（L）、偏移命令（O）和修剪命令（TR），绘制出中间道路轮廓，如图 7-19 所示。

（11）再执行圆角命令（F），设置不同的半径值，将上一步骤中的图形进行圆角处理，如图 7-20 所示。

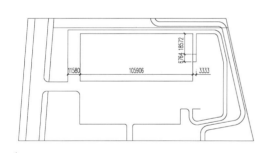

图 7-19　绘制道路

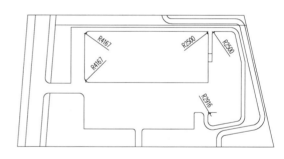

图 7-20　圆角处理

7.2.3　绘制建筑物的平面轮廓

建筑物的绘制过程主要分为两步，首先利用矩形、多段线命令绘制建筑物的平面形状，然后将建筑轮廓移动至平面的相应位置。

（1）在"图层"工具栏的"图层控制"下拉列表框中，将"新建建筑"图层置为当前图层，并单击"线宽"显示按钮■，打开线宽显示。

（2）执行矩形命令（REC）、移动命令（M）和修剪命令（TR），在平面相应位置绘制出建筑轮廓线，如图 7-21 所示。

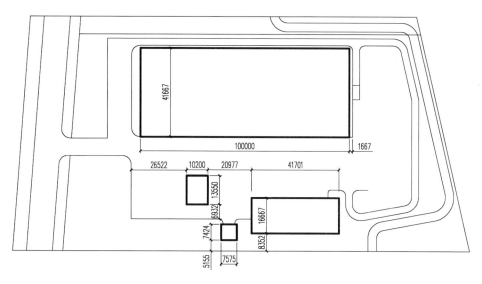

图 7-21　绘制建筑轮廓线

（3）执行多段线命令（PL）和修剪命令（TR），在相应位置绘制出其他建筑物轮廓，并将连接最大的两个建筑物的水平桥梁线进行延伸，且转换到"新建建筑"图层，如图 7-22 所示。

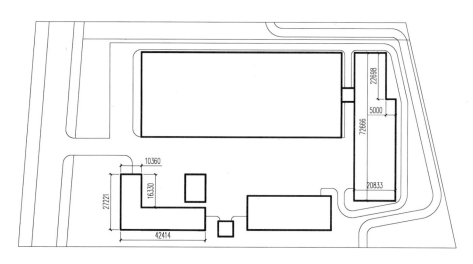

图 7-22　绘制建筑物

软件技能

　　多段线是绘图中比较常用的一种命令，它相对于直线命令而言，可以得到由若干直线和圆弧组成的折线或者曲线，整条多段线是一个整体，可以统一进行编辑。另外，多段线中的各段线、弧可以赋予不同的线宽，由于本实例已将"新建建筑"图层的线宽设置为 0.3mm，在用多段线绘制直线时，多段线的宽度设为 0。

　　（4）执行矩形命令（REC）和移动命令（M），在左入口处绘制保安室和起落杆，如图 7-23 所示。

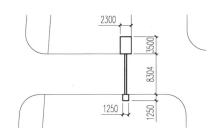

图 7-23　绘制保安室、起落杆

（5）切换至"文字"图层，执行多行文字命令（MT），设置字体为宋体，文字大小为3500，对各个建筑楼进行文字注释，且向左拉长上、下水平线，如图 7-24 所示。

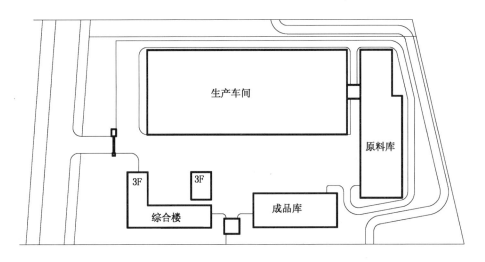

图 7-24　文字注释

（6）切换至"配景"图层，再执行插入块命令（I），将"案例\07"文件下面的"地拼""花台"插入到综合楼处，且通过复制、移动摆放至相应位置，如图 7-25 所示。

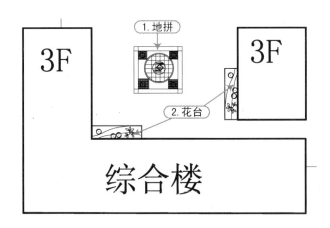

图 7-25　插入配景设施

7.2.4 填充铺地、插入图块

（1）执行图层特性管理命令（LA），新建"铺地"图层，并置为当前层，如图 7-26 所示。

图 7-26　新建图层

（2）执行图案填充命令（H），选择样例为"DASH"，比例为"500"，对水渠进行填充；再选择样例为"ANSI 31"，比例为"500"，对 3F 综合楼进行填充；再选择样例为"NET3"，比例为"600"，对桥梁进行填充；再选择样例为"HONEY"，比例为"400"，对人行道进行填充，如图 7-27 所示。

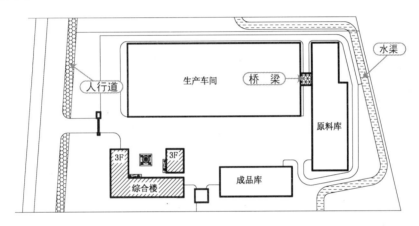

图 7-27　填充图例

（3）切换至"绿地"图层，重复填充命令，选择样例为"DOTS"，比例为"1000"，对其他相应位置填充绿地效果，结果如图 7-28 所示。

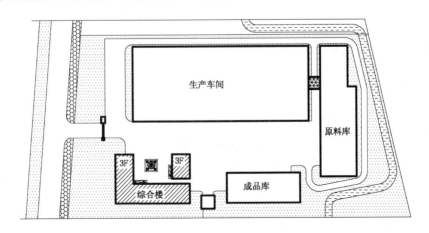

图 7-28　填充绿地

由于填充区域内部图形繁多和线条不闭合不规则，在填充过程中，命令行会提示"正在分析内部孤岛…"，此时需要花大量的时间分析内部数据，因此在这里可以先退出填充命令，使用多段线命令（PL），捕捉点勾画出填充的轮廓，再对多段线进行图案的填充。

（4）切换至"配景"图层，再执行插入块命令（I），将"案例/07"文件下面的"芒果树""紫荆"和"汽车"图块插入到图形中，通过移动、复制等命令放置到相应位置，如图 7-29 所示。

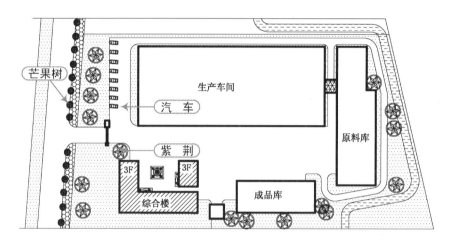

图 7-29　镜像结果

 7.2.5　对总平面图进行文字标注

通过前面的操作步骤，已经大致将总平面图的轮廓对象绘制完毕，接下来进行文字标注。

（1）在"图层"工具栏的"图层控制"下拉列表框中，将"0"图层置为当前图层。

（2）使用多段线命令（PL），设置线宽为"0"，在空白区域的任意位置单击鼠标左键指定多段线的起点，打开正交模式，向左移动光标，输入距离"15000"，然后依次输入"（@3000,-3000）"和"（@3000,3000）"，完成标高符号的绘制，如图 7-30 所示。

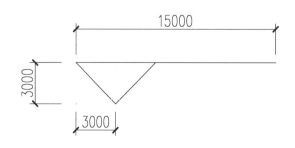

图 7-30　标高符号的绘制

根建筑制图标准规定，标高符号为等腰直角三角形，其图样中的三角形高度为 2～3mm。本图的打印比例为 1:1000，因此，标高符号的尺寸为 2000～3000mm。

（3）选择"绘图｜块｜定义属性"命令，弹出"属性定义"对话框，设置属性内容，设置文字对正方式为"右对齐"，文字样式为"标高文字"，再单击"确定"按钮，然后捕捉标高符号右侧端点，如图 7-31 所示。

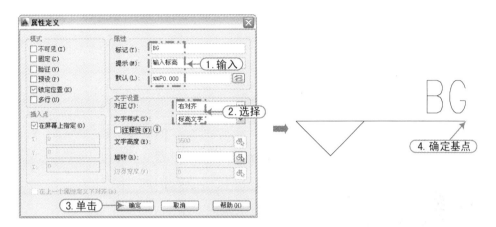

图 7-31　属性定义

　在输入属性的内容时，有些特殊字符（如 °、±、φ 等）不能从键盘上直接输入，为此，AutoCAD 提供了相应的控制符，以实现特殊符号的输入，如表 7-5 所示。

表 7-5　AutoCAD 常用文字控制符

控 制 符	功 能
%%O	打开或关闭文字上划线
%%U	打开或关闭文字下划线
%%D，%%127	标注度数（°）符号
%%C，%%129	标注直径（φ）符号
%%P，%%128	标注±符号

（4）使用写块命令（W），将绘制的标高符号和定义的属性对象保存为"案例\07\标高.dwg"，如图 7-32 所示。

（5）在"图层"工具栏的"图层控制"下拉列表框中，将"文字"图层置为当前图层。

（6）使用插入块命令（I），将"案例\07\标高.dwg"图块对象分别插入到新建建筑物的相应位置，再使用鼠标双击图块对象，然后修改文字对象，从而完成总平面图的标高标注，如图 7-33 所示。

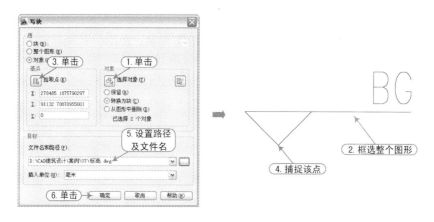

图 7-32　保存为"标高.dwg"图块

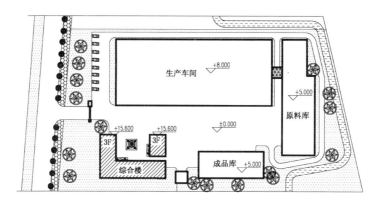

图 7-33　标高标注

（7）将当前文字样式设置为"图内说明及图名"，利用单行文字命令在图形下部书写图名"总平面图"，然后将当前文字样式设置为"标高文字"，在"总平面图"的右侧创建图形比例"1:1000"，然后利用多段线命令绘制下画线，线宽设置为"1000"，长度与图名长度大体相同，从而完成图名及比例的标注，如图 7-34 所示。

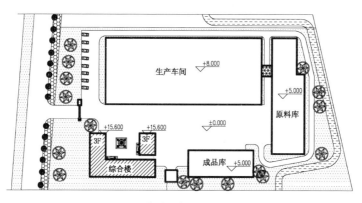

总平面图 1:1000

图 7-34　图名及比例标注

>
>
> 　　多段线的宽度与直线的长度一样，是图形的几何参数，随打印比例的大小而变化，而通过图层设置的线宽是图形特性参数，不受打印比例的影响。这也就要求在设置多段线宽度时，需要考虑打印比例以及图形的缩放比例。例如，图形打印比例为 1:100，打印到图纸上的线宽为 0.5mm，若不进行图形的缩放，则多段线宽度应设置为 50mm。

7.2.6　对总平面图进行尺寸标注

　　尺寸标注一般按相应的步骤进行操作，即首先为尺寸标注创建专门的图层，该步已在设置绘图环境中的"图层规划"中完成；其次是为尺寸标注建立专门的文本样式，该步已在设置绘图环境中的"文字样式设置"中完成；再次是为尺寸标注建立专门的标注样式，该步已在设置绘图环境中的"标注样式设置"中完成；最后利用尺寸标注命令对图形尺寸进行标注。

　　（1）在"图层"工具栏的"图层控制"下拉列表框中，将"尺寸标注"图层置为当前图层。将"建筑总平面标注-1000"样式设置为当前。

　　（2）执行线形标注命令（DLI）和连续标注命令（DCO），按照图 7-35 所示对总平面图进行尺寸标注。

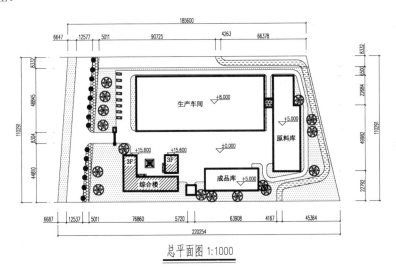

图 7-35　尺寸标注

7.2.7　绘制指北针符号

　　在建筑总平面图中应画出指北针，其圆的直径宜为 24mm，用细实线绘制；指针尾部的宽度宜为 3mm，指针头部应注"北"或"N"字样。须用较大直径绘制指北针时，指针尾部宽度宜为直径的 1/8。

（1）使用圆命令（C），绘制半径为 12 000mm 的圆。

（2）使用多段线命令（PL），在"指定起点"状态下捕捉圆下方的象限点作为多段线的起点，再输入"宽度(W)"选项，设置起始宽度和终止宽度分别为"3000"和"0"，移动鼠标捕捉圆上方的象限点，从而绘制箭头状的多段线。

（3）在"图层"工具栏的"图层控制"下拉列表框中，将"文字"图层置为当前图层。

（4）将"图纸说明"文字样式置为当前，利用单行文字命令书写"北"。效果如图 7-36 所示。

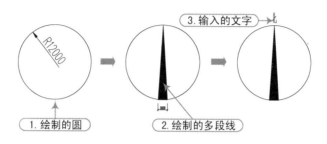

图 7-36　绘制指北针符号

（5）使用移动命令，将指北针符号移动到右上侧位置，结合旋转命令（RO），将其再旋转 23°，如图 7-37 所示。

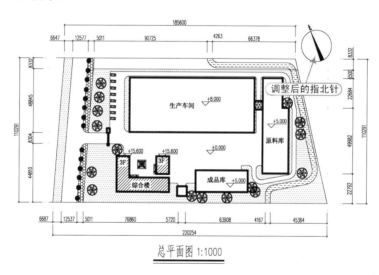

图 7-37　移动指北针

（6）至此，该办公室建筑总平面图已经绘制完毕，按〈Ctrl+S〉组合键对其进行保存。

7.3　实战总结与案例拓展

本章首先讲解了建筑总平面图的概述，包括总平面图的形成和作用、总平面图的图示方法、总平面图的图示内容、总平面图的识读等。再以某办公楼总平面图的绘制为实例，详细讲解了建筑总平面图的绘制方法和步骤，包括设置绘图环境、绘制并编辑辅助轴线和主要道路轮廓，再绘制办公楼建筑物轮廓对象，并插入到总平面图的相应位置，接着绘制次道路和停车场对象，再对其进行文字、楼层、标高、尺寸、图名、比例的标注，最后进行图例、指北针的绘制。

为了使用户能够更加牢固地掌握总平面图的绘制方法和技巧，下面给出了另一个建筑总平面图，如图 7-38 所示，让用户自行绘制，从而达到举一反三的目的（参照光盘"案例\07\另一建筑总平面图.dwg"）。

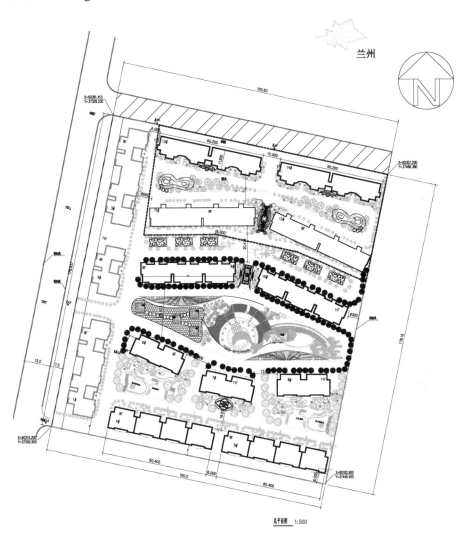

图 7-38　另一建筑总平面图的效果

第8章 建筑平面图概述与绘制方法

本章导读

　　建筑平面图是表示建筑物在水平方向房屋各部分的组合关系，对于单独的建筑设计而言，其设计的好坏取决于建筑的平面设计。建筑平面图一般由墙体、柱、门、窗、楼梯、阳台、室内布置以及尺寸标注、轴线和说明文字等辅助图组组成。

　　在本章中，首先讲解了建筑平面图的形成、内容和作用，建筑平面图的绘制要求和绘制方法，常用建筑构配件图例等基本知识；然后通过某单元式住宅建筑一层平面图的绘制实例，让读者掌握建筑平面图的绘制方法，包括设置绘图环境、绘制轴线与墙体、绘制门窗与楼梯、进行尺寸与文字的标注、进行指北针及图名的标注等；最后展示另一套单元式住宅建筑平面图效果图，读者按照前面的方法自行绘制，从而可以更加牢固地掌握建筑平面图的绘制方法。

主要内容

☑ 掌握建筑平面图的形成、内容和作用
☑ 掌握建筑平面图绘制要求及绘制方法
☑ 练习单元式住宅建筑平面图的绘制实例
☑ 练习单元式住宅建筑平面图的拓展实例

效果预览

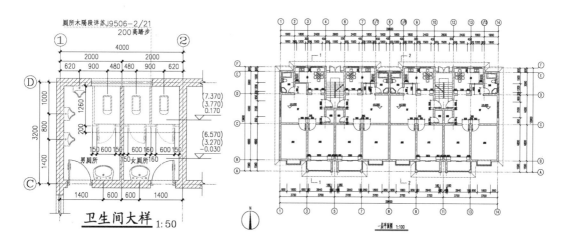

软件技能

8.1　建筑平面图概述

在进行建筑平面图的设计和绘制过程中，首先应掌握建筑平面图的形成、内容与作用，再掌握通过 AutoCAD 软件进行建筑平面图绘制的内容、要求和方法。

8.1.1　建筑平面图的形成、内容和作用

建筑平面图是假想用一个水平剖切平面，沿门窗洞口的位置将建筑物切后，对剖切面以下部分所做出的水平剖面图，称为建筑平面图，简称平面图。它反映出房屋的平面形状、大小和房间的布置，墙（或柱）的位置、厚度和材料，门窗的类型和位置等情况，如图 8-1 所示。

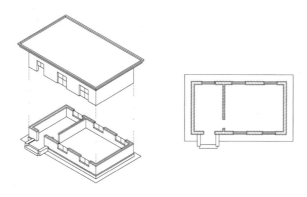

图 8-1　平面图的形成

从如图 8-2 所示的医院病房建筑平面图中可以看出，其建筑平面图的主要内容如下。

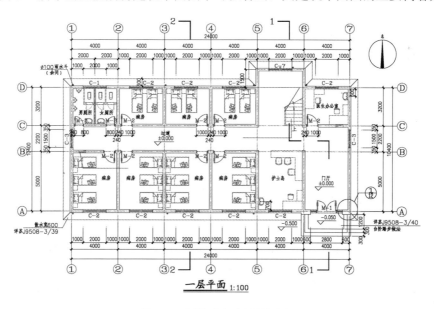

图 8-2　医院病房建筑平面图

☑ 定位轴线：横向和纵向定位轴线的位置及编号，轴线之间的间距（表示房间的开间和进深）。定位轴线用细单点画线表示。

☑ 墙体、柱：表示各承重构件的位置。剖到的墙、柱断面轮廓用粗实线表示，并画图例，如钢筋混凝土用涂黑表示；未剖到的墙用中实线表示。

☑ 内、外门窗：门的代号用 M 表示，如木门—MM；钢门—GM；塑钢门—SGM；铝合金门—LM；卷帘门—JM；防盗门—FDM；防火门—FM。窗的代号用 C 表示如木窗—MC；钢窗—GC；铝合金窗—LC；木百叶窗—MBC。在门窗的代号后面写上编号，如 M1、M2 和 C1、C2 等，同一编号表示同一类型的门窗，它们的构造与尺寸都一样，图中可表示门窗洞的位置及尺寸。剖到的门扇用中实线（单线）或用细实线（双线）表示；剖到的窗扇用细实用（双线）表示。

☑ 标注的三道尺寸：第一道为总体尺寸，表示房屋的总长、总宽；第二道为轴线尺寸，表示定位轴线之间的距离；第三道为细部尺寸，表示外部门窗洞口的宽度和定位尺寸。建筑平面图的内部尺寸表示内墙上门窗洞口和某些构配件的尺寸和定位。

☑ 标注：建筑平面图常以一层主要房间的室内地坪为零点（标记为 ±0.000），分别标注出各房间楼地面的标高。

☑ 其他设备位置及尺寸：包括楼梯位置及楼梯上下方向、踏步数及主要尺寸，以及阳台、雨篷、窗台、通风道、烟道、管道井、雨水管、坡道、散水、排水沟、花池等位置及尺寸。

☑ 相关符号：包括剖面图的剖切符号位置及指北针、标注详图的索引符号。

☑ 文字标注说明：包括施工图说明、图名和比例。

一般，建筑平面图主要反映建筑物的平面布置，外墙和内墙面的位置，房间的分布及相互关系，入口、走廊、楼梯的布置等。一般来讲，建筑平面图主要包括以下几种。

1. 底层平面图

底层平面图主要表示建筑物底层（首层、一层）平面的形状，各房间的平面布置情况，出入口、走廊、楼梯的位置，各种门、窗的位置以及室外的台阶、花池、散水（或明沟）、雨水管的位置以及指北针、剖切符号、室外标高等。在厨房、卫生间内还可看到固定设备及其布置情况，如图 8-2 所示。

2. 楼层平面图

楼层平面图的图示内容与底层平面图相同，因为室外的台阶、花坛、明沟、散水和雨水管的形状和位置已经在底层平面图中表达清楚，所以中间各层平面图除要表达本层室内情况外，只需画出本层的室外阳台和下一层室外的雨篷、遮阳板等。此外，因为剖切情况不同，楼层平面图中楼梯间部分表达梯段的情况与底层平面图也不同，如图 8-3 所示。

3. 局部平面图

当某些楼层的平面布置图基本相同，仅局部不同时，这些不同部分可用局部平面图表示。当某些局部布置比例较小而固定设备较多或者内部组合比较复杂时，也可另画较大比例的局部平面图。常见的局部平面图有厕所间、盥洗室、楼梯间平面图等，如图 8-4 所示。

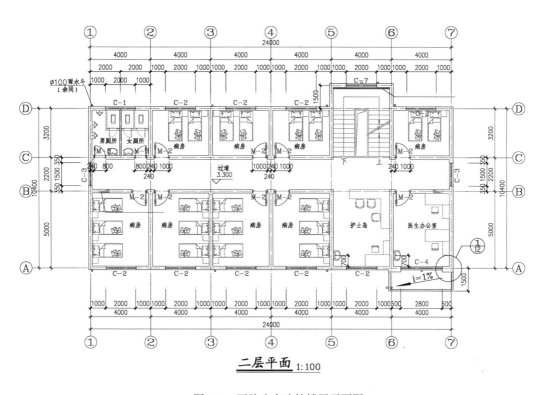

二层平面 1:100

图 8-3 医院病房建筑楼层平面图

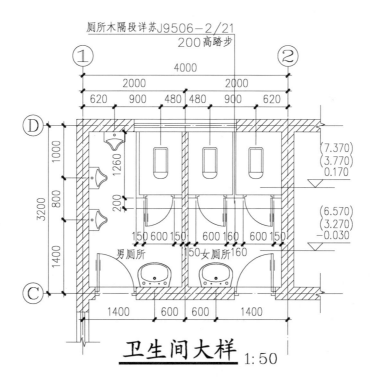

卫生间大样 1:50

图 8-4 卫生间局部平面图

4. 屋顶平面图

屋顶平面图是房屋顶面的水平投影，主要表示屋顶的形状，屋面排水的方向及坡度、天沟或檐口的位置，另外还要表示出女儿墙、屋脊线、雨水管、水箱、上人孔、避雷针的位置。屋顶平面图比较简单，故可用较小的比例来绘制，如图8-5所示。

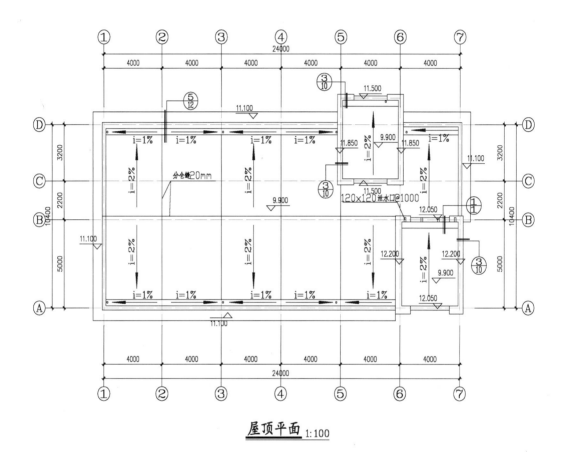

图 8-5 医院病房建筑屋顶平面图

 8.1.2 建筑平面图的绘制要求

用户在绘制建筑平面图时，无论是绘制底层平面图、楼层平面图还是绘制局部平面图、屋顶平面图等，都应遵循相应的绘制要求，才能使绘制的图形更加符合规范。

1. 图纸幅面

A3 图纸幅面是 297mm×420mm，A2 图纸幅面是 420mm×594mm，A1 图纸幅面是 594mm×841mm，图框尺寸见相关的制图标准。

2. 图名及比例

建筑平面图的常用比例是 1：50、1：100、1：150、1：200、1：300。图样下方应注写图名，图名下方应绘制一条短粗实线，右侧应注写比例，比例字高宜比图名的字高小一号或两号，如图 8-6 所示。

图名，高度=7   比例，高度=5

三层平面 1：100

图 8-6　图名及比例的标注

如果几个楼层平面布置相同，也可以只绘制一个"标准层平面图"，其图名及比例的标注如图 8-7 所示。

三至六层平面图 1：100

图 8-7　相同楼层的图名标注

3. 图线

图线的基本宽度 b 可从下列线宽系列中选取：0.18mm、0.25mm、0.35mm、0.5mm、0.7mm、1.0mm、1.4mm、2.0mm。当用户选用 A2 图纸时，建议选用 $b=0.70mm$（粗线）、$0.5b=0.350mm$（中粗线）、$0.25b=0.180mm$（细线）；当用户选用 A3 图纸时，建议选用 $b=0.50mm$（粗线）、$0.5b=0.250mm$（中粗线）、$0.25b=0.130mm$（细线）。

线型比例大致取出图比例倒数的 1/2 左右（在模型空间应按 1：1 绘图）。

用粗实线绘制被剖切到的墙、柱断面轮廓线，用中实线或细实线绘制没有剖切到的可见轮廓线（如窗台、梯段等）。尺寸线、尺寸界线、索引符号、高程符号等用细实线绘制，轴线用细单点长画线绘制。

在 AutoCAD 中设置线型时，线型及其名称分别为：实线 Continuous、虚线 ACAD_ISOO2W100 或 dashed、单点长画线 ACAD_ISOO4W100 或 Center、双点长画线 ACAD_ISOO5W100 或 Phantom。

4. 字体

汉字字型优先考虑采用 hztxt.shx 和 hzst.shx；西文优先考虑 romans.shx 和 simplex 或 txt.shx。中英文标注常用字型见表 8-1。

表 8-1　常用字型表

用　途	图纸名称	说明文字标题	标注文字	说明文字	总说明	标注尺寸
	中文	中文	中文	中文	中文	西文
字　型	st64f.shx	st64f.shx	hztxt.shx	hztxt.shx	st64f.shx	romans.shx
字　高	10mm	5.0mm	3.5mm	3.5mm	5.0mm	3.0mm
宽高比	0.8	0.8	0.8	0.8	0.8	0.7

注：中西文比例设置为 1:0.7，说明文字一般应位于图面右侧。字高为打印出图后的高度。

5．尺寸标注

尺寸界线应用细实线绘制，一般应与被注长度垂直，其一端应离开图样轮廓线不小于 2mm，另一端宜超出尺寸线 2～3mm。

尺寸起止符号一般用中粗（$0.5b$）斜短线绘制，其斜度方向与尺寸界线成顺时针 45°，长度宜为 2～3mm。半径、直径、角度与弧长的尺寸起止符号，宜用箭头表示。

互相平行的尺寸线，应从被注写的图样轮廓线由近向远整齐排列，应将大尺寸标在外侧，小尺寸标在内侧。尺寸线距图样最外轮廓之间的距离不宜小于 10mm。平行排列的尺寸线的间距宜为 7～10mm，并应保持一致。其所有注写的尺寸数字应离开尺寸线约 1mm。

6．剖切符号

剖切位置线长度宜为 6～10mm，投射方向线应与剖切位置线垂直，画在剖切位置线的同一侧，长度应短于剖切位置线，宜为 4～6mm。为了区分同一形体上的剖面图，在剖切符号上宜用字母或数字，并注写在投射方向线一侧。

7．详图索引符号

图样中的某一局部或构件，如需另见详图，应以索引符号标出。索引符号是由直径为 10mm 的圆和水平直径组成。圆及水平直径均以细实线绘制。详图的位置和编号，应以详图符号表示。详图符号的圆应以直径为 14mm 的粗实线绘制。

8．引出线

引出线应以细实线绘制，宜采用水平方向的直线，与水平方向成 30°、45°、60°、90°的直线，或经上述角度再折为水平线。文字说明宜注写在水平线的上方，也可注写在水平线的端部。

9．指北针

指北针是用来指明建筑物朝向的。圆的直径宜为 24mm，用细实线绘制，指针尾部的宽度宜为 3mm，指针头部应标示"北"或"N"。需要用较大直径绘制指北针时，指针尾部宽度宜为直径的 1/8。

10．高程

高程符号用以细实线绘制的等腰直角三角形表示，其高度控制在 3mm 左右。在模型空间绘图时，等腰直角三角形的高度值应是 30mm 乘以出图比例的倒数。

高程符号的尖端指向被标注高程的位置。高程数字写在高程符号的延长线一端，以米为单位，注写到小数点的第 3 位。零点高程应写成"±0.000"，正数高程不用加"+"，但负数高程应注上"一"。

11．定位轴线

定位轴线应用细单点长画线绘制，定位轴线一般应编号，编号应注写在轴线端部的圆圈内，字高大概比尺寸标注的文字大一号。圆应用细实线绘制，直径为 8～10mm，定位轴线圆的圆心，应在定位轴线的延长线上。

横向编号应用阿拉伯数字，从左至右顺序编写；竖向编号应用大写拉丁字母，从下至上顺序编写，但 I、O、Z 字母不得用作轴线编号。

 8.1.3 建筑平面图的绘制方法

用户在绘制建筑平面图时，可遵循如图 8-8 所示的步骤进行绘制。

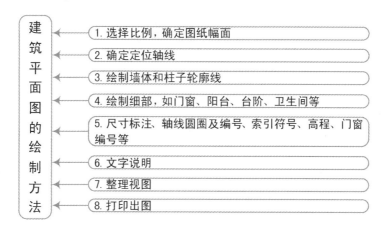

图 8-8　建筑平面图的绘制方法

 8.1.4 常用建筑构配件图例

在绘制建筑平面图时，表 8-2 中为常用建筑构配件图例。

表 8-2　常用建筑构配件图例

名　称	图　例	名　称	图　例
单扇门		单层外开平开窗	

（续）

名　称	图　例	名　称	图　例
双扇门		单层中悬窗	
双扇双面弹簧门		单层固定窗	
推拉门		推拉窗	
通风道		烟道	
高窗		底层楼梯	
墙上预留洞或槽			

 8.2　住宅一层平面图的绘制

 视频\08\单元式住宅一层平面图绘制.avi
案例\08\单元式住宅一层平面图.dwg

　　在绘制该单元式住宅的一层平面图时，首先根据要求设置绘制环境，包括设置图层、设置文字与标注样式等；再根据要求绘制定位轴线、墙体，同时开启门窗洞口并绘制平面门窗；接着绘制卫生间及厨房的设施，再根据要求进行内部尺寸、文字、标高的标注；然后使用镜像命令对绘制的图形对象水平镜像，且绘制楼梯间的双开门及楼梯对象，从而完成该单元住宅平面的绘制；然后将该单元楼进行水平镜像，从而完成两个单元楼的绘制；最后将轴线进行编辑修剪，再对其进行尺寸、轴标、指针针、图名等标注。绘制完成的最终效果如图8-9所示。

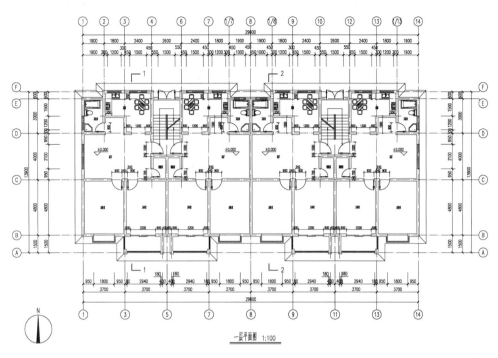

图 8-9　单元式住宅一层平面图效果

 8.2.1　设置绘图环境

1. 绘图区的设置

绘图区设置包括绘图单位和图形界限的设置。依据图 8-9，该建筑平面图的长度为 29 840mm，宽度为 13 900mm，考虑尺寸线等所占位置，平面图形范围取实际长度的 1.3～1.5 倍，而本实例采用 A3 图纸，以 1:100 比例出图，故将图形界限的左下角确定为（0,0），右上角确定为（42 000,29 700）。

（1）启动 AutoCAD 2014 软件，选择"文件 | 保存"菜单命令，将该文件保存为"案例\08\单元式住宅一层平面图.dwg"文件。

（2）选择"格式 | 单位"菜单命令（UN），打开"图形单位"对话框，将长度单位类型设置为"小数"，"精度"为"0.000"，角度单位"类型"设置为"十进制度数"，"精度"精确到"0.00"。

（3）选择"格式 | 图形界限"菜单命令，依照提示设置图形界限的左下角为（0,0），右上角为（42000,29700）。

（4）在命令行中输入"Z　A"，使输入的图形界限区域全部显示在图形窗口内。

2. 规划图层

由图 8-9 可知，该建筑平面图主要由轴线、门窗、墙体、楼梯、设施、文本标注、尺寸标注等元素组成，因此绘制平面图形时，应建立如表 8-3 所示的图层。

表 8-3　图层设置

序号	图层名	描述内容	线宽	线型	颜色	打印属性
1	轴线	定位轴线	0.15	点画线（ACAD_ISOO4W100）	红色	打印
4	墙体	墙体	0.30	实线（CONTINUOUS）	黑色	打印
5	柱子	柱	0.30	实线（CONTINUOUS）	粉红	打印
6	尺寸标注	尺寸线、标高	0.15	实线（CONTINUOUS）	绿色	打印
7	门窗	门窗	0.15	实线（CONTINUOUS）	24 色	打印
8	楼梯	楼梯	0.15	实线（CONTINUOUS）	蓝色	打印
9	文字标注	图中文字	0.15	实线（CONTINUOUS）	黑色	打印
10	设施	家具、卫生设备	0.15	实线（CONTINUOUS）	黑色	打印

　　（1）选择"格式｜图层"菜单命令（LA），将打开"图层特性管理器"选项板，根据表8-3设置图层的名称、线宽、线型和颜色等，如图8-10所示。

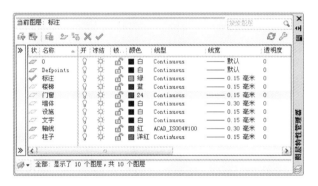

图 8-10　规划图层

　　（2）选择"格式｜线型"菜单命令，打开"线型管理器"对话框，单击"显示细节"按钮，打开"详细信息"选项组，"全局比例因子"设置为"50"，然后单击"确定"按钮，如图8-11所示。

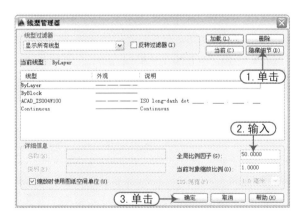

图 8-11　设置线型比例

·······图层的设置有哪些原则·······

当用户刚接到一个任务，开始准备画图了，第一步做什么？可能有很多人直接就开始画图了，但这不正确。第一步应该是进行各种设置，包括图层、线型、字体、标注等的设置。进行各方面的设置是非常必要的，只有各项设置合理了，才能为接下来的绘图工作打下良好的基础，才有可能使图形"清晰、准确、高效"。

第一，在够用的基础上越少越好。

不管是什么专业，什么阶段的图样，图样上所有的图元可以用一定的规律来组织整理。比如，建筑专业的图样，就平面图而言，可以分为柱、墙、轴线、尺寸标注、一般标注、门窗看线和家具等。也就是说，建筑专业的平面图，就按照柱、墙、轴线、尺寸标注、一般汉字、门窗看线、家具等来定义图层，然后，在画图的时候，就把图元放到相应的图层中去。

只要图样中所有的图元都有适当的归类办法，图层设置的基础就搭建好了。但是，图元分类是不是越细越好呢？答案是否定的。比如，建筑平面图上有门和窗，还有很多台阶、楼梯等的看线，如果就此分为门层、窗层、台阶层、楼梯层的话，图层太多反而会给接下来的绘制过程造成不便。就像门、窗、台阶、楼梯，虽然不是同一类的东西，但又都属于看线，那么就可以用同一个图层来管理。因此，图层设置的第一原则是在够用的基础上越少越好。

第二，0图层的使用。

很多用户喜欢在0图层上画图，因为0图层是默认图层，白色是0图层的默认色，因此，显示屏有时一片白。这样做是不可以的。0图层不是用来画图的，那么0图层是用来做什么的呢？答案是用来定义块的。定义块时，先将所有图元均设置于0图层（有例外），然后定义块，这样在插入块时插入到哪个层，块就是哪个层的了。

第三，图层颜色的定义。

图层有很多属性，除了图名外，还有颜色、线型、线宽等。用户在设置图层时，就要定义好相应的颜色、线型、线宽。

很多用户在定义图层的颜色时，都是根据自己的爱好，喜欢什么颜色就用什么颜色，这样做并不合理。

定义图层的颜色要注意两点，一是不同的图层一般要用不同的颜色。这样用户在画图时，才能够在颜色上就很明显地进行区分。如果两个层是同一个颜色，那么在显示时就很难判断正在操作的图元是在哪一个层上。二是应该根据打印时线宽的粗细来选择颜色。打印时，线形设置越宽的，该图层就应该选用越亮的颜色；反之，如果打印时该线的宽度仅为0.09mm，那么该图层的颜色就应该选用8号或类似的颜色。

3．设置文字样式

由图 8-9 可知，该建筑平面图上的文字有尺寸文字、标高文字、图内文字说明、剖切符号文字、图名文字、轴线符号等，打印比例为 1:50，文字样式中的高度为打印到图样上的文字高度与打印比例倒数的乘积。根据建筑制图标准，该平面图文字样式的规划见表 8-4。

表 8-4 文字样式

文字样式名	打印到图纸上的文字高度	图形文字高度（文字样式高度）	宽度因子	字体 / 大字体
图内说明	3.5	175		
尺寸文字	3.5	0		
标高文字	3.5	175	0.7	tssdeng / gbcib
剖切及轴线符号	7	350		
图纸说明	5	250		
图名	7	350		

（1）选择"格式 | 文字样式"菜单命令，打开"文字样式"对话框，单击"新建"按钮打开"新建文字样式"对话框，"样式名"定义为"图内说明"，单击"确定"按钮，如图 8-12 所示。

图 8-12 文字样式名称的定义

（2）在"SHX 字体"下拉列表框中选择字体"tssdeng.shx"，勾选"使用大字体"复选框，并在"大字体"下拉列表框中选择字体"gbcbig.shx"，在"高度"文本框中输入"175"，"宽度因子"文本框中输入"0.7"，单击"应用"按钮，完成该文字样式的设置，如图 8-13 所示。

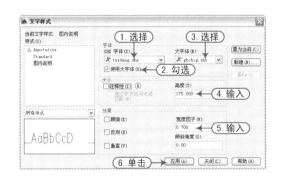

图 8-13 设置"图内说明"文字样式

（3）重复前面的步骤，建立表8-4中其他各种文字样式，如图8-14所示。

图8-14　其他文字样式

4. 设置尺寸标注样式

根据建筑平面图的尺寸标注要求，应设置延伸线的起点偏移量为 5mm，超出尺寸线 2.5mm，尺寸起止符号用"建筑标注"，其长度为 2mm，文字样式选择"尺寸文字"样式，文字大小为 3.5，其全局比例为 100。

（1）选择"格式|标注样式"菜单命令，打开"标注样式管理器"对话框，单击"新建"按钮，打开"创建新标注样式"对话框，"新样式名"定义为"建筑平面-100"，如图 8-15 所示。

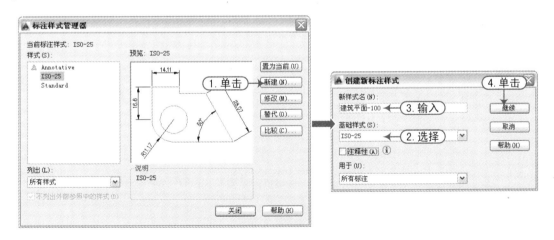

图8-15　标注样式名称的定义

（2）单击"继续"按钮，进入"新建标注样式"对话框，然后分别在各选项卡中设置相应的参数，设置后的效果见表8-5。

表 8-5 "建筑平面-100"标注样式的参数设置

8.2.2 绘制一层平面图的轴线

在前面已经将绘制环境进行了设置，接下来即可绘制轴线网结构。

（1）单击"图层"工具栏的"图层控制"下拉列表框，选择"轴线"图层为当前图层。

（2）按〈F8〉键切换到"正交"模式，使用直线命令（L）在图形窗口的适当位置绘制适当长度（约 8000mm）的水平和垂直轴线（约 17000mm）；再使用偏移命令（O）将水平轴线向上依次偏移 1500mm、4800mm、4000mm、3000mm、600mm、1900mm，再将垂直轴线依次向右偏移 3700mm、3700mm，如图 8-16 所示。

（3）使用偏移命令将指定的轴线进行偏移，然后使用修剪命令对整个轴线网结构进行修剪操作，使之符合要求，如图 8-17 所示。

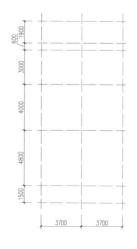

图 8-16 绘制的定位轴线

图 8-17 偏移并修剪轴线网

软件技能

定位轴线的一般绘制方法是用直线命令绘制第一条水平轴线（纵轴）与垂直轴线（横轴），再用偏移命令偏移生成其他轴线。建议读者在绘制过程中遵循以下几点。

1）带有倾角的轴网可以先按水平竖直网格绘制，再平移旋转。

2）当建筑轴网中轴线间距相等，或者相等者所占比例较多时，可以先用阵列命令阵列出等间隔轴线，再对个别间距不等的轴线，用移动命令进行成组移动。

3）轴线间距不定时，可用偏移命令逐个偏移，绘制出其他轴线。

4）第一条水平和垂直轴线的长度和位置不需要十分精确，可以综合考虑平面尺寸和尺寸标注，选择适当的位置和长度。当所有轴线绘制完毕，再绘制几条辅助线作为剪裁边界，通过剪裁命令裁掉轴线多余的部分即可。

 8.2.3　绘制一层平面图的墙体

由于该单元式住宅采用的是混凝土结构，外墙的厚度为 240mm，部分内墙的厚度为 120mm。在本实例中采用多线的方式来绘制墙体，即应建立 240Q 和 120Q 的两种多线样式，然后绘制多线作为墙体对象，并对多线进行编辑操作等。

（1）单击"图层"工具栏的"图层控制"下拉列表框，选择"墙体"图层为当前图层。

（2）选择"格式｜多线样式"菜单命令，打开"多线样式"对话框，单击"新建"按钮，打开"创建新的多线样式"对话框，在"新样式名"文本框中输入多线样式名称"240Q"，单击"继续"按钮，打开"新建多线样式：240Q"对话框，然后设置图元的偏移量分别为"120"和"-120"，再单击"确定"按钮，如图 8-18 所示。

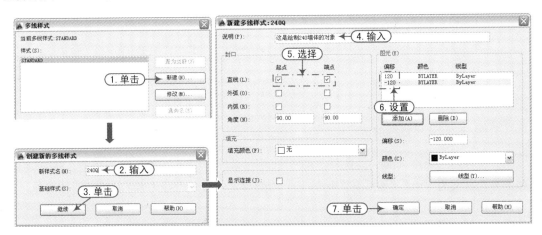

图 8-18　新建"240Q"多线样式

（3）按照同样的方法，新建"120Q"多线样式，如图 8-19 所示。

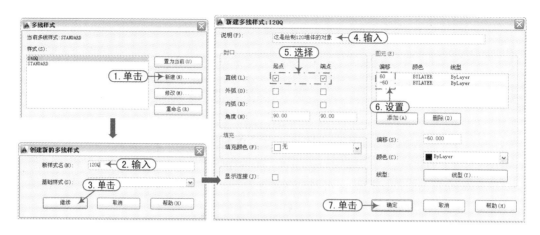

图 8-19　新建"120Q"多线样式

（4）使用多线命令（ML），根据提示选择"ST"选项，将多线样式"240Q"置为当前，输入"J"选项将对正方式定义为"无"，输入"S"选项设定多线的比例为"1"，然后捕捉左下角的一个轴线交点作为起点，按〈F8〉键切换到"正交"模式，根据要求依次捕捉相应的轴线交点，最后选择"闭合（C）"选项对多线进行闭合操作，从而完成外墙的绘制，如图 8-20 所示。

（5）同样，使用多线命令（ML）绘制内部的其他 240Q 墙体对象，并对其进行适当的修剪，如图 8-21 所示。

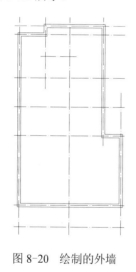

图 8-20　绘制的外墙

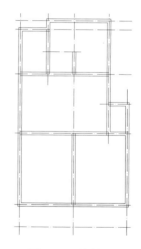

图 8-21　绘制的内墙

（6）执行多线命令（ML），选择"ST"选项将多线样式"120Q"置为当前，输入"J"将对正方式定义为"上"，然后在图形的左上角的指定位置从左至右绘制 120 墙体对象，如图 8-22 所示。

（7）选择"修改 | 对象 | 多线"命令，打开"多线编辑工具"对话框，单击"T 形合并"按钮 ，对指定的交点进行合并操作，再单击"角点结合"按钮 ，对指定的交点进行角点结合操作，如图 8-23 所示。

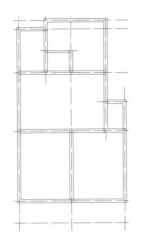 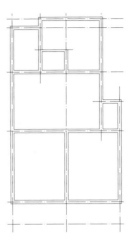

图 8-22　绘制的 120 墙体　　　　　　　图 8-23　编辑多线

　　当某些多线接头由于绘制误差不能用多线编辑进行修剪时，需要把多线打散，使之变成单个线条，再用修剪命令（TR）进行修剪。

8.2.4　绘制一层平面图的门窗

在绘制门窗的时候，首先要开启门窗洞口，再根据需要绘制相应的门窗平面图块，然后将制作好的门窗图块插入到相应的门窗洞口位置。

（1）使用偏移命令（O），将下侧的垂直轴线进行偏移，再使用修剪命令（TR）进行修剪，从而形成窗洞口，如图 8-24 所示。

（2）用同样的方法，对图形的中间和上侧部分进行门窗洞口的开启，如图 8-25 和图 8-26 所示。

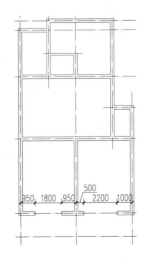 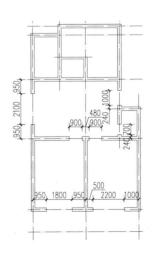

图 8-24　开启下侧的门窗洞口　　　　　图 8-25　开启中间的门窗洞口

（3）使用偏移命令（O）对下侧的垂直轴线进行偏移，再使用多线命令（ML）绘制240Q 对象，并进行修剪，从而完成下侧阳台墙体的绘制，如图 8-27 所示。

图 8-26 开启上侧的门窗洞口

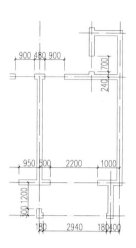

图 8-27 绘制阳台墙体

（4）单击"图层"工具栏的"图层控制"下拉列表框，选择"0"图层为当前图层。

（5）使用直线、圆弧、修剪等命令，绘制一扇平面门，效果如图 8-28 所示。

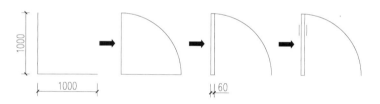

图 8-28 绘制的平面门

（6）使用保存块命令（W），将弹出"写块"对话框，然后将绘制的平面门对象保存为"M1022"图块，如图 8-29 所示。

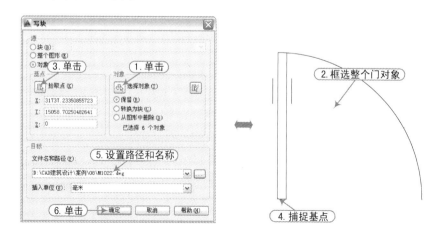

图 8-29 保存为图块

（7）单击"图层"工具栏的"图层控制"下拉列表框，选择"门窗"图层为当前图层。

（8）使用插入块命令（I），将刚保存的图块对象（M1022）插入到相应的位置，并进行适当的旋转操作，如图 8-30 所示。

图 8-30　插入的门块

（9）由于插入的门块对象不符合要求，因此用户可使用镜像命令（MI）将门块进行镜像，如图 8-31 所示。

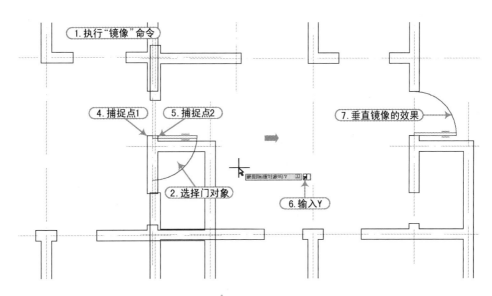

图 8-31　镜像的门块

（10）同样，使用插入块命令（I），将图块对象（M1022）插入到相应的位置，并进行适当的比例缩放和旋转操作，如图 8-32 所示。

操作提示

　　由于此处的门宽为 900mm，而图块的门宽为 1000mm，因此应该在该处设置图块的缩放比例为 0.9（900÷1000=0.9）。

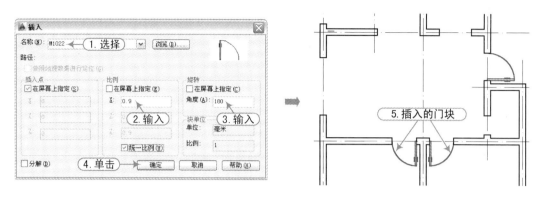

图 8-32　插入的门块

（11）按照同样的方法，分别在其他门洞口位置插入该门块，并进行适当的缩放、旋转、镜像等操作，如图 8-33 所示。

（12）使用矩形、直线、修剪等命令在图形的下侧绘制推拉窗（M1822）的平面图效果，然后将其安装在相应的位置，如图 8-34 所示。

操作提示

　　用户在绘制推拉门（M1822）平面图效果时，首先使用矩形命令绘制 2200×120 的矩形，再绘制过中点的水平线段，再作两条矩形的三等分垂直线段，再进行修剪，然后用户可以将推拉门保存为图块（M1822.dwg）文件，如图 8-35 所示。

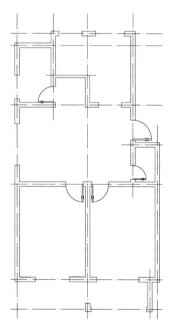

图 8-33　在其他位置插入门块

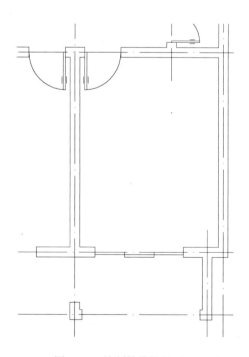

图 8-34　绘制的推拉门（M1822）

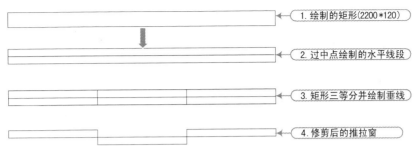

图 8-35 绘制的推拉门(M1822)

（13）选择"格式 | 多线样式"菜单命令，新建"C"多线样式，并设置图元的偏移量分别为 120、60、-60、-120，然后单击"确定"按钮，如图 8-36 所示。

图 8-36 新建"C"多线样式

（14）使用多线命令（ML），选择多线样式"C"，比例为"1"，对正方式为"无"，然后在图形的上侧位置绘制相应的推拉窗效果，如图 8-37 所示。

（15）使用多段线命令（PL）绘制凸窗（C1819）效果，然后将其移至图形左下侧的相应位置，如图 8-38 所示。

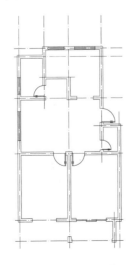

图 8-37 绘制的推拉窗

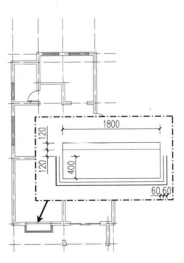

图 8-38 绘制的凸窗（C1819）

（16）选择"格式｜多线样式"菜单命令，新建"C-1"多线样式，并设置图元的偏移量分别为120、80、50、0，然后单击"确定"按钮，如图8-39所示。

（17）使用多线命令（ML），选择多线样式"C-1"，比例为"1"，对正方式为"无"，然后在图形的下侧阳台位置绘制相应的推拉窗效果，如图8-40所示。

图 8-39　新建"C-1"多线样式

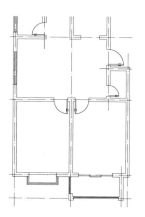

图 8-40　绘制的推拉窗

 8.2.5　绘制厨房、卫生间等设施

厨房、卫生间的主要设施有灶台、燃气灶、洗涤池、水龙头、浴盆等，用户可以根据需要临时绘制，但为了能够更加快速地制图，用户可将事先准备好的图块"布置"到相应的位置。

（1）单击"图层"工具栏的"图层控制"下拉列表框，选择"设施"图层为当前图层。

（2）使用偏移、直线、修剪等命令绘制厨房的操作案台，操作案台的宽度为 550mm，再执行插入块命令，将"案例\08"文件夹中的洗碗槽、燃气灶、6 人餐桌等图块插入到厨房的相应位置，并做相应的旋转和缩放操作，如图8-41所示。

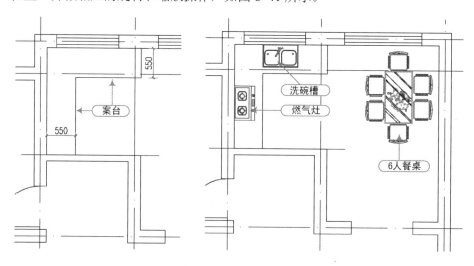

图 8-41　布置的厨房

（3）同样，执行插入块命令，将"案例\08"文件夹中的浴缸、坐便器、洗脸盆等图块插入到卫生间的相应位置，并做相应的旋转和缩放操作，如图8-42所示。

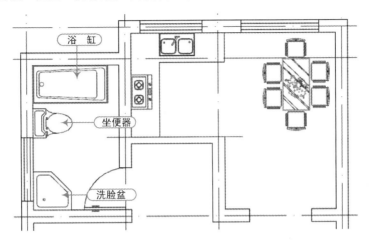

图 8-42　布置的卫生间

 8.2.6　一层平面图内部尺寸和文字的标注

通过前面的操作，已大致将其中一套住宅绘制完毕，接下来对套房内部的尺寸、标高和文字等进行标注。

（1）单击"图层"工具栏的"图层控制"下拉列表框，选择"标注"图层为当前图层。

（2）选择"格式丨标注样式"菜单命令，在"建筑平面-100"标注样式的基础上新建"建筑平面-50"标注样式，其他的参数设置不变，只需将"使用全局比例"修改为"50"即可，如图8-43所示。

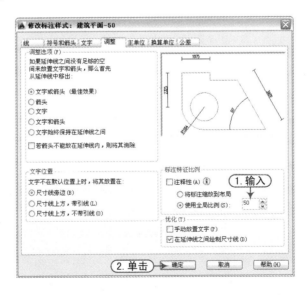

图 8-43　新建"建筑平面-50"标注样式

（3）在"标注"工具栏中，分别使用"线性"和"连续"等标注对套房内部的门窗等进行尺寸标注，如图 8-44 所示。

（4）单击"图层"工具栏的"图层控制"下拉列表框，选择"文字"图层为当前图层，并在"样式"工具栏中选择文字样式为"图内说明"。

（5）在"文字"工具栏中单击"单行文字"按钮 AI，分别在每个区域内进行文字标注，如图 8-45 所示。

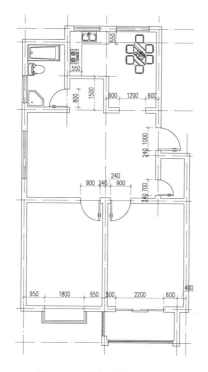

图 8-44　进行内部尺寸的标注

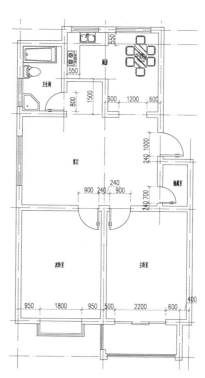

图 8-45　进行内部文字的标注

（6）使用直线命令（L），首先绘制一条平行线并向上偏移 300mm，再过平行线绘制一条垂直线段和一条夹角为 45° 的斜线段，再将其斜线段水平镜像，然后将多余的线段进行修剪和删除，从而完成标高符号的绘制，如图 8-46 所示。

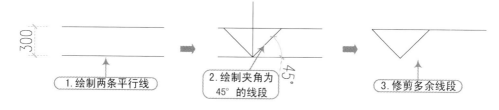

图 8-46　绘制的标注符号

（7）在"样式"工具栏中选择"尺寸文字"样式，选择"绘图｜块｜定义属性"命令，将弹出"属性定义"对话框，分别进行属性和文字的设置，然后在标高符号的右上侧捕捉一点确定位置，如图 8-47 所示。

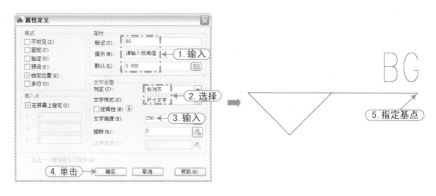

图 8-47　定义属性

（8）在命令行中输入块写命令"W"，将弹出"写块"对话框，选择整个标高及定义的属性文字对象，再选择标高符号下侧作为基点，再将其命名为"案例\08\标高.dwg"，然后单击"确定"按钮，如图 8-48 所示。

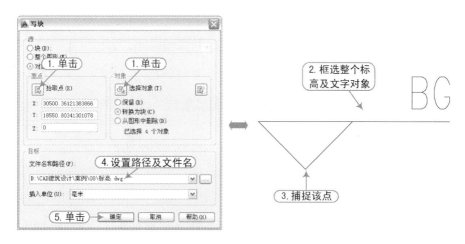

图 8-48　定义属性图块

（9）执行插入块命令（I），将弹出"插入"对话框，选择刚定义的属性图块"案例\08\标高.dwg"文件，单击"确定"按钮，此时在视图的客厅位置捕捉一点作为插入图块的基点，再根据要求输入标高值为"%%P0.000"（即±0.000），如图 8-49 所示。

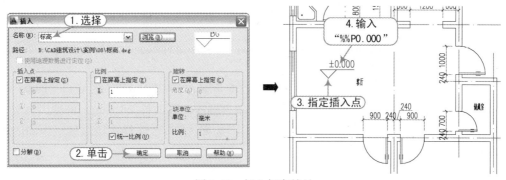

图 8-49　插入标高符号

8.2.7　水平镜像套房住宅

通过前面的操作步骤，已经将其中的一套住宅平面图绘制完成。根据要求，整个平面图分成了两个单元楼，每个单元楼的每一层住宅有两套住房，所以下面将左侧的住宅平面图进行水平镜像，从而完成一个单元楼住宅的绘制。

（1）使用镜像命令（MI），选择视图中已经绘制的所有图形对象作为镜像的对象（除水平主轴线外），再选择最右侧的垂直轴线作为镜像的轴线，从而对其左侧住宅套房进行水平镜像，如图 8-50 所示。

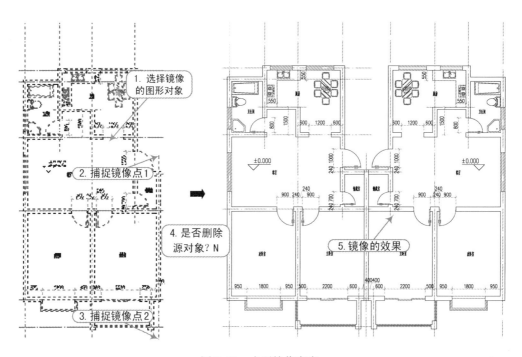

图 8-50　水平镜像套房

　　用户在选择要镜像的对象时，应首先将全部视图对象选中，再按住〈Shift〉键使用鼠标依次单击要取消选择的对象即可。

（2）根据要求，应将图形右侧的推拉窗删除，再使用延伸或夹点编辑等命令将整个墙体"修补"完整，如图 8-51 所示。

（3）右侧套房卫生间目前没有推拉窗，所以应重新在其卫生间的上侧开启"C0915"的推拉窗效果。首先使用偏移命令（O）将相应的垂直轴线向内偏移 450mm，再使用修剪命令（TR）将墙体进行修剪，再使用多线命令（ML），选择"C"多线样式绘制该卫生间的推拉窗，如图 8-52 所示。

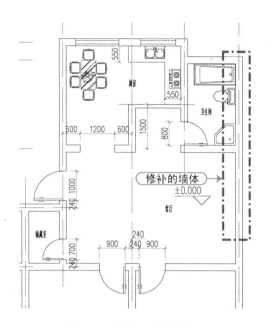

图 8-51　修补右侧的墙体

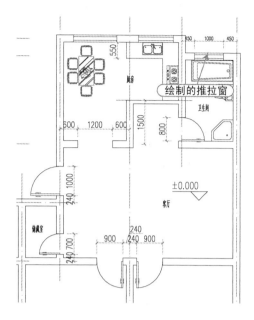

图 8-52　绘制卫生间的推拉窗

 8.2.8 单元楼梯的绘制

通过镜像操作，已经完成其中一个单元楼两套住房的绘制，接下来绘制该单元的楼梯间。

（1）单击"图层"工具栏的"图层控制"下拉列表框，选择"墙体"图层为当前图层。

（2）使用多线命令（ML），选择"240Q"多线样式在该单元的楼梯间位置绘制水平墙体，再使用修剪等命令对其进行修剪操作，然后使用偏移命令（O）对墙体开启楼梯门洞口，如图 8-53 所示。

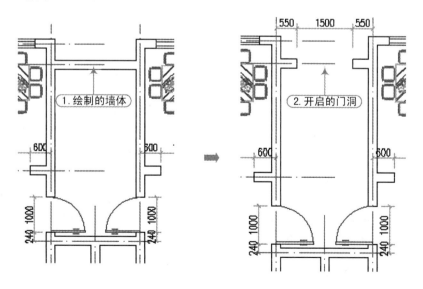

图 8-53　开启楼梯门洞口

（3）单击"图层"工具栏的"图层控制"下拉列表框，选择"门窗"图层为当前图层。

（4）使用插入块命令（I），将弹出"插入"对话框，选择"案例\08\双开门.dwg"图块文件，单击"确定"按钮，将"双开门"图块文件插入到楼梯间的门洞口位置，如图8-54所示。

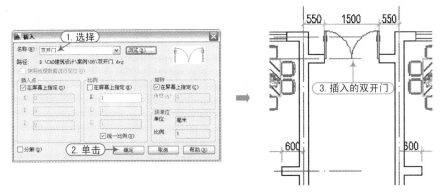

图 8-54　插入双开门

（5）单击"图层"工具栏的"图层控制"下拉列表框，选择"楼梯"图层为当前图层。

（6）使用直线、阵列、修剪、多段线等命令，绘制楼梯平面图，如图8-55所示。

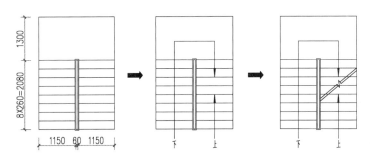

图 8-55　绘制平面楼梯

（7）在命令行中输入编组命令（G），将弹出"对象编组"对话框，在"编组名"文本框中输入"LT"，再单击"新建"按钮，然后在视图中选择绘制好的楼梯对象，按〈Enter〉键返回"对象编组"对话框中，最后单击"确定"按钮即可，如图8-56所示。

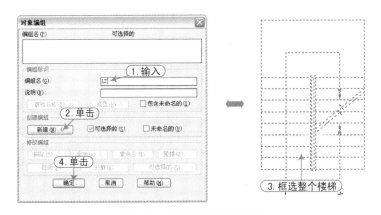

图 8-56　对楼梯对象进行编组

（8）使用移动命令（M）将编组的楼梯对象移至视图中楼梯间的相应位置，如图 8-57 所示。

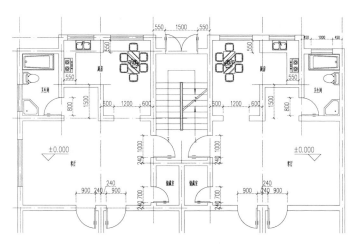

图 8-57　插入的楼梯对象

8.2.9　水平镜像单元住宅

通过前面的操作步骤，已经将其中的一个单元楼的两套住宅绘制完毕，还包括楼梯间的双开门和楼梯对象等，接下来对整个单元再次进行水平镜像，使这幢楼有两个单元楼，甚至更多。

（1）使用镜像命令（MI），选择视图中已经绘制的所有图形对象作为镜像的对象（除水平主轴线外），再选择最右侧的垂直轴线作为镜像的轴线，从而对左侧单元进行水平镜像，如图 8-58 所示。

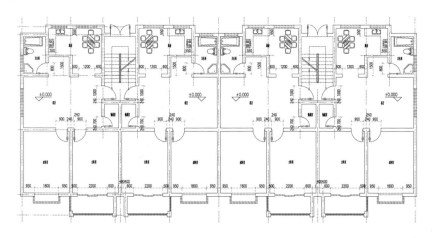

图 8-58　水平镜像单元楼

（2）由于在前面进行水平镜像操作时，并没有对水平主轴线进行镜像，此时用户可将最右侧的垂直轴线向右侧偏移 500mm，然后使用延伸命令将左侧的水平轴线以最右侧的垂直轴线为延伸边进行延伸，最后将最右侧的偏移轴线删除，如图 8-59 所示。

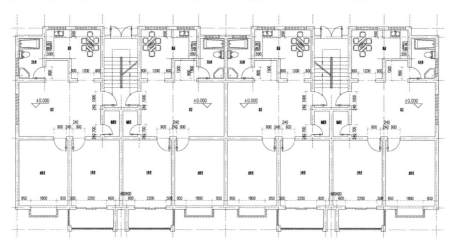

图 8-59　延伸的水平轴线

8.2.10　绘制散水、剖切符号

通过前面的步骤，已经将该单元式住宅进行了镜像，并绘制了相应的单元楼梯对象等，接下来开始绘制散水、剖切符号。

（1）选择"格式｜图层"菜单命令，打开"图层特性管理器"选项板，新建"符号"图层，颜色为"洋红"，线型为"实线"，宽度为"0.30 毫米"，并将其置为当前图层，如图 8-60 所示。

图 8-60　新建"符号"图层

（2）使用多段线命令（PL），围绕该平面住宅楼的外墙绘制一条封闭的多段线，再使用偏移命令（O）将该多段线向外偏移 600mm，然后将之前绘制的封闭多段线删除，如图 8-61 所示。

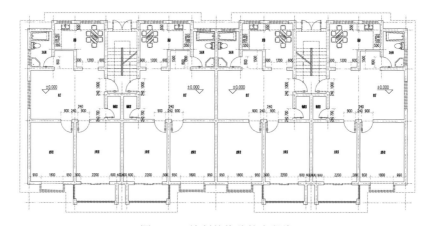

图 8-61　绘制并偏移的多段线

（3）使用直线命令（L），在多段线的转角处分别绘制相应的斜线段，从而完成散水的绘制，如图 8-62 所示。

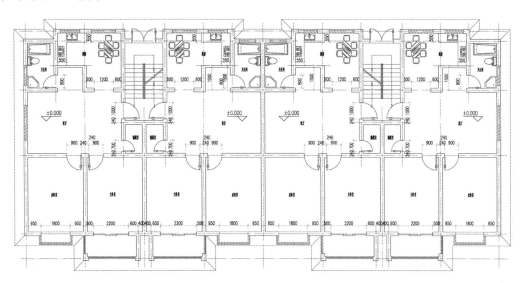

图 8-62　绘制的散水

（4）使用多段线命令（PL），在最左侧单元的位置绘制一条转角的多段线，多段线的宽度为 30mm，再单击"打断"按钮 将该多段线打断，形成剖切符号，然后单击"单行文字"按钮 ，在该剖切符号的两端输入剖切编号"1"，如图 8-63 所示。

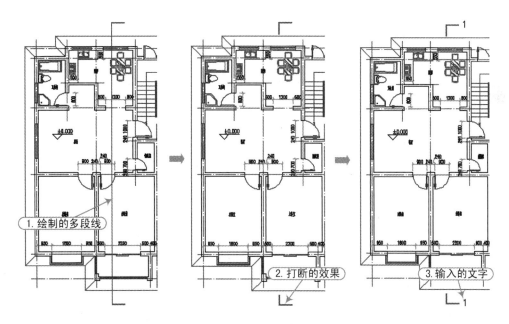

图 8-63　绘制剖切符号 1-1

（5）使用复制命令（CO），将其 1-1 剖切符号及文字对象水平向右进行复制，然后修改文字为"2"，如图 8-64 所示。

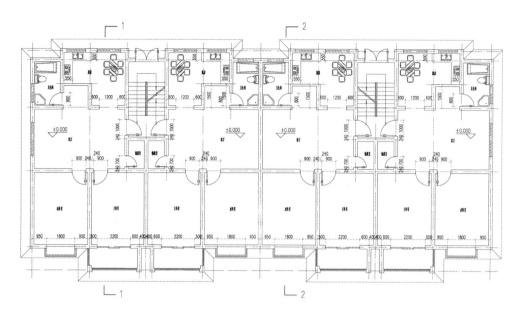

图 8-64 复制的剖切符号 2-2

 8.2.11 一层平面图的尺寸标注

通过前面的绘制，已经将该单元式住宅绘制完毕，接下来就开始对其进行尺寸标注。

（1）使用复制命令（CO），分别将其上、下、左、右侧的轴线进行复制，再使用延伸命令，分别以复制的轴线作为延伸的边界，分别单击每条主轴线的端点进行延伸，然后将复制的轴线删除，从而使该图形的主轴线"凸"出显示出来，如图 8-65 所示。

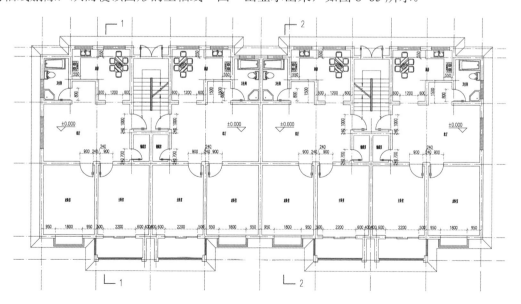

图 8-65 延伸的轴线

（2）单击"图层"工具栏的"图层控制"下拉列表框，选择"标注"图层为当前图层。

（3）在"标注"工具栏中单击"线性"按钮┣┓和"连续"按钮╫╫，对图形的下侧进行第一道尺寸线的标注，如图8-66所示。

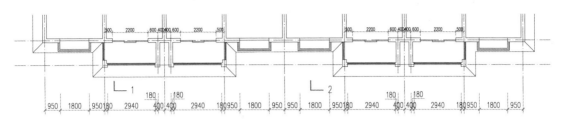

图 8-66 下侧第一道尺寸标注

（4）同样，再在"标注"工具栏中单击"线性"按钮┣┓和"连续"按钮╫╫，对图形的下侧进行第二道和第三道尺寸线的标注，如图8-67所示。

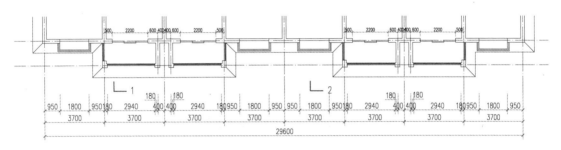

图 8-67 下侧第二、三道尺寸标注

（5）再按照前面的方法，分别对其图形的上、左、右侧进行尺寸标注，效果如图 8-68 所示。

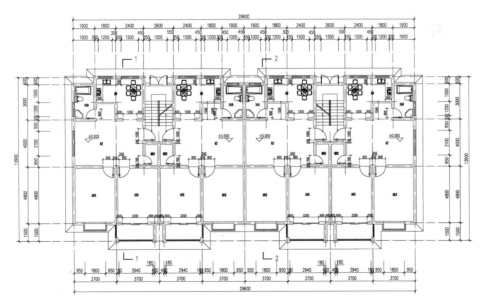

图 8-68 尺寸标注的效果

8.2.12 一层平面图的轴号标注

当对图形对象进行了外包三道尺寸的标注后，即可进行定位轴号的标注。

（1）使用直线命令（L），在视图的空白位置绘制长度为1500mm的垂直线段，再使用圆命令（C），绘制半径为400mm的圆，且圆的上象限点与垂直线段下侧的端点重合。

（2）单击"图层"工具栏的"图层控制"下拉列表框，选择"文字"图层为当前图层。

（3）在"样式"工具栏中选择"剖切及轴线符号"文字样式，在"文字"工具栏中单击"单行文字"按钮 AI，设置其对正方式为"居中"，然后在圆的中心位置输入编号"1"，如图8-69所示。

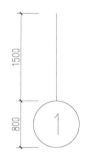

图8-69　输入文字

（4）使用复制命令（CO），将刚绘制的定位轴线符号依次复制到图形下侧的相应位置，轴线上侧端点与第二道尺寸线的交点对齐，然后分别双击圆内的文字对象，并修改相应的轴号，从而完成下侧定位轴线的绘制，如图8-70所示。

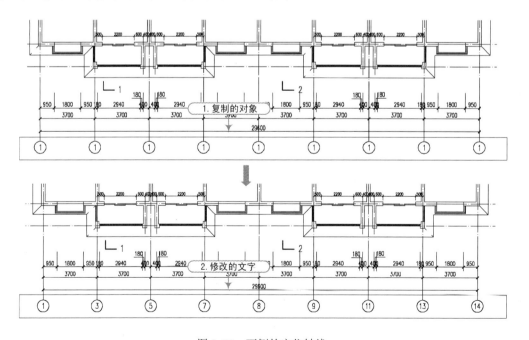

图8-70　下侧的定位轴线

用户可以将绘制好的定位轴线符号保存为一个带属性的图块，然后在插入该图块时一并输入轴号即可。

（5）使用移动命令（M），将轴定轴线符号上侧的垂直线段移至圆的下侧，如图 8-71 所示。

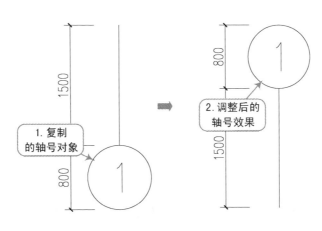

图 8-71　编辑定位轴线符号

（6）同样使用复制命令（CO），将刚修改的定位轴线符号依次复制到图形上侧的相应位置，轴线下侧端点与第二道尺寸线的交点对齐，然后分别双击圆内的文字对象，修改相应的轴号，从而完成上侧定位轴线的绘制，如图 8-72 所示。

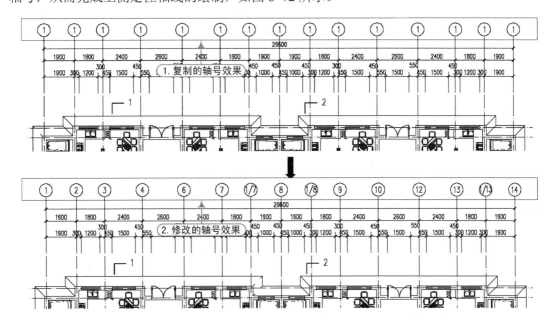

图 8-72　上侧的定位轴线

（7）再按照前面的方法，分别对图形的左、右侧进行定位轴线的标注，如图 8-73 所示。

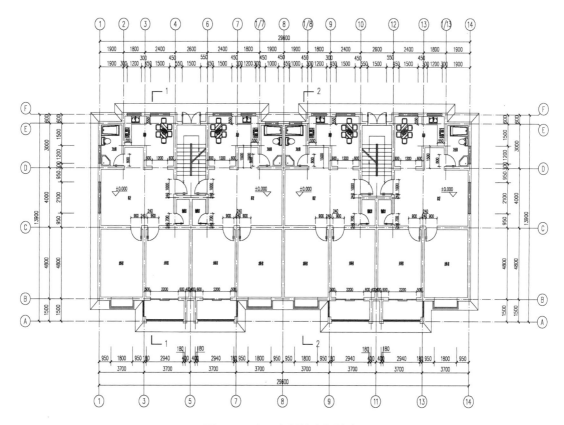

图 8-73　左、右侧的定位轴线

 8.2.13　指北针及图名的标注

对图形外包三道尺寸进行标注后，即可对进行指北针及图名的标注。

（1）在"样式"工具栏中选择"图名"文字样式，在"文字"工具栏中单击"单行文字"按钮A，设置其对正方式为"居中"，在图形的下侧中间位置输入图名"一层平面图"和"1：100"，然后分别选择相应的文字对象，按〈Ctrl+1〉键打开"特性"面板，并修改相应文字号为"800"和"500"，如图 8-74 所示。

一层平面图 1:100 ➡ 一层平面图 1:100

1.输入的文字　　　　2.字号：800　　3.字号：500

图 8-74　输入并编辑文字

（2）使用多段线命令（PL），在图名的下侧绘制两条水平线段，上侧的多段线宽度为 30mm，如图 8-75 所示。

图 8-75　绘制的两条多段线

（3）使用圆命令（C），在图形的左下侧绘制直径为 2400mm 的圆，再使用多段线命令（PL），从上侧象限点至下侧限象点绘制一条过圆的垂直线段，且上侧端点宽度为"0"，下侧宽度为"30"，再使用"单行文字"命令在圆的上侧输入"N"，从而完成指北针的绘制，如图 8-76 所示。

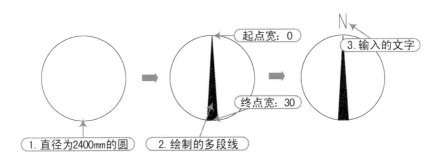

图 8-76　绘制的指北针符号

（4）至此，该单元式住宅建筑平面图已经绘制完毕，用户可按〈Ctrl+S〉组合键对文件进行保存。

8.3　实战总结与案例拓展

本章首先讲解了建筑平面图的形成、内容和作用，建筑平面图的绘制要求和绘制方法，常用建筑构配件图例，然后通过某单元式住宅一层平面图的绘制实例，详细讲解了建筑平面图的绘制思路及方法，包括设置绘制环境、绘制轴线、绘制墙体、绘制门窗、进行内部文字与尺寸的标注、镜像套房并绘制楼梯对象、镜像单元楼、进行外包三道尺寸的标注、指北针及图名的标注等，使读者能够熟练掌握在 AutoCAD 2014 软件中绘制建筑平面图的方法。

为了使用户能够更加牢固地掌握建筑平面图的绘制方法，并达到熟能生巧的目的，给出了另一住宅建筑平面图的效果，如图 8-76 和图 8-77 所示，用户可参照前面的步骤和方法来进行绘制（参照光盘"案例\08\另一住宅建筑平面图.dwg"文件）。

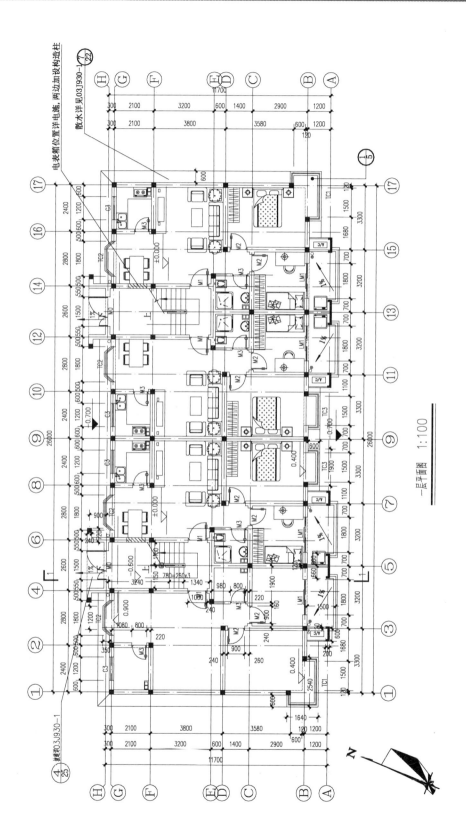

一层平面图　1:100

图8-77　一平层平面图效果

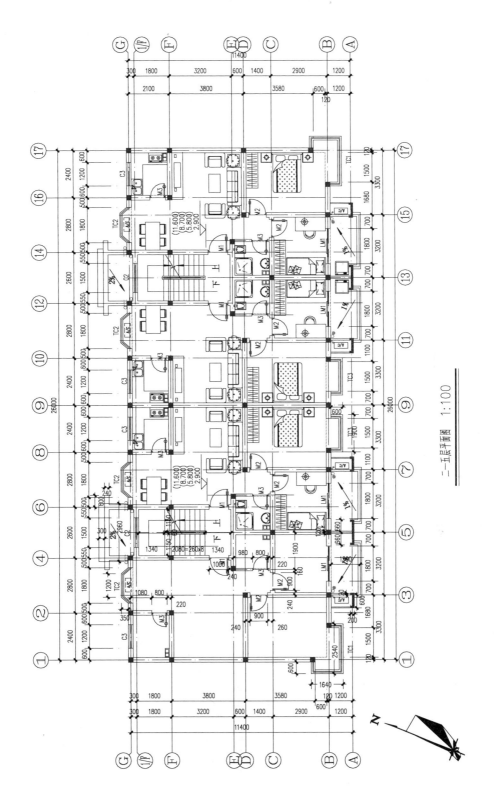

二至五层平面图 1:100

图 8-78 二至五层平面图效果

第9章 建筑立面图概述与绘制方法

 本章导读 --

建筑立面图是建筑物在与建筑物立面相平行的投影面上投影所得到的正投影图，它主要用来表示建筑物的体型和外貌、外墙装修、门窗的位置与形式，以及遮阳板、窗台、窗套、屋顶水箱、檐口、阳台、雨篷等构配件各部位的标高和必要尺寸，是建筑物施工中进行高度控制的技术依据。

在本章中，首先讲解了建筑立面图的形成、内容和命名，建筑立面图的绘制要求和绘制方法等基本知识；然后通过某单元式住宅建筑立面图的绘制实例，帮助读者掌握建筑立面图的绘制方法；最后，在"实战测试"部分中提供了另一套单元式住宅建筑立面图的效果图，读者可以按照前面的方法自行绘制，从而更加牢固地掌握建筑立面图的绘制方法。

 主要内容 --

- ☑ 了解建筑立面的形成、内容和作用
- ☑ 掌握建筑立面图绘制要求及绘制方法
- ☑ 练习单元式住宅建筑立面图的绘制实例
- ☑ 练习单元式住宅建筑立面图的扩展实例

效果预览 --

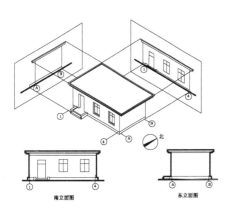

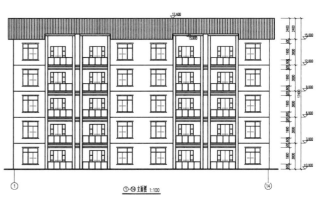

软件
技能

9.1　建筑立面图概述

建筑立面图主要用来表达建筑物的外形艺术效果，在施工图中，它主要反映房屋的外貌、各部分配件的形状和相互关系，以及外墙面装饰材料、做法等。

9.1.1　建筑立面图的形成、内容和命名

建筑立面图是建筑物各个方向的外墙面以及可见的构配件的正投影图，简称为立面图。如图 9-1 所示就是一栋建筑的两个立面图。

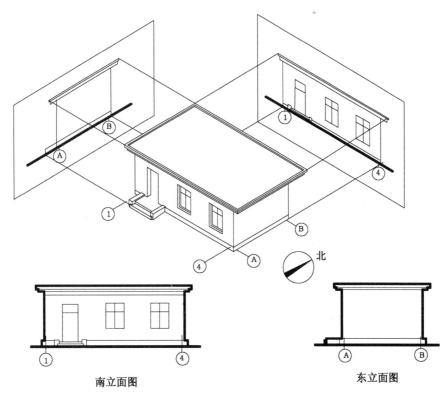

南立面图　　　　　　　　　　　　　　　　东立面图

图 9-1　建筑立面图的形成

专业技能

某些平面图形状曲折的建筑物，可绘制展开立面图，圆形或多边形平面的建筑物，可分段展开绘制立面图，但均应在图名后加注"展开"二字。

由于建筑立面图是建筑施工中控制高度和外墙装饰效果的重要技术依据，用户在绘制前也应清楚需要绘制的内容。建筑立面图的主要内容如下。

1）图名、比例。

2）两端的定位轴线和编号。

3）建筑物的体形和外貌特征。

4）门窗的大小、样式、位置及数量。

5）各种墙面、台阶、阳台等建筑构造与构件的具体位置、大小、形状和做法。

6）立面高程及局部需要说明的尺寸。

7）详图的索引符号及施工说明等。

建筑立面图的名称有三种命名方式。

☑ 按主要出入口或外貌特征命名：主要出入口或外貌特征显著的一面称为正立面图，其余的立面图相应地称为背立面图、左侧立面图和右立面图。

☑ 按建筑物朝向来命名：建筑物的某个立面面向哪个方向，就是该方向的立面，如南立面图、北立面图、东立面图和西立面图。

☑ 按轴线编号来命名：按照观察者面向建筑物从左到右的轴线顺序命名，如①～⑨立面图、⑨～①立面图。

 9.1.2　建筑立面图的绘制要求

在绘制建筑立面图时，应遵循相应的规定和要求。

1．图纸幅面和比例

通常，建筑立面图的图纸幅面和比例的选择在同一工程中可考虑与建筑平面图相同，一般采用 1:100 的比例。若建筑物过大或过小，则可以选择 1:200 或 1:50。

2．定位轴线

在立面图中，一般只绘制两条定位轴线，且分布在两端，与建筑平面图相对应，确认立面的方位，以方便识图。

3．线型

为了突显建筑物立面图的轮廓，使图形层次分明，地坪线一般用特粗实线（1.4b）绘制；轮廓线和屋脊线用粗实线（b）绘制；所有的凹凸部位（如阳台、线脚、门窗洞等）用中实线（0.5b）绘制；门窗扇、雨水管、尺寸线、高程、文字说明的指引线、墙面装饰线等用细实线（0.25b）绘制。

4．图例

由于立面图和平面图一般采用相同的出图比例，所以，门窗和细部的构造也常采用图例来绘制。绘制的时候，用户只需要画出轮廓线和分格线即可，门窗框用双线表示。常用的构造和配件的图例可以参照相关的国家标准。

5．尺寸标注

立面图分三层标注高度方向的尺寸，分别是细部尺寸、层高尺寸和总高尺寸。

细部尺寸用于表示室内、外地面高度差，窗口下墙高度，门窗洞口高度，洞口顶部到上一层楼面的高度等；层高尺寸用于表示上、下层地面之间的距离；总高尺寸用于表示室外地坪至女儿墙压顶端檐口的距离。除此之外，还应标注其他无详图的局部尺寸。

6．高程尺寸

立面图中须标注房屋主要部位的相对高程，如建筑室内外地坪、各级楼层地面、檐口、女儿墙压顶、雨罩等。

7．索引符号等

建筑物的细部构造和具体做法常用较大比例的详图来反映，并用文字和符号加以说明。所以，凡是须绘制详图的部位，都应该标上详图的索引符号，具体要求与建筑平面图相同。

8．建筑材料和颜色标注

在建筑立面图上，外墙表面分格线应表示清楚，应用文字说明各部分所用面材及色彩。外墙的色彩和材质决定建筑立面的效果，因此一定要进行标注。

 9.1.3 建筑立面图的绘制方法

在绘制建筑立面图时，用户可遵循如图9-2所示的方法来进行绘制。

图9-2 建筑立面图的绘制方法

 软件技能 **9.2 单元式住宅正立面图的绘制**

 视频\09\单元式住宅正立面图的绘制.avi
案例\09\单元式住宅正立面图.dwg

在绘制该单元式住宅的正立面图时，首先将第8章绘制的平面图打开，然后保存为新的立面图文件，从而借用已经建立的绘图环境，包括图层、文字样式、标注样式等；再根据左侧套房的墙体结构引伸出立面墙体，并绘制高度为3000mm的两条水平线段；接着根据需要绘制立面凸窗、推拉门和阳台，并将其安装在相应的位置；再进行水平镜像操作完成该单元楼的一层平面图，并进行适当的修剪；然后对一层楼的立面图单元楼进行水平镜像，完成两个单元楼的立面图效果；再进行阵列操作，从而完成整个楼层的立面图效果；并绘制屋顶立面图；最后进行尺寸、标高、轴标号及图名的标注。绘制完成的最终效果如图 9-3 所示。

图 9-3　单元式住宅正立面图效果

 9.2.1　调用平面图的绘图环境

为了能够更加快速地绘制建筑立面图对象，用户可以将绘制好的平面图文件打开，将其另存为"立面图"文件，并适当地创建新的图层对象，从而调用平面图的绘图环境。

（1）启动 AutoCAD 2014 软件，选择"文件 | 打开"菜单命令，将"案例\08\单元式住宅一层平面图.dwg"文件打开，再选择"文件 | 另存为"菜单命令，将文件另存为"案例\09\单元式住宅正立面图.dwg"，从而调用平面图的绘图环境。

（2）选择"格式 | 图层"菜单命令，在弹出的"图层特性管理器"选项板中新建"地坪线"图层，设置线宽为 0.70mm，如图 9-4 所示。

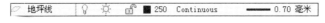

图 9-4　新建"地坪线"图层

（3）在"图层"工具栏的"图层控制"下拉列表框中，关闭"标注""文字"和"符号"图层，如图 9-5 所示。

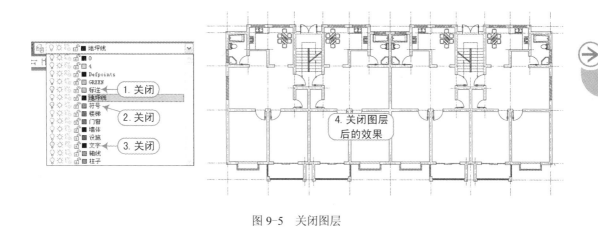

图 9-5　关闭图层

9.2.2　绘制立面墙体及地坪线轮廓

在绘制立面图之前，首先根据平面图的相应墙体引伸出相应的轮廓对象，从而形成立面轮廓对象。

（1）在"图层"工具栏的"图层控制"下拉列表框中，选择"墙体"图层作为当前图层。

（2）使用直线命令（L），分别过最左下侧套房的墙体对象向下绘制相应的垂直线段，如图 9-6 所示。

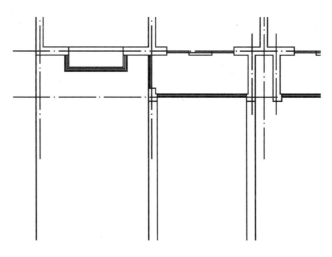

图 9-6　引伸的墙体轮廓线

（3）使用移动命令（M），将绘制的墙体轮廓线水平向右进行移动，再使用直线命令（L），过墙体轮廓线绘制一条水平的线段，接着使用偏移命令（O），将水平线段向上偏移3000mm，如图 9-7 所示。

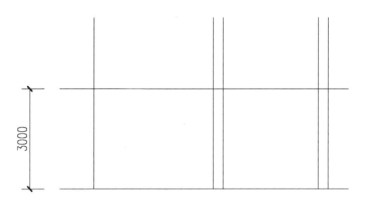

图 9-7　绘制的水平线段

（4）选择最下侧的水平线段，然后在"图层"工具栏的"图层控制"下拉列表框中选择"地坪线"图层，从而将该水平线段设置为"地坪线"对象。

 9.2.3　绘制立面窗和阳台

在绘制立面图的立面窗和阳台时，首先根据要求绘制相应的立面凸窗、阳台和推拉窗，再确定立面窗和阳台的位置，然后将绘制好的立面凸窗、阳台和推拉窗对象安装到相应的位置即可。

（1）在"图层"工具栏的"图层控制"下拉列表框中，选择"门窗"图层作为当前图层。

（2）使用矩形命令（REC）绘制 1800mm×1900mm 的矩形，再使用偏移命令（O），将矩形向内偏移 60mm，如图 9-8 所示。

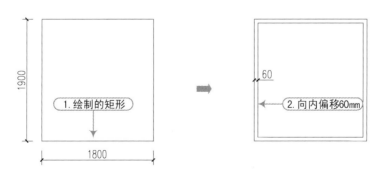

图 9-8　绘制并偏移的矩形

（3）在"修改"工具栏中单击"打散"按钮，将两个矩形打散，再使用偏移命令将其水平和垂直线段进行偏移，然后使用修剪命令（TR）进行修剪操作，如图 9-9 所示。

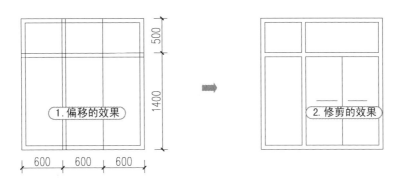

图 9-9 偏移并修剪的效果

（4）使用矩形（REC）命令绘制 2760mm×80mm 的矩形，再使用直线命令（L）绘制两条垂直线段，然后使用复制命令（CO），复制刚绘制的凸窗对象的上下两侧，如图 9-10 所示。

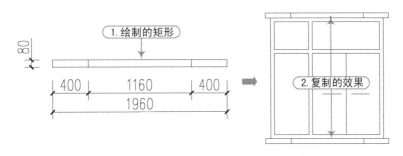

图 9-10 绘制并复制矩形

（5）在命令行中执行写块命令（W），将弹出"写块"对话框，将绘制图形对象保存为"案例\09\C1819.dwg"对象，如图 9-11 所示。

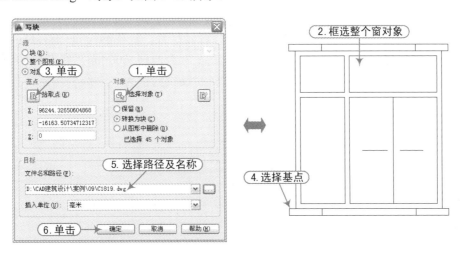

图 9-11 定义"C1819"图块

（6）按照相同的方法绘制推拉门 M1822，如图 9-12 所示。

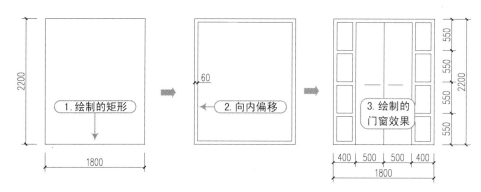

图 9-12　绘制的推拉门 M1822

（7）同样，在命令行中执行写块命令（W），将绘制的推拉门保存为"案例\09\M1822.dwg"对象。

（8）使用矩形命令（REC）绘制 2940mm×900mm 的矩形，再使用偏移命令（O），将其矩形向内偏移 60mm，将矩形水平四等分，然后对多余的线段进行修剪，如图 9-13 所示。

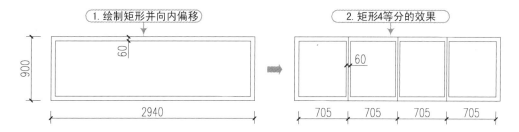

图 9-13　绘制的立面阳台

（9）同样，使用写块命令（W），将该立面阳台保存为"案例\09\立面阳台.dwg"对象。

（10）使用偏移命令（O），将下侧的水平线段向上偏移 600mm，将左侧的垂直线段分别向右偏移 1070mm、1800mm，然后将偏移的线段转换为"轴线"图层，如图 9-14 所示。

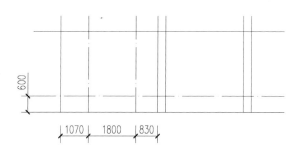

图 9-14　偏移的线段

（11）使用插入块命令（I），将前面创建的图块文件"案例\09\C1819.dwg"插入到视图的相应位置，如图9-15所示。

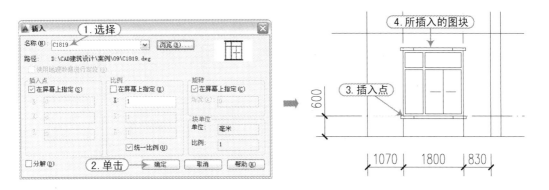

图9-15　插入的立面凸窗

（12）同样，使用插入块命令（I），将前面创建的图块文件"案例\09\立面阳台.dwg"插入到视图的相应位置，如图9-16所示。

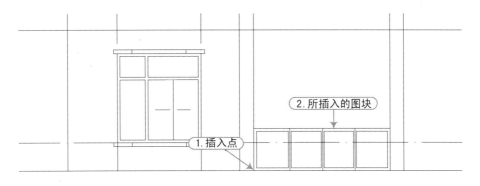

图9-16　插入的立面阳台

（13）使用偏移命令（O），将指定的墙线向右偏移320mm，然后将偏移的线段转换为"轴线"图层，如图9-17所示。

图9-17　偏移的墙线

（14）同样，使用插入块命令（I），将前面创建的图块文件"案例\09\M1822.dwg"插入到视图的相应位置，然后将该图块对象打散，并修剪阳台遮挡的部分，图 9-18 所示。

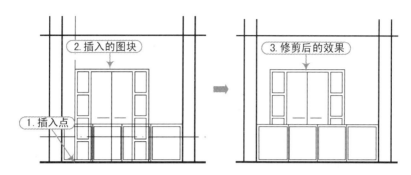

图 9-18　插入并修剪图块

 9.2.4　水平镜像一层立面图

在前面已经绘制了其中一套房的一层立面图的墙体轮廓、门窗、阳台对象等，接下来对其进行水平镜像，以完成该单元楼一层立面图的绘制。

（1）使用偏移命令（O），将最右侧的墙线向右偏移 280mm，将偏移的线段转换为"轴线"图层，再使用夹点编辑的方法将偏移的对象下侧端点向下延伸，如图 9-19 所示。

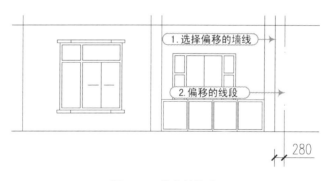

图 9-19　偏移的线段

（2）使用镜像命令（MI），将除水平线段的所有墙线、门窗、阳台等对象进行水平镜像，镜像的轴线为刚偏移的垂直线段，如图 9-20 所示。

图 9-20　水平镜像

（3）使用偏移命令（O），将上侧墙线向下偏移 500mm，然后进行修剪，再使用直线命令绘制相应的水平线段，如图 9-21 所示。

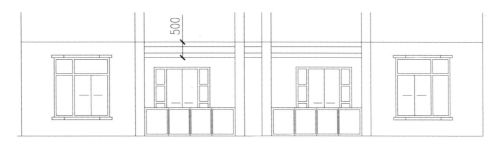

图 9-21　偏移并绘制水平线段

（4）使用修剪命令，将图形上侧多余的墙线进行修剪，如图 9-22 所示。

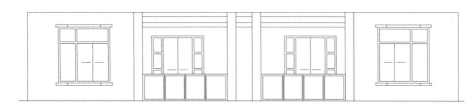

图 9-22　修剪上侧多余的墙体

（5）使用偏移命令（O），将最右侧的墙线向左偏移 120mm，再使用镜像命令（MI），将其左侧单元楼的一层平面图进行水平镜像，然后将多余的墙体和偏移的轴线删除，如图 9-23 所示。

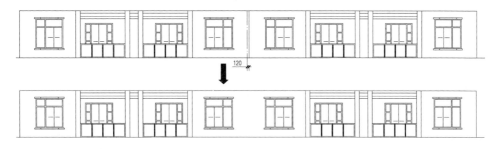

图 9-23　水平镜像操作

 9.2.5　阵列多层立面图

由于该单元式住宅楼从第一层至第五层的结构都是一致的，所以将第一层楼的立面图绘制完成后，对其进行阵列即可，从而完成一至五层楼的立面图绘制。

（1）执行阵列命令（AR）弹出"阵列"对话框，选择"矩形阵列"单选按钮项，然后选择一层立面图的所有对象，并设置行数为 5，行偏移量为 3000，然后单击"确定"按钮，如图 9-24 所示。

命令: AR ← 1. 执行"阵列"命令

选择对象: ← 2. 框选上一步修剪后的对象

选择对象: ← 3. 按<Enter>键结束

输入阵列类型 [矩形(R)/路径(PA)/极轴(PO)] <矩形>: R ← 4. 选择 R

类型 = 矩形 关联 = 是

5. 选择 COU

选择夹点以编辑阵列或 [关联(AS)/基点(B)/计数(COU)/间距(S)/列数(COL)/行数(R)/层数(L)/退出(X)] <退出>: COU

输入列数数或 [表达式(E)] <4>: 1 ← 6. 输入列数: 1

输入行数或 [表达式(E)] <3>: 5 ← 7. 输入行数: 5

8. 选择 S

选择夹点以编辑阵列或 [关联(AS)/基点(B)/计数(COU)/间距(S)/列数(COL)/行数(R)/层数(L)/退出(X)] <退出>: s

指定列之间的距离或 [单位单元(U)] <150>: ← 9. 按<Enter>键

指定行之间的距离 <15>: 350 ← 10. 输入行距: 3000

11. 按<Enter>键

选择夹点以编辑阵列或 [关联(AS)/基点(B)/计数(COU)/间距(S)/列数(COL)/行数(R)/层数(L)/退出(X)] <退出>:

12. 矩形阵列的效果

图 9-24　阵列的效果

（2）使用修剪命令，将楼层线与墙体之间的线段进行修剪，如图 9-25 所示。

图 9-25　修剪的楼层线

9.2.6　绘制屋顶立面图

该立面图的屋顶高度为 2400mm，左、右两侧各伸出 600mm，下面对楼梯进行图案填充。

（1）使用偏移命令（O），将最上侧的水平线段向上偏移 2400mm，再使用延伸、偏移、修剪等命令绘制屋顶的立面矩形效果，如图 9-26 所示。

图 9-26　绘制屋顶矩形

（2）再使用偏移命令，将指定的轴线向上偏移 600mm，再使用延伸、修剪、删除等命令，完成屋顶立面墙的效果，如图 9-27 所示。

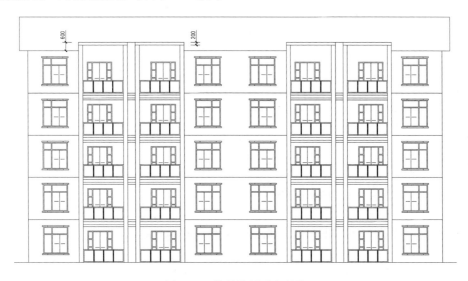

图 9-27　修剪的屋顶立面墙

（3）选择"格式丨图层"菜单命令，在弹出的"图层特性管理器"选项板中新建"填充"图层，设置颜色为"24"号色，并将其置为当前图层，如图9-28所示。

图9-28　新建"填充"图层

（4）在"绘图"工具栏中单击"图案填充"按钮，弹出"图案填充和渐变色"对话框，单击"添加：拾取点"按钮，选择屋顶层的区域作为填充区域，选择"PLAST"图案，角度为"90"，比例为"30"，如图9-29所示。

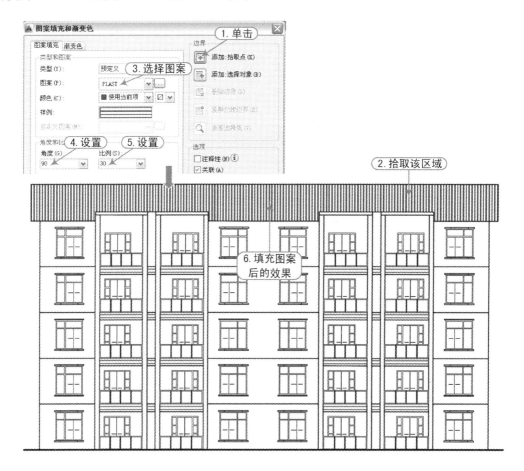

图9-29　图案填充

9.2.7　进行尺寸、标高和轴号标注

按三级尺寸标注法，分别标注细部尺寸、层高尺寸和总高尺寸，然后进行标高和轴号的标注。

（1）在"图层"工具栏的"图层控制"下拉列表框中，选择"标注"图层作为当前图层。

（2）在"标注"工具栏中单击"线性"按钮 和"连续"按钮，分别立面图右侧的第一道尺寸进行细部标注，如图 9-30 所示。

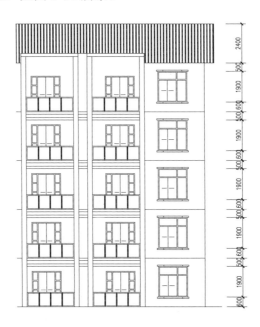

图 9-30 第一道尺寸标注

（3）按照同样的方法，对右侧进行第二、三道尺寸的层高和总高标注，如图 9-31 所示。

图 9-31 第二、三道尺寸标注

（4）在"图层"工具栏的"图层控制"下拉列表框中，选择"0"图层作为当前图层。

（5）使用直线、镜像等命令，绘制如图 9-32 所示的标高符号。

（6）选择"绘图 | 块 | 定义属性"菜单命令，将弹出"属性定义"对话框，进行属性设置及文字设置，指定标高符号的右侧作为基点，如图 9-33 所示。

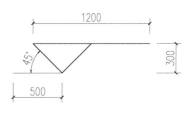

图 9-32　绘制的标注符号

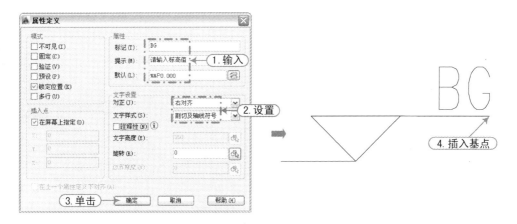

图 9-33　定义属性

（7）执行"写块"命令（W），将绘制的标高符号和定义的属性保存为"案例\09\标高.dwg"图块文件，如图 9-34 所示。

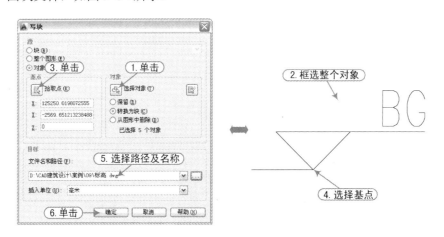

图 9-34　定义图块属性

（8）在"图层"工具栏的"图层控制"下拉列表框中，选择"标高"图层作为当前图层。

（9）使用插入块命令（I），将刚定义的"案例\09\标高.dwg"图块文件插入到相应的位置，并分别修改标高值，如图 9-35 所示。

（10）在前面保留的平面图中，将轴号为 1 和 14 的轴标符号分别复制到立面图的各个相应位置，如图 9-36 所示。

图 9-35　进行标高标注

图 9-36　复制的轴标符号

（11）使用复制命令（CO），将轴标注 1 和 14 复制到立面图的正下方，绘制一条水平线段，再使用单行文字命令输入"立面图"和"1:100"对象，然后输入两条水平线段，从而完成立面图的图名标注，如图 9-37 所示。

①—⑭ 立面图 1:100

图 9-37　图名标注

（12）将视图中除立面图以外的其他对象全部删除，然后按〈Ctrl+S〉组合键保存文件。

软件技能

9.3　实战总结与案例拓展

本章首先讲解了建筑立面图的形成、内容和命名，再讲解了建筑立面图的绘制要求和绘制方法，然后通过某单元式住宅楼立面图的绘制实例，详细讲解了建筑立面图的绘制思路及方法，包括调用绘图环境、绘制立面墙体及地坪线轮廓、绘制立面窗和阳台、水平镜像一层立面图、阵列多层立面图、绘制屋顶立面图、进行尺寸标高和轴号标注等，使读者能够熟练地掌握在 AutoCAD 2014 软件中绘制建筑立面图的方法。

为了能够更加牢固地掌握建筑平面图的绘制方法，并达到熟能生巧的目的，读者可打开"案例\09\住宅小区建筑平面图.dwg"文件中的相应平面图（如图 9-38～图 9-42 所示）。读者可自行绘制相应的立面图效果（如图 9-43～图 9-45 所示）。绘制好的立面图效果文件为"案例\09\住宅小区建筑立面图.dwg"。

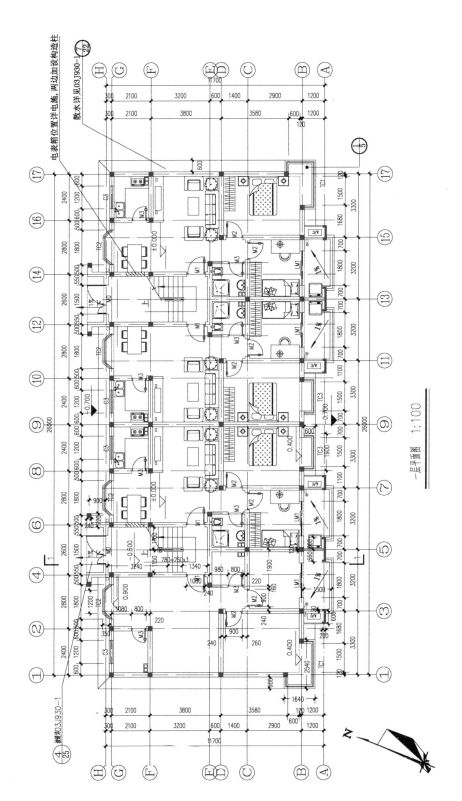

一层平面图 1:100

图 9-38 一层平面图效果

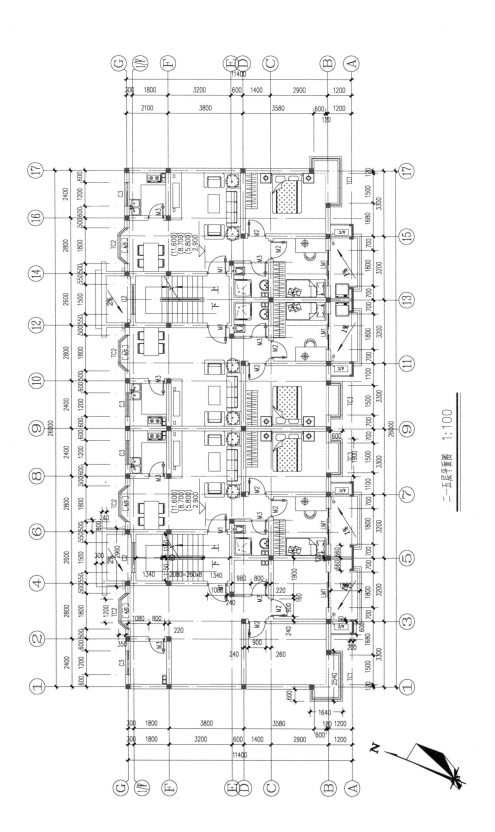

二～五层平面图 1:100

图 9-39　二至五层平面图效果

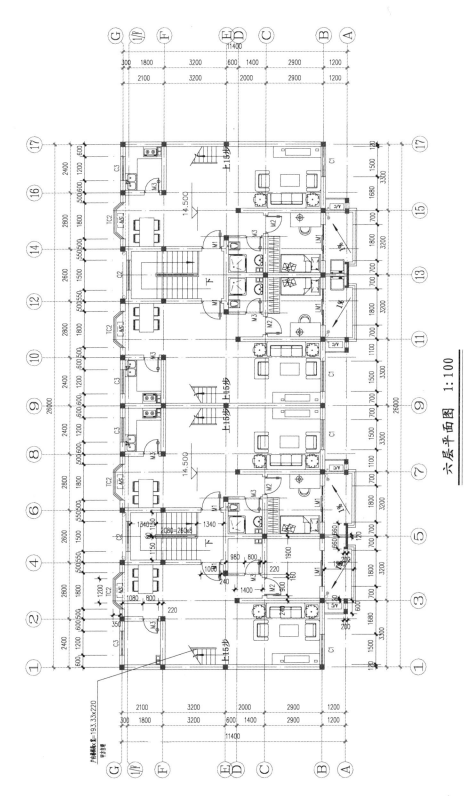

六层平面图 1:100

图 9-40 六层平面图

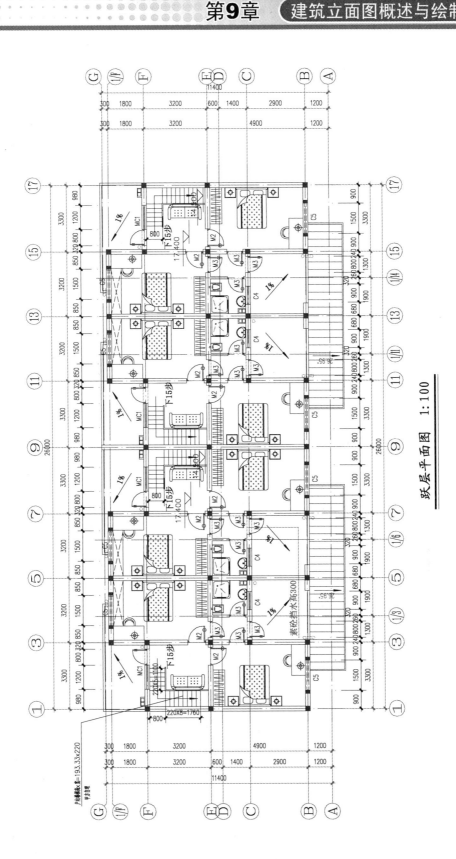

跃层平面图 1:100

图9-41 跃层平面图

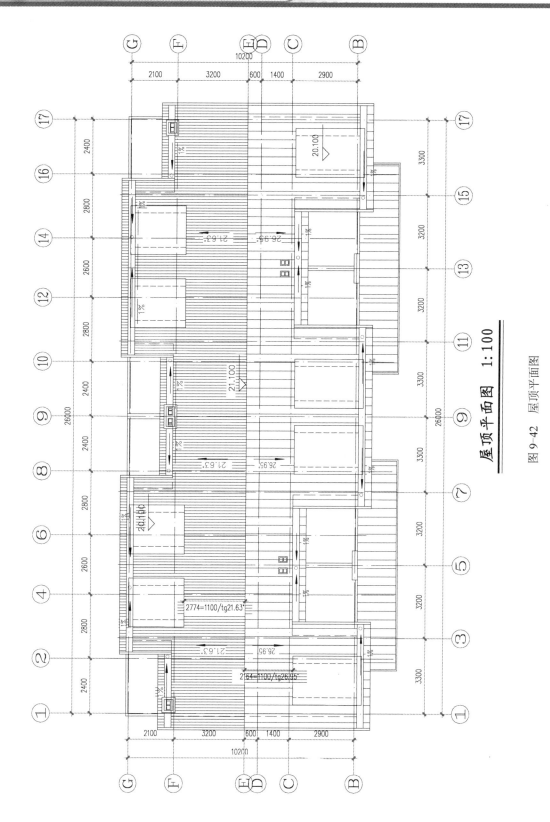

屋顶平面图　　1：100

图9-42　屋顶平面图

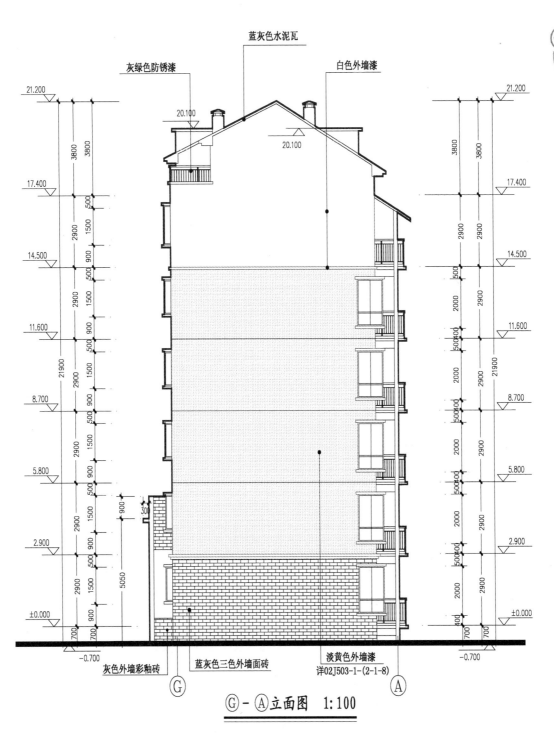

G-Ⓐ立面图 1:100

图 9-43 Ⓖ-Ⓐ立面图

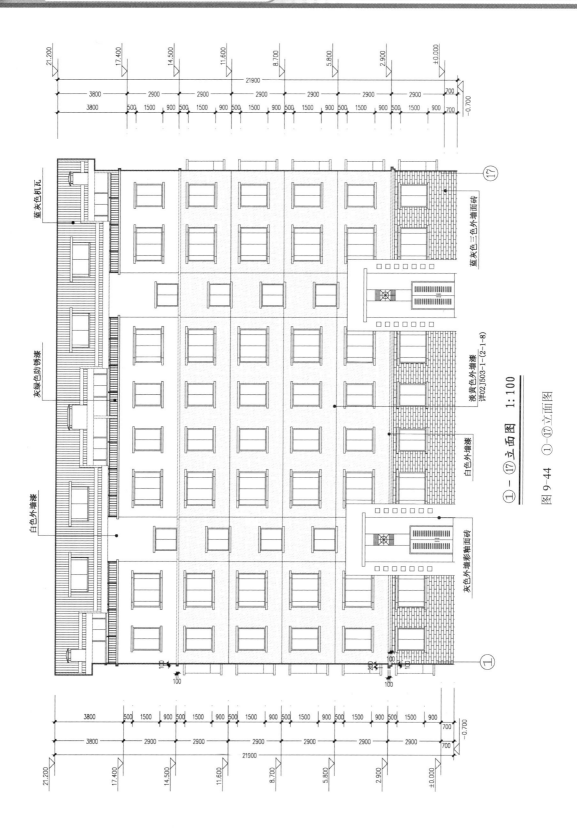

图9-44 ①-⑰立面图

① - ① 立面图　1:100

图 9-45　① - ① 立面图

第 10 章 建筑剖面图概述与绘制方法

 本章导读 ··

　　建筑剖面图主要是用来表示房屋内部的分层、结构形式、构造方式、材料、做法、各部位间的联系及其高度等情况。在施工过程中，建筑剖面图是进行分层、砌筑内墙、铺设楼板、屋面板楼梯和内部装修等工作的依据，与建筑平面图、立面图互相配合，表示房屋的全局，它是房屋施工图中最基本的图样。

　　在本章中，首先讲解了建筑剖面图的形成、内容和命名，建筑剖面图的绘制要求和绘制方法等基本知识；然后通过某医院病房 1-1 剖面图的绘制实例，帮助读者掌握建筑剖面图的绘制方法；最后，在"实战测试"部分中提供了某医院病房 2-2 剖面图的效果图，读者可以按照前面的方法进行绘制，从而更加牢固地掌握建筑剖面图的绘制方法。

主要内容 ··

☑ 了解建筑剖面图的形成、内容和命名
☑ 掌握建筑剖面图绘制要求及绘制方法
☑ 练习医院病房 1-1 剖面图的绘制实例
☑ 练习医院病房 2-2 剖面图的拓展实例

效果预览 ··

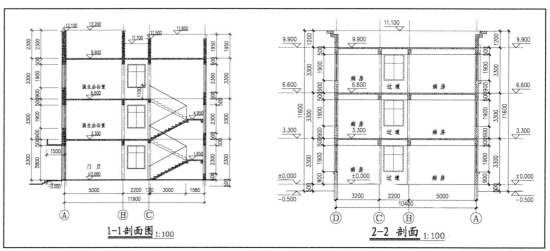

10.1　建筑剖面图概述

建筑剖面图用以表示建筑的内部构造，垂直方向的分层情况，各层楼地面、屋顶的构造及相关尺寸、标高等。

 10.1.1　建筑剖面图的形成、内容和命名

剖面图是与平面图、立面图互相配合的重要图样之一。假想用一个铅垂切平面，选择建筑物中能反映全貌、构造特征及有代表性的部位进行剖切，按正投影法绘制的图形称为剖面图，如图 10-1 所示。

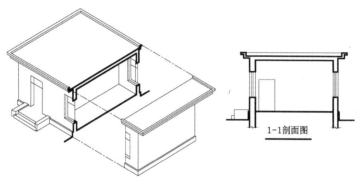

图 10-1　剖面图

根据建筑物的实际情况，剖面图通常有横剖面图和纵剖面图之分。沿着建筑物宽度方向剖开，即为横剖；沿着建筑物长度方向剖开，即为纵剖。

剖面图的剖切位置和数量应根据建筑物自身的复杂情况而定。一般，剖切位置选择在建筑物的主要部位或构造较为典型的部位，如楼梯间等处。习惯上，剖面图不画基础部分，断开面上材料图例与图线的表示均与平面图的表示相同，即被剖到的墙、梁、板等用粗实线表示，没有剖到但是可见的部分用中粗实线表示，被剖切断开的钢筋混凝土梁、板涂黑表示。

剖面图一般不画出室外地面以下的部分，基础部分将由结构施工图中的基础图来表达，因而把室内外地面以下的基础墙以折断线表示。

建筑剖面图反映了房屋内部垂直方向的高度、分层情况，楼地面和屋顶结构形式及各构配件在垂直方向上的相互关系。建筑剖面图的主要内容如下。

1）图名、比例。

2）必要的轴线以及各自的编号。

3）被剖切到的梁、板、平台、阳台、地面以及地下室图形。

4）被剖切到的门窗图形。

5）剖切处各种构配件的材质符号。

6）未剖切到的可见部分，如室内的装饰、和剖切平面平行的门窗图形、楼梯段、栏杆的扶手等和室外可见的雨水管、水漏等以及底层的勒脚和各层的踢脚。

7）高程以及必要的局部尺寸的标注。

8）详图的索引符号。

9）必要的文字说明。

 10.1.2 建筑剖面图的绘制要求

建筑剖面图的绘制也有它自身的规定和要求。

1）图名和比例。建筑剖面图的图名必须与底层平面图中剖切符号的编号一致，如 1—1 剖面图。建筑剖面图的比例与平面图、立面图一致，采用 1：50、1：100、1：200 等较小比例绘制。

2）所绘制的建筑剖面图与建筑平面图、建筑立面图之间应符合投影关系，即长对正、宽相等、高平齐。读图时，也应将三张图联系起来。

3）图线。凡是剖到的墙、板、梁等构件的轮廓线用粗实线表示，没有剖到的其他构件的投影线用细实线表示。

4）图例。由于比例较小，剖面图中的门窗等构配件应采用国家标准规定的图例表示。

为了清楚地表达建筑各部分的材料及构造层次，当剖面图的比例大于 1：50 时，应在剖到的构配件断面上画出材料图例；当剖面图的比例小于 1：50 时，不画材料图例，而用简化的材料图例表示构件断面的材料，如钢筋混凝土的梁、板可在断面处涂黑，以区别于砖墙和其他材料。

5）尺寸标注与其他标注。剖面图中应标出必要的尺寸。

外墙的竖向标注三道尺寸，最里面一道为细部尺寸，标注门窗洞及洞间墙的高度尺寸；中间一道为层高尺寸；最外面一道为总高尺寸。此外，还应标注某些局部的尺寸，如内墙上门窗洞的高度尺寸、窗台的高度尺寸，以及一些不需要绘制详图的构件尺寸，如栏杆扶手的高度尺寸、雨篷的挑出尺寸等。

建筑剖面图中需要标注高程的部位有室内外地面、楼面、楼梯平台面、檐口顶面、门窗洞口等。剖面图内部的各层楼板、梁底面也需要标注高程。

建筑剖面图的水平方向应标注墙、柱的轴线编号及轴线间距。

6）详图索引符号。由于剖面图比例较小，某些部位如墙脚、窗台、楼地面、顶棚等节点不能详细表达，可在剖面图上的该部位处画上详图索引符号，另用详图表示其细部构造。楼地面、顶棚、墙体内外装修也可用多层构造引出线的方法说明。

 10.1.3 建筑剖面图的识读方法

用户在识读建筑剖面图时，应遵循以下的步骤。

（1）明确剖面图的剖切。建筑剖面图可从建筑底层平面图中找到剖切平面的剖切位置。

（2）明确被剖到的墙体、楼板和屋顶。

（3）明确可见部分。

（4）识读建筑物主要尺寸标注以及标高等。

（5）识读索引符号、图例等。

图 10-2 所示为某二层住宅建筑剖面图。此建筑剖面图的阅读方法如下。

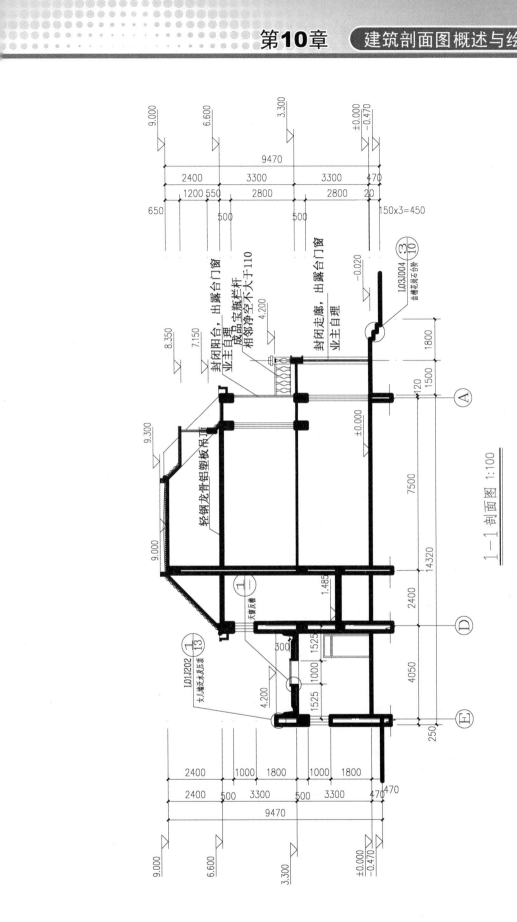

1—1剖面图 1:100

图10-2 1—1剖面图

（1）明确剖面图的位置。图 10-2 所示的"1-1 剖面图"可从底层平面图找到剖切平面的位置，1-1 剖面图为从客厅到厨房剖切的，中间经过楼梯间的休息平台。因此，1-1 剖面图中绘制出了楼梯间、厨房和客厅的剖面。

（2）明确被剖到的墙体、楼板和屋顶。从图 10-2 可以看出，被剖到的墙体有Ⓐ轴线墙体、Ⓓ轴线墙体、Ⓔ轴线墙体以及墙体上面的门窗洞口。其中，Ⓐ轴线底层为客厅，二层之上为卧室，底层Ⓐ轴线上为入口处大门，故有门的图例；二层之上剖到的则是卧室通往阳台的门的位置。从图中可以看出，底层门口处有封闭走廊，走廊上层则是二楼的室外阳台外面的露台，露台的栏杆采用成品宝瓶形栏杆。底层Ⓓ轴线处为楼梯间的休息平台，由于剖切后观看方向的原因，此图中没有可见的楼梯踏步，只有被剖到的休息平台板的厚度。底层Ⓓ与Ⓔ轴线之间为厨房，厨房Ⓔ轴线墙体上有高窗，厨房为单层建筑，厨房屋面处女儿墙的高度为 900mm，屋面有一个天窗。看屋面部分可知，本建筑为带阁楼建筑，阁楼为非居住部分，用轻钢龙骨顶棚与二层分隔。最上部为部分有组织排水平屋面，预留泄水孔排水，两侧为坡屋面，坡度为 45°，坡屋面一侧留有老虎窗。老虎窗的具体尺寸另见详图。

（3）明确可见部分。在 1-1 剖面图中，主要可见部分为底层厨房处。住宅两侧相对比较独立，各自有楼梯通向二层，住宅二层两侧相互独立，没有连通。但在底层厨房处设置一扇门以连接两个独立部分。

（4）识读建筑物主要尺寸标注。从图中可以看出，该住宅层高为 3.3m。另外，1-1 剖面图上还标注了走廊、休息平台、露台等处的标高及尺寸。图中还标注了天窗的具体位置。

（5）识读索引符号、图例等。在 1-1 剖面图中，女儿墙、天窗、花岗石台阶等处均有索引符号，女儿墙与花岗石台阶索引自标准图集，天窗索引符号显示详图在本页图样中。对于剖到的墙体，砖墙不提供图例；对于剖到的楼板、楼梯梯段板、过梁、圈梁，材料均为钢筋混凝土，在建筑剖面图中则涂黑表示。

10.1.4 建筑剖面图的绘制方法

在绘制建筑剖面图时，用户可遵循如图 10-3 所示的绘制方法。

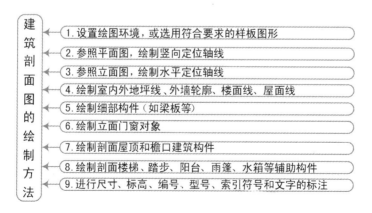

图 10-3　建筑剖面图的绘制方法

10.2　医院病房 1-1 剖面图的绘制

视频\10\医院病房1-1剖面图的绘制.avi
案例\10\医院病房1-1剖面图.dwg

　　用户在绘制建筑剖面图时，首先应以建筑平面图、立面图作为依据，在平面图的基础上标注相应的剖切符号，才能够绘制相应的剖面图。在本实例中，用户首先应根据医院病房的建筑平面图（如图10-4～图10-7所示）和建筑立面图（如图10-8～图10-10所示）来绘制相应的1-1剖面图效果。

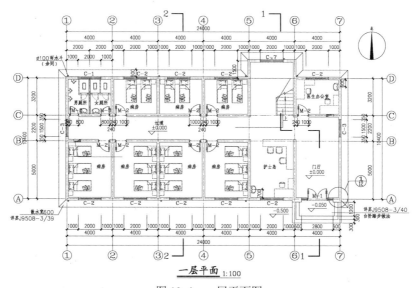

图 10-4　一层平面图

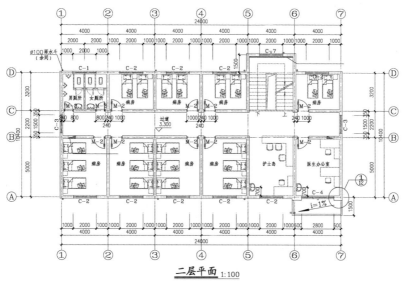

图 10-5　二层平面图

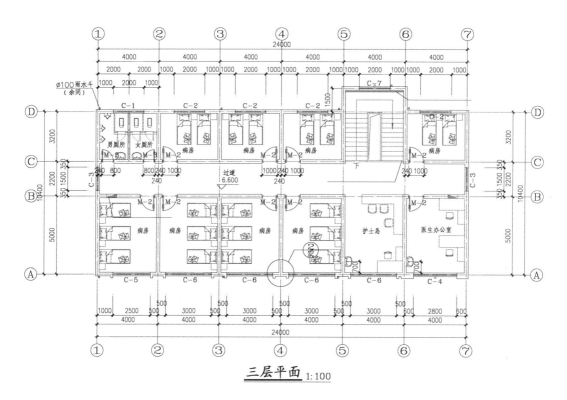

三层平面 1:100

图 10-6 三层平面图

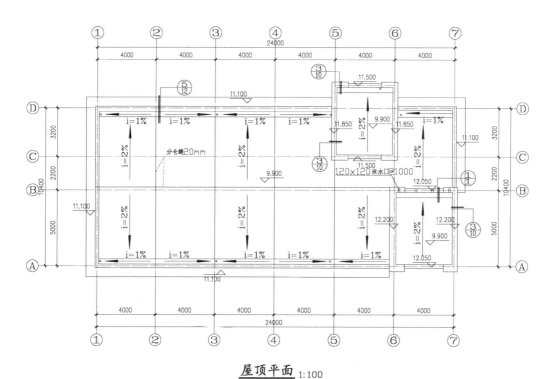

屋顶平面 1:100

图 10-7 屋顶平面图

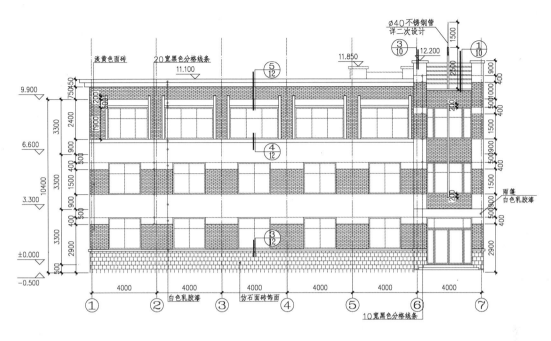

①-⑧立面 1:100

图 10-8 ①-⑧立面图

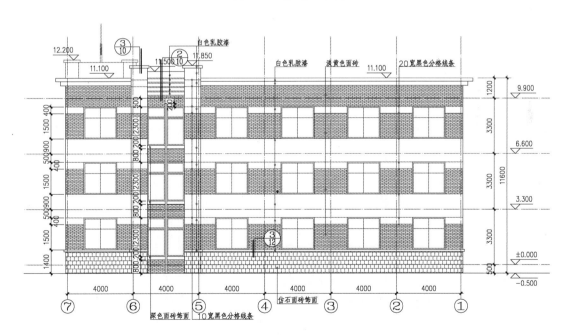

⑧-①立面 1:100

图 10-9 ⑧-①立面图

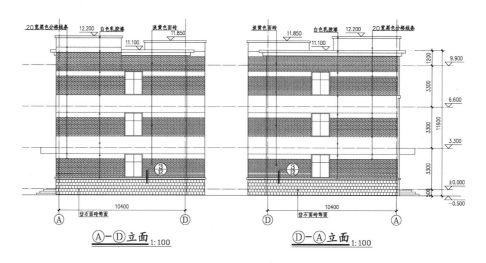

图 10-10 Ⓐ-Ⓓ立面图和Ⓓ-Ⓐ立面图

用户可打开事先准备好的"案例\10\医院病房平立面图.dwg"文件进行参照。

在绘制医院病房的 1-1 剖面图时，首先将建筑平面图的一层平面图打开，将其顺时针旋转 90°，再根据相应的 A、B、C、D 轴线墙体作相应的辅助线段，接着使用偏移命令根据墙高进行偏移，然后绘制楼板、门窗、楼梯等对象，最后进行文字、尺寸、标高、轴线号、图名等标注。绘制完成的最终效果如图 10-11 所示。

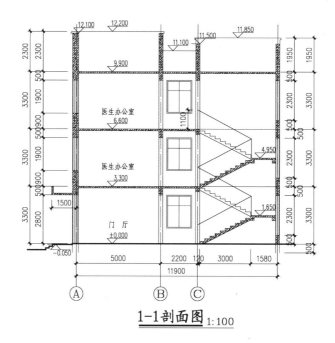

图 10-11 医院病房 1-1 剖面图效果

10.2.1　设置剖面图的绘制环境

与建筑平面图、立面图相同，在正式绘制建筑剖面图之前，首先要设置与所绘图形相匹配的绘图环境。

1．新建绘图环境

（1）正常启动 AutoCAD 2014 软件，单击工具栏上的"新建"按钮，打开"选择样板"对话框，然后选择"acadiso"作为新建的样板文件。

（2）选择"文件｜另存为"菜单命令，打开"图形另存为"对话框，将文件另存为"案例\10\医院病房 1-1 剖面图.dwg"图形文件。

（3）选择"格式｜单位"菜单命令，打开"图形单位"对话框，把"长度"单位"类型"设置为"小数"，"精度"为"0.000"，"角度"单位"类型"设置为"十进制度数"，"精度"精确到小数点后两位，即"0.00"，然后单击"确定"按钮。

（4）选择"格式｜图形界限"菜单命令，依照提示，设置图形界限的左下角为（0,0），右上角为（42000,29700）。

（5）在命令行中输入"Z A"，使输入的图形界限区域全部显示在图形窗口内。

2．图层规划

由图 10-11 可知，建筑剖面图形主要由轴线、门窗、墙体、楼板、标高、文本标注、尺寸标注等元素组成，因此绘制剖面图时，须建立如表 10-1 所示的图层。

表 10-1　图层设置

序　号	图 层 名	描 述 内 容	线　宽	线　型	颜　色	打 印 属 性
1	轴线	定位轴线	默认	点画线	红色	打印
2	轴线文字	轴线圆及轴线文字	默认	实线	蓝色	打印
3	辅助轴线	辅助轴线	默认	点画线	粉红	不打印
4	墙及楼板	墙体、楼板	0.3mm	实线	粉红	打印
5	门窗	门窗	默认	实线	蓝色	打印
6	地坪线	室外及室内地坪	0.5mm	实线	黑色	打印
7	标高	标高符号及文字	默认	实线	14 号色	打印
8	标注	尺寸线、标高	默认	实线	94 号色	打印
9	文字	图中文字	默认	实线	黑色	打印
10	其他	附属构件	默认	实线	黑色	打印

（1）单击"图层"工具栏的"图层"按钮，打开"图层特性管理器"选项板，单击"新建图层"按钮，创建表 10-1 中的各图层，并进行图层颜色、线宽、线型等特性的设置，结果如图 10-12 所示。

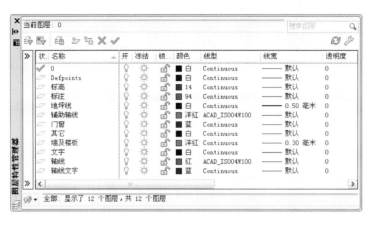

图 10-12　建筑剖面图图层系统设置

（2）选择"格式│线型"菜单命令，打开"线型管理器"对话框，单击"显示细节"按钮，打开"详细信息"选项组，"全局比例因子"设置为"50"，然后单击"确定"按钮，如图 10-13 所示。

图 10-13　线型比例设置

10.2.2　绘制各层的剖面墙线

本实例的医院病房主要由一层、二层、三层和屋顶组成，其中一、二、三层楼的墙体结构是相同的，所以可以先绘制一、二、三层楼的剖面墙线，再绘制屋顶层的墙面墙线。

用户在绘制剖面图时，首先要绘制剖切部分的辅助线，而且要做到与平面图一一对应，所以应打开相应的一层平面图对象，再按照剖切位置的墙体对象作相应的辅助轴线。

（1）选择"文件│打开"菜单命令，将"案例\10\医院病房平立面图.dwg"文件打开，选择"一层平面图"的所有图形对象，在键盘上按〈Ctrl+C〉键将复制选中的图形对象，如图 10-14 所示。

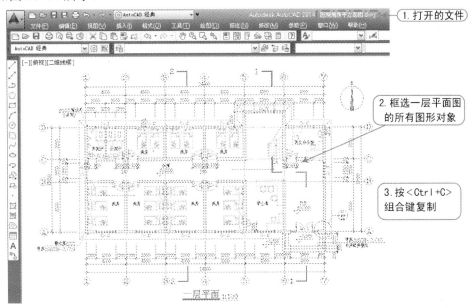

图 10-14　打开文件并复制对象

（2）在"窗口"菜单下选择"医院病房 1-1 剖面图.dwg"文件，使之成为当前图形文件，再在键盘上按〈Ctrl+V〉键将复制的对象粘贴到当前图形文件中的空白位置，如图 10-15 所示。

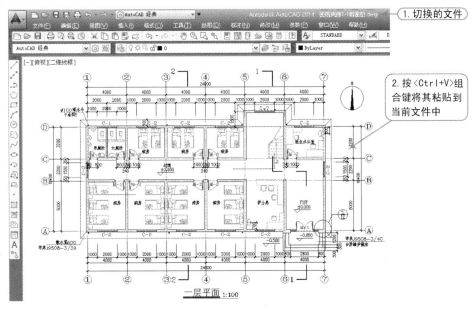

图 10-15　粘贴到当前文件中

（3）使用旋转命令（RO）将图形顺时针旋转 90°，再在"图层"工具栏的"图层控制"下拉列表框中，将"AXIS""AXIS_TEXT""COLUMN""PUB_DIM"和"PUB_TEXT"图层隐藏，如图 10-16 所示。

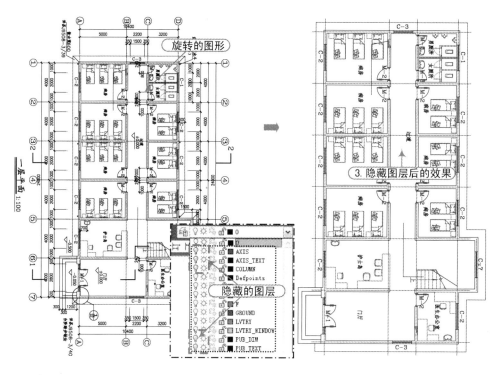

图 10-16　旋转并隐藏图层

（4）在"图层"工具栏的"图层控制"下拉列表框中选择"墙及楼板"图层。

（5）在"绘图"工具栏中单击"构造线"按钮，分别过图形下侧的墙体绘制相应的垂直构造线，如图 10-17 所示。

（6）使用移动命令（M）将绘制的垂直构造线水平向右移动，再单击"绘图"工具栏的"构造线"按钮，绘制一条水平的构造线，如图 10-18 所示。

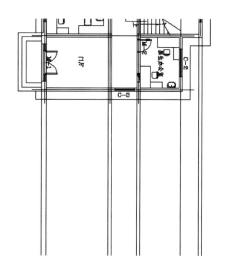

图 10-17　绘制的垂直构造线

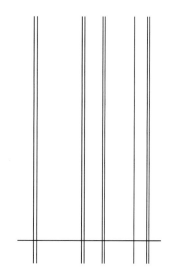

图 10-18　移动并绘制的构造线

（7）使用偏移命令（O），将水平构造线向上分别偏移 500mm、3300mm、3300mm、3300mm，再使用修剪命令（TR）对多余的线段进行修剪，如图 10-19 所示。

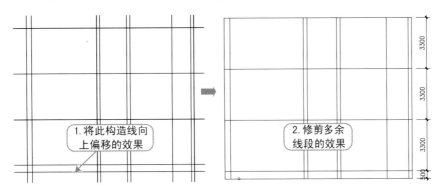

图 10-19 偏移并修剪构造线

（8）使用偏移命令（O），将每层楼的楼层线向下偏移 100mm 和 500mm，再使用修剪命令（TR）进行修剪，如图 10-20 所示。

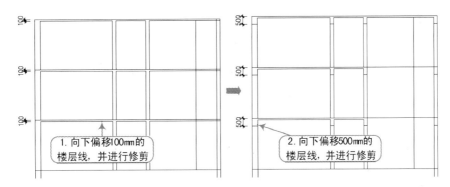

图 10-20 偏移并修剪构造线

（9）使用偏移命令（O），将每层楼的楼层线向上偏移 500mm，再使用修剪命令（TR）进行修剪，如图 10-21 所示。

（10）选择"地坪线"图层，使用多段线命令（PL）在图层的下侧绘制地坪线对象，多段线的宽度为 50mm，如图 10-22 所示。

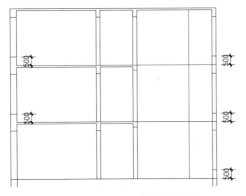

图 10-21 偏移并修剪构造线

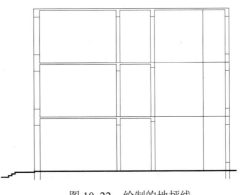

图 10-22 绘制的地坪线

（11）使用偏移命令（O），将左侧的外墙线向右偏移 250mm，并将该偏移的墙线转换为"轴线"图层，然后再将该轴线对象向左偏移 1500mm，如图 10-23 所示。

（12）使用延伸命令将一层楼左侧的楼层线进行延伸，并进行修剪操作，如图 10-24 所示。

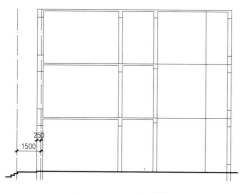

图 10-23　偏移轴线

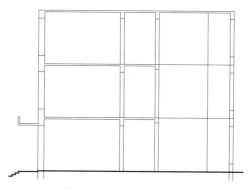

图 10-24　延伸并修剪墙线

（13）使用偏移命令（O），将最上侧的楼层线向上偏移 1950mm，再将偏移的线向下偏移 100mm，然后使用修剪命令（TR）进行修剪。接着使用偏移命令（O），将最上侧的楼层线向上偏移 1600mm，然后使用修剪命令（TR）进行修剪，如图 10-25 所示。

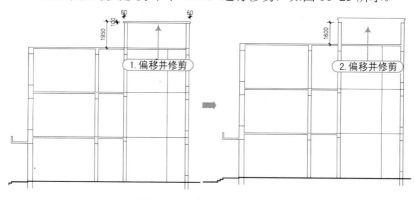

图 10-25　偏移并修剪线段

（14）按照前面的方法，将上侧的楼层线向上偏移，并进行修剪，如图 10-26 所示。

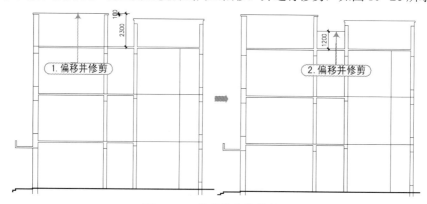

图 10-26　偏移并修剪线段

10.2.3　绘制并安装门窗

从 1-1 剖面图可以看出，在Ⓑ～Ⓒ轴线之间安装有窗 C-3（1500mm×1900mm），其安装的高度为 900mm。

（1）在"图层"工具栏的"图层控制"下拉列表框中选择"门窗"图层。

（2）使用矩形、偏移、修剪等命令，绘制窗 C-3（1500mm×1900mm），如图 10-27 所示。

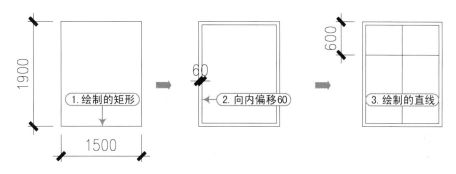

图 10-27　绘制窗 C-3

（3）使用写块命令（W），将绘制的窗 C-3 保存为"案例\10\C-3.dwg"文件。

（4）使用偏移命令（O），将每层楼的楼层线向上偏移 900mm，再使用插入块命令（I），将前面绘制的窗图块对象"C-3.dwg"插入到Ⓑ～Ⓒ轴线之间的相应位置，如图 10-28 所示。

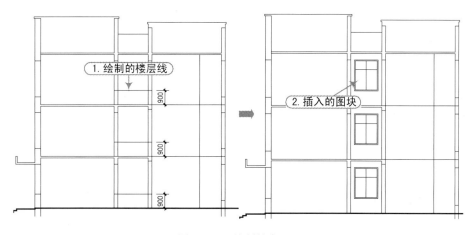

图 10-28　绘制的窗 C-3

10.2.4　绘制剖面楼梯对象

在绘制剖面楼梯对象时，楼梯的宽度为 300mm，高度为 150mm，共计 20 步，休息台宽度为 1460mm，拦杆扶手高度为 1100mm。

（1）在"图层"工具栏的"图层控制"下拉列表框中选择"墙及楼板"图层。

（2）使用多段线命令（PL），按〈F8〉键切换到正交模式，绘制宽度为 300mm、高度为 150mm 的直角踏步，再使用复制命令，将绘制的踏步复制 10 步，如图 10-29 所示。

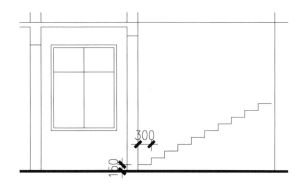

图 10-29　绘制的楼梯踏步

（3）按照同样的方法，绘制上侧的楼梯踏步，如图 10-30 所示。

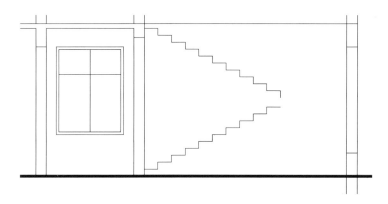

图 10-30　绘制上侧楼梯踏步

（4）使用直线命令（L），过楼梯踏步的拐角点绘制两条直线段，再使用偏移命令（O），将直线段偏移 100mm，然后将多余的线段删除，并进行延伸和修剪操作，如图 10-31 所示。

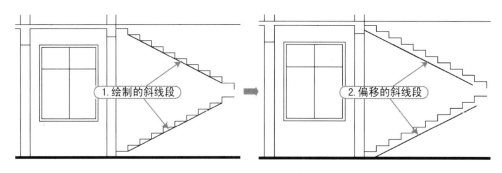

图 10-31　绘制并偏移的斜线段

（5）使用直线、偏移、修剪、延伸等命令，绘制楼梯休息台剖面图，效果如图 10-32

所示。

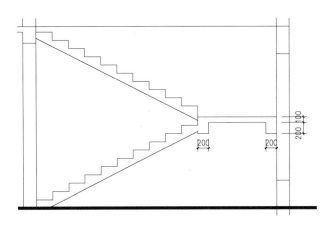

图 10-32　绘制的楼梯休息台剖面图

（6）使用复制命令（CO），将一层楼的剖面楼梯对象重复向上复制，复制的距离为 3300mm，再使用直线、修剪等命令，绘制楼梯栏杆扶手，扶手的高度为 1100mm，如图 10-33 所示。

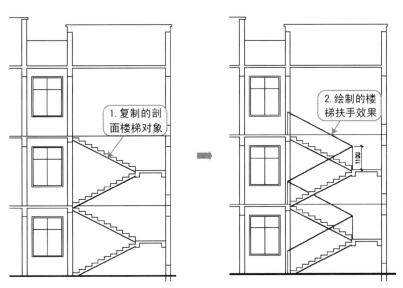

图 10-33　复制楼梯并绘制扶手

 10.2.5　填充剖面楼板、楼梯和门窗洞口

根据要求，住院部病房的楼板、楼梯的剖面对象内部应填充钢筋混凝土材料，而门、窗剖到的墙上的地方可填充竖线。

（1）在"图层"工具栏的"图层控制"下拉列表框中选择"其他"图层。

（2）使用图案填充命令（BH），对剖面楼板、楼梯进行图案填充，有两种填充图案，一是"LINE"图案，旋转角度为 45°，比例为 30，二是"AR_CONC"图案，比例为 1，如图 10-34 所示。

（3）同样，使用图案填充命令（BH），对门、窗等洞口进行图案填充，填充图案为"LINE"，旋转角度为 90°，比例为 30，设置该图层的颜色为"蓝色"，如图 10-35 所示。

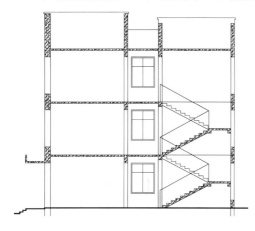 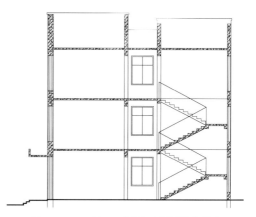

图 10-34 对楼板、楼梯进行图案填充　　　　图 10-35 对门、窗洞口进行图案填充

 ### 10.2.6 进行尺寸、标注

通过前面的操作，已经绘制了相应的 1-1 剖面图结构，为了使绘制的剖面图更加具有可识读性，应进行尺寸、标高、文字、图名等标注。

（1）在"图层"工具栏的"图层控制"下拉列表框中选择"标注"图层。

（2）使用偏移命令，将每段墙线向内偏移 120mm，然后将偏移的墙线转换为"轴线"图层。

（3）在"标注"工具栏中通过线性和连续标注命令图形的左、右两侧和下侧进行尺寸标注，如图 10-36 所示。

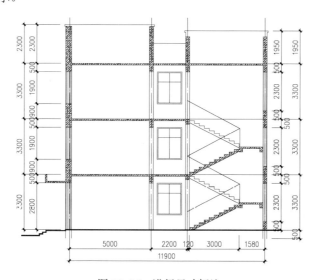

图 10-36 进行尺寸标注

（4）在"图层"工具栏的"图层控制"下拉列表框中选择"标高"图层。

（5）使用插入块命令（I），将准备好的"案例\10\标高.dwg"图块对象插入到当前剖面图形的相应位置，并修改相应的标高值，如图 10-37 所示。

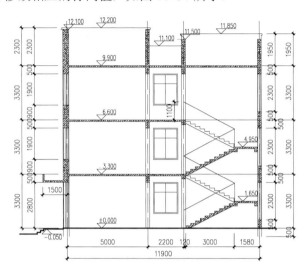

图 10-37　进行标高标注

（6）使用圆命令绘制直径为 800mm 的正圆，再使用直线命令绘制长度为 1700mm 的垂直线段，然后使用单行文字命令在圆内输入文字"A"，文字的高度为"450"，从而完成轴标符号的绘制，如图 10-38 所示。

（7）使用复制命令将轴标符号对象依次复制到下侧的轴线端点位置，并双击圆圈内的文字对象，将其修改为相应的轴标号，如图 10-39 所示。

图 10-38　绘制轴标符号

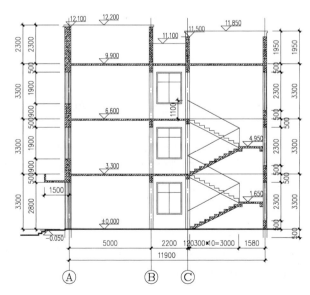

图 10-39　编辑的轴标号

（8）在"图层"工具栏的"图层控制"下拉列表框中选择"文字"图层。

（9）在"文字"工具栏中单击"单击文字"按钮 A，在剖面图中输入相应的文字标注信息，文字的样式为"黑体"，高度为"400"；在图形的下侧输入图名"1-1 剖面图"，文字的样式为"TQKT"，高度为"650"；在图名的右侧输入比例"1:100"，文字样式为"COMPLEX"，高度为"400"，然后绘制两条水平线段，如图 10-40 所示。

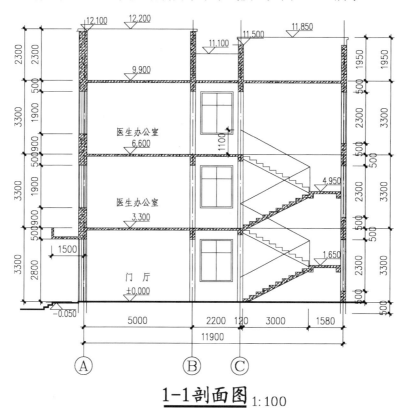

图 10-40 文字和图名标注

（10）至此，该 1-1 剖面图已经绘制完毕，用户可按〈Ctrl+S〉组合键对文件进行保存。

软件技能

10.3 实战总结与案例拓展

本章首先讲解了建筑剖面图的形成、内容和命名，再讲解了建筑立面图的绘制要求和绘制方法，然后通过某医院病房 1-1 剖面图的绘制实例，详细讲解了建筑剖面图的绘制思路及方法，包括设置绘图环境、绘制剖面墙体及地坪线轮廓、绘制剖面楼梯、填充剖面墙、进行尺寸与标高等标注等，使读者能够熟练地掌握在 AutoCAD 2014 软件中绘制建筑剖面图的方法。

为了能够更加牢固地掌握建筑剖面图的绘制方法，并达到熟能生巧的目的，读者可根据该医院病房楼的相关平面图、立面图效果绘制 2-2 剖面图。2-2 剖面图效果如图 10-41 所示。

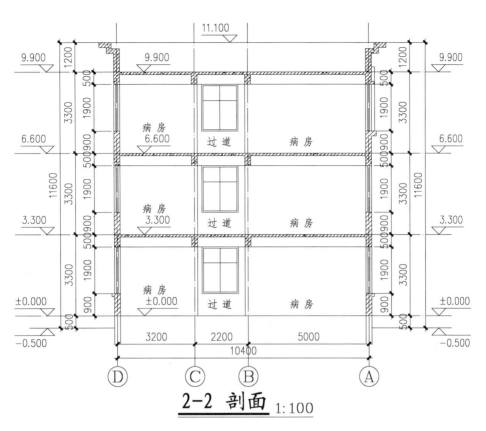

2-2 剖面 1:100

图 10-41　2-2 剖面图效果

第11章 建筑详图概述
与绘制方法

本章导读

在建筑施工图中，对房屋的一些细部构造，如形状、层次、尺寸、材料和做法等，由于建筑平面图、立面图、剖视图通常采用 1:100、1:200 等较小的比例绘制，无法完全表达清楚，因此，在施工图设计过程中常常按实际需要在建筑平面图、立面图、剖视图中另外绘制详细的图形来表现施工图样。

在本章中，首先讲解了建筑详图的特点和填充图例、建筑详图的主要内容和绘制方法，以及墙身、楼梯、门窗详图的识读方法；再以某墙身大样详图的绘制，帮助读者掌握墙身大样详图的绘制方法；然后通过楼梯节点详图的绘制，帮助读者掌握楼梯详图的绘制方法；最后介绍某建筑剖面图檐口详图的绘制方法，让读者更加牢固地掌握建筑详图的绘制方法。

主要内容

- ☑ 了解建筑详图的特点和填充图例
- ☑ 掌握建筑详图的主要内容和绘制方法
- ☑ 掌握墙身、楼梯、门窗详图的识读方法
- ☑ 练习墙身大样详图的绘制实例
- ☑ 练习楼梯节点详图的绘制实例
- ☑ 练习檐口详图的拓展实例

效果预览

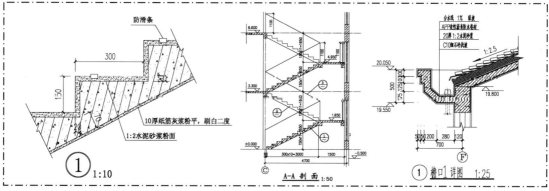

软件
技能

11.1 建筑详图概述

建筑详图又称建筑大样图或详图，是指对房屋的细部结构或配件用较大的比例，将其形状、大小、材料和做法按正投影的画法详细地表示出来的图样。建筑详图将这些建筑构配件和某些剖视节点的具体内容表达清楚，体现出大比例尺的优势。

11.1.1 建筑详图的特点

建筑详图是建筑内部的施工图，因为建立平面图、立面图、剖面图一般采用较小的比例，因而某些建筑构件（如门、窗、楼梯、阳台等）和某些剖面节点（如窗台、窗顶、台阶等）部位的样式，以及具体的尺寸、做法、材料等都不能在这些图中表达清楚，因此必须配合建筑详图才能表达清楚，可见建筑详图是建筑各视图的补充。

建筑详图的比例应优先选用 1:1、1:2、1:5、1:10、1:20、1:50，必要时也可选用 1:3、1:4、1:15、1:25、1:30、1:40。

按照《建筑制图标准》，建筑详图的图线中被剖切到的抹灰层和楼地面的面层线用中实线画。对比较简单的详图，可只采用线宽为 b 和 $0.25b$ 的两种图线，其他与建筑平面图、立面图、剖面图相同，如图 11-1 所示。

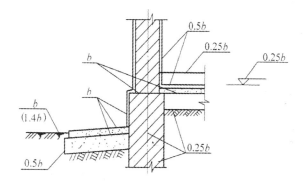
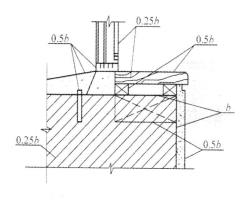

图 11-1 建筑详图图线宽度选用示例

操作提示

建筑详图符号和详图索引符号的有关规定，读者可参照第 6.2 节"索引符号与详图符号"中的相关标准执行。

专业技能

当一个详图使用几根定位轴线时，应同时注明各有关轴线的编号，但对通用详图的定位轴线，应只画圆，不注轴线编号，如图 11-2 所示。

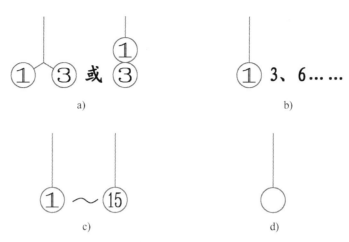

图 11-2　一个详图适用于多定位轴线时的编号

a) 用于两根轴线　b) 用于三根以上不连续编号的轴线　c) 用于三根以上连续编号的轴线　d) 用于通用详图的轴线

 11.1.2　建筑详图剖切材料的图例

在绘制建筑详图时，剖切面的材料一般用图例表示。常用的建筑详图剖切材料的图例见表 11-1。

表 11-1　剖面填充图例

材 料 名 称	图 案 代 号	图 例	材 料 名 称	图 案 代 号	图 例
墙身剖面	ANSI31		绿化地带	GRASS	
砖墙面	AR-BRELM		草地	SWAMP	
玻璃	AR-RROOF		钢筋混凝土	ANSI31+AR-CONC	
混凝土（砼）	AR-CONC		多孔材料	ANSI37	
夯实土壤	AR-HBONE		灰、砂土	AR-SAND	
石头坡面	GRAVEL		文化石	AR-RSHKE	

11.1.3 建筑详图的主要内容

建筑详图所表现的内容相当广泛，可以不受任何限制，只要是平面图、立面图、剖面图中没有表达清楚的地方都可以用详图进行说明。因此，根据房屋复杂的程度、建筑标准的不同，详图数量及内容也不尽相同。一般来讲，建筑详图包括外墙墙身详图、楼梯详图、卫生间详图、门窗详图以及阳台、雨篷和其他固定设施的详图。建筑详图中需要包含如图 11-3 所示的内容。

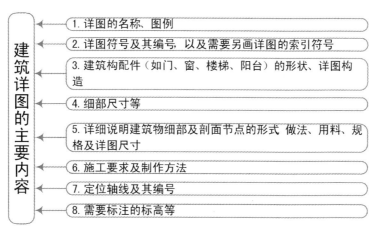

图 11-3　建筑详图的主要内容

11.1.4 建筑详图的绘制方法和步骤

建筑详图相应地可分为平面详图、立面详图和剖面详图。利用 AutoCAD 绘制建筑详图时，可以首先从已经绘制的平面图、立面图或者剖面图中提取相关的部分，然后按照详图的要求进行其他的绘制工作。建筑详图的绘制方法如图 11-4 所示。

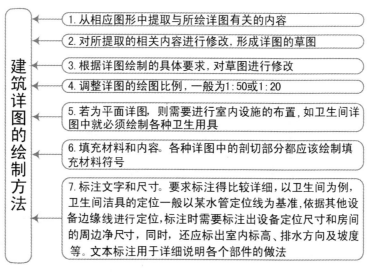

图 11-4　建筑详图的绘制方法

11.1.5 外墙详图的识读

　　假想用一个垂直于墙体轴线的铅垂剖切面，将墙体某处从墙体防潮层剖开，得到的建筑剖面图的局部放大图即为外墙详图，也叫墙身大样图，它实际上是建筑剖面图的有关部位的局部详图。它主要表达墙身与地面、楼面、屋面的构造连接情况以及檐口、门窗顶、窗台、勒脚、防潮层、散水、明沟的尺寸、材料、做法等构造情况，是砌墙、室内外装修、门窗安装、编制施工预算以及材料估算等的重要依据。有时在外墙详图上引出分层构造，注明楼地面、屋顶等的构造情况，而在建筑剖面图中省略不标。

　　外墙剖面详图往往在窗洞口断开，因此在门窗洞口处出现双折断线（该部位图形高度变小，但标注的窗洞竖向尺寸不变），成为几个节点详图的组合。在多层房屋中，若各层的构造情况一样，可只画墙脚、檐口和中间层（含门窗洞口）三个节点，按上下位置整体排列。有时墙身详图不以整体形式布置，而是把各个节点详图分别绘制，也称为墙身节点详图。

　　图 11-5 所示为某楼外墙剖面详图，用户可以按以下步骤来进行识读。

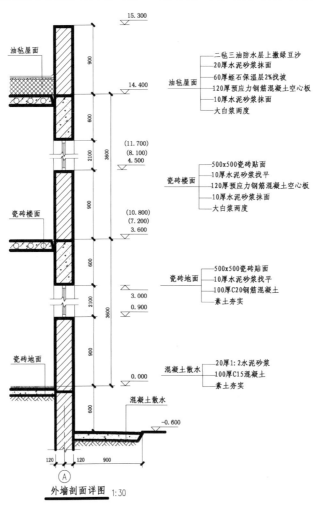

图 11-5　外墙剖面详图

1）根据外墙详图剖切平面的编号，在平面图、剖面图或立面图上查找出相应的剖切平面的位置，以了解外墙在建筑物中的具体部位。如图 11-5 所示是建筑剖面图中外墙身的放大图，比例为 1:20。图中不仅表示了屋顶、檐口、楼面、地面等构造以及与墙身的连接关系，而且表示了窗、窗顶、窗台等处的构造情况。圈梁、过梁均为钢筋混凝土构件，楼板为钢筋混凝土空心板，它们均用钢筋混凝土图例绘制。外墙为 240mm 厚砖墙，也以图例表示出来。

2）看图时应按照从下到上或从上到下的顺序，一个节点一个节点地阅读，了解各个部位的详细构造、尺寸、做法，并与材料做法表相对照。在画外墙详图时，一般在门窗洞中间用折断线断开。外墙详图实际上是几个节点（地面、楼面、窗台、屋面）详图的组合，有时也可不画整个墙身的详图，而是把各个节点的详图分别绘制。在多层建筑中，如果中间各层墙体的构造相同，则只画底层、中间层和顶层三个部位的组合。图 11-5 所示即是勒脚、散水节点，楼层节点和檐口节点三个节点的详图组合。

3）先看第一个节点，勒脚、散水节点。如图 11-5 所示，它是底层窗台以下部分的墙身详图。从图中可以看出，室内地面为混凝土地面，做法为在 100mm 厚的 C20 混凝土上用 10mm 厚的水泥砂浆找平，上铺 500mm×500mm 的瓷砖。在室内地面与墙身基础的相连处设有水泥砂浆防潮层，一般用粗实线表示。本图中窗台的做法比较简单，没有窗台板，也没有外挑檐。室外为混凝土散水，做法是在素土夯实层上铺 100mm 厚的 C15 混凝土，面层为 20mm 厚的 1:2 水泥砂浆。

4）再向上看第二个节点，了解楼层节点的做法。由图 11-5 可知圈梁、过梁（本例中圈梁与过梁合二为一）的位置。该楼板搭在横墙上，楼板面层采用瓷砖贴面，顶棚面和内墙面均为纸筋灰粉面刷白面层。

5）最后看第三个节点，檐口部分。图中檐口采用女儿墙形式，高度为 900mm。屋面做法为油毡保温屋面，保温层采用 60mm 厚的蛭石保温层，并兼 2%找坡作用。

6）看所标注尺寸。图 11-5 中注明了室外地面、底层室内地面、窗台、窗顶、楼面、顶棚、檐口底面及顶面的标高。在楼层节点处的标高，其中 7.200 与 10.800 用括号括起来，表示与此相应的高度上，该节点图仍然适用。此外，图中还注明了高度方向的尺寸及墙身细部大小尺寸，如墙身为 240mm，室外散水宽 900mm。

绘制外墙详图可按照以下几个步骤：① 从剖面图中提取外墙大致轮廓；② 剖面大样的修改；③ 修改地面部分；④ 修改楼板部分；⑤ 修改圈梁和过梁；⑥ 修改屋顶；⑦ 填充外墙；⑧ 标注尺寸；⑨ 轴线及其编号；⑩ 文字说明。

 11.1.6 楼梯详图的识读

楼梯详图主要表示楼梯的类型和结构形式。楼梯一般是由楼梯段、休息平台、栏杆或栏板三部分组成。楼梯详图主要表示楼梯的类型、结构形式、各部位的尺寸及装修做法等，是楼梯施工放样的主要依据。

楼梯详图一般分为建筑详图与结构详图，应分别绘制并编入建筑施工图和结构施工图中。对于一些构造和装修较简单的现浇钢筋混凝土楼梯，其建筑详图与结构详图可合并绘制，编入建筑施工图或结构施工图。

楼梯的建筑详图一般有楼梯平面图、楼梯剖面图以及楼梯节点详图。

1. 楼梯平面图

楼梯平面图实际上是在建筑平面图中楼梯间部分的局部放大图，如图 11-6 所示。

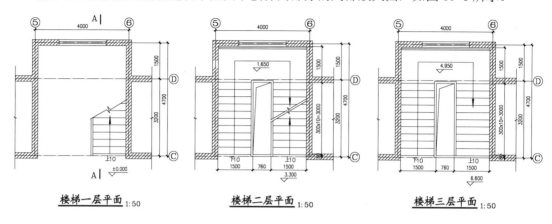

楼梯一层平面 1:50　　　楼梯二层平面 1:50　　　楼梯三层平面 1:50

图 11-6　楼梯平面图

楼梯平面图通常要分别画出底层楼梯平面图、顶层楼梯平面图及中间各层的楼梯平面图。当中间各层的楼梯位置、楼梯数量、踏步数、梯段长度都完全相同时，可以只画一个中间层楼梯平面图，这种相同的中间层的楼梯平面图称为标准层楼梯平面图。在标准层楼梯平面图中的楼层地面和休息平台上应标注出各层楼面及平台面相应的标高，其次序应由下而上逐一注写。

楼梯平面图主要表明梯段的长度和宽度、上行或下行的方向、踏步数和踏面宽度、楼梯休息平台的宽度、栏杆扶手的位置以及其他一些平面形状。

楼梯平面图中，楼梯段被水平剖切后，其剖切线是水平线，而各级踏步也是水平线，为了避免混淆，规定剖切处画 45°折断符号，首层楼梯平面图中的 45°折断符号应以楼梯平台板与梯段的分界处为起始点画出，使第一梯段的长度保持完整。

楼梯平面图中，梯段的上行或下行方向是以各层楼地面为基准标注的。向上者称为上行，向下者称为下行，并用长线箭头和文字在梯段上注明上行、下行的方向及踏步总数。

在楼梯平面图中，除注明楼梯间的开间和进深尺寸、楼地面和平台面的尺寸及标高外，还需注出各细部的详细尺寸。通常用踏步数与踏步宽度的乘积来表示梯段的长度，将三个平面图画在同一张图样内，并互相对齐，这样既便于阅读，又可省略标注一些重复的尺寸。

（1）楼梯平面图的读图方法

1）了解楼梯或楼梯间在房屋中的平面位置。如图 11-6 所示，楼梯间位于（ⓒ～ⓓ）轴×（⑤轴～⑥轴）之间。

2）熟悉楼梯段、楼梯井和休息平台的平面形式、位置、踏步的宽度和踏步的数量。本建筑楼梯为等分双跑楼梯，楼梯井宽为 760 mm，梯段长为 3000mm、宽为 1500mm，平台宽为 1500mm，每层为 20 级踏步。

3）了解楼梯间处的墙、柱、门窗平面位置及尺寸。

4）看清楼梯的走向以及楼梯段起步的位置。楼梯的走向用箭头表示。

5）了解各层平台的标高。本建筑一、二和三层平台的标高分别为 0.000m、3.300m 和

6.600m。

6）在楼梯平面图中了解楼梯剖面图的剖切位置。

（2）楼梯平面图的画法

1）根据楼梯间的开间、进深尺寸，画楼梯间定位轴线、墙身以及楼梯段、楼梯平台的投影位置，如图 11-7a 所示。

2）用平行线等分楼梯段，画出各踏面的投影，如图 11-7b 所示。

3）画出栏杆、楼梯折断线、门窗等细部内容，并画出定位轴线，标出尺寸、标高和楼梯剖切符号等。

4）写出图名、比例、说明文字等，如图 11-7c 所示。

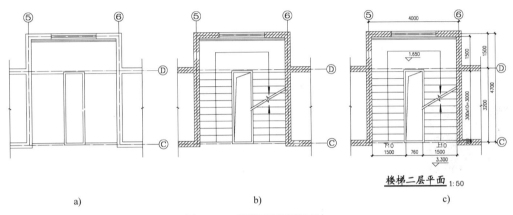

楼梯二层平面 1:50

a)　　　　　　　b)　　　　　　　c)

图 11-7　楼梯平面图的画法

2．楼梯剖面图

楼梯剖面图实际上是在建筑剖面图中楼梯间部分的局部放大图，如图 11-8 所示。

楼梯剖面图能清楚地注明各层楼（地）面的标高，楼梯段的高度、踏步的宽度和高度、级数及楼地面、楼梯平台、墙身、栏杆、栏板等的构造做法及相对位置。

表示楼梯剖面图的剖切位置的剖切符号应在底层楼梯平面图中画出。剖切平面一般应通过第一跑，并位于能剖到门窗洞口的位置上，剖切后向未剖到的梯段进行投影。

在多层建筑中，若中间层楼梯完全相同，楼梯剖面图可只画出底层、中间层、顶层的楼梯剖面，在中间层处用折断线符号分开，并在中间层的楼面和楼梯平台面上注写适用于其他中间层楼面的标高。若楼梯间的屋面构造做法没有特殊之处，一般不再画出。

在楼梯剖面图中，应标注楼梯间的进深尺寸及轴线编号，各梯段和栏杆、栏板的高度尺寸，楼地面的标高以及楼梯间外墙上门窗洞口的高度尺寸和标高。梯段的高度尺寸可用级数与踏步高度的乘积来表示。应注意的是，级数与踏面数相差 1，即踏面数=级数-1。

（1）楼梯剖面图的读图方法

1）了解楼梯的构造形式。如图 11-8 所示，该楼梯为双跑楼梯，现浇钢筋混凝土制作。

2）熟悉楼梯在竖向和进深方向的有关标高、尺寸和详图索引符号。该楼梯为等跑楼梯，楼梯平台标高分别为 1.650m 和 4.950m。

3）了解楼梯段、平台、栏杆、扶手等相互间的连接构造。

4）明确踏步的宽度、高度及栏杆的高度。该楼梯踏步宽为 300mm，栏杆的高度为 1100mm。

349

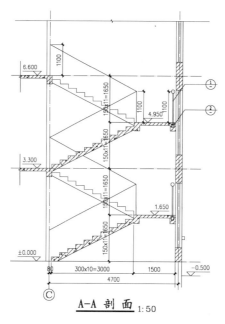

图 11-8　楼梯剖面图

（2）楼梯剖面图的画法

1）画定位轴线及各楼面、休息平台、墙身线，如图 11-9a 所示。

2）确定楼梯踏步的起点，用多段线绘制踏步的投影，如图 11-9b 所示。

3）使用直线、偏移、镜像、修剪等命令，画楼地面、楼梯休息平台、踏步板的厚度以及楼层梁、平台梁等其他细部内容，如图 11-9c 所示。

4）检查无误后，加深、加粗并画详图索引符号，最后标注尺寸、图名等，如图 11-9d 所示。

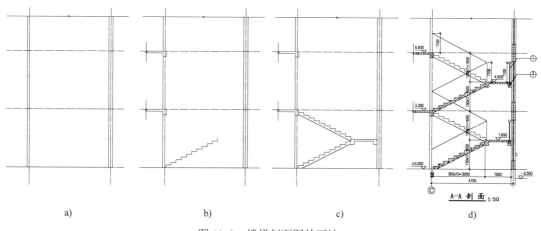

图 11-9　楼梯剖面图的画法

3．楼梯节点详图

楼梯节点详图主要表达楼梯栏杆、踏步、扶手的做法，它们分别用索引符号与楼梯平面图或楼梯剖面图联系。如采用标准图集，则直接引注标准图集编号；如采用特殊形式，则用

1:10、1:5、1:2、1:1 比例详细画出，如图 11-10 所示。

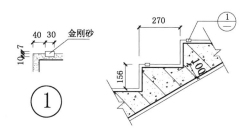

楼梯节点详图 1:20

图 11-10 楼梯节点详图

 11.1.7 门窗详图的识读

门窗详图一般都由各地区建筑主管部门批准发行的各种不同规格的标准图（通用图、利用图）供设计选用。若采用标准详图，则在施工图中只需说明详图所在标准图集中的编号即可；如果未采用标准图集，则必须画出门窗详图。

在进行建筑设计中，门窗起到交通、分隔、防盗、通风、采光等作用，其木门、窗是由门（窗）框、门（窗）扇及五金件等组成，如图 11-11 所示。

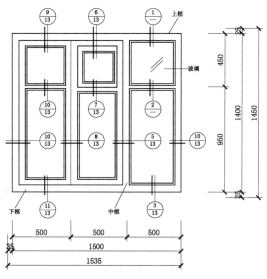

图 11-11 木门、窗的组成

门窗详图由门窗立面图、门窗节点详图、门窗料断面详图和门窗扇立面图等组成。

1. 门窗立面图

门窗立面图常用 1:20 的比例绘制，它主要表达门窗的外形、开启方式和分扇情况，同时还标出门窗的尺寸及需要画出节点图的详图索引符号，如图 11-12 所示。

一般以门窗向着室外的面作为正立面，门窗扇向室外开则称为外开，反之为内开。《房屋建筑制图统一标准》中规定：门窗立面图中，开启方向外开用两条细斜实线表示，内开用细斜虚线表示。斜线开口端为门窗扇开启端，斜线相交端为安装铰链端。如图 11-12 所示，门扇为外开平开门，铰链装在左端，门上亮子为中悬窗，窗的上半部分转向室内，下半部分转向窗外。

门窗立面图尺寸，一般在竖直和水平方向各标注三道，最外一道为洞口尺寸，中间一道为门窗框外包尺寸，最里边一道为门窗扇尺寸，如图 11-12 所示。

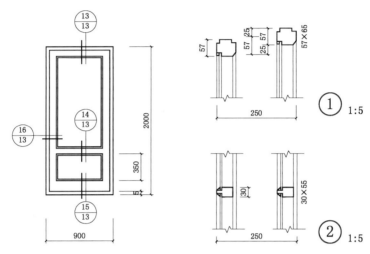

图 11-12　木门详图

2．门窗节点详图

门窗节点详图常用 1:10 的比例绘制，主要表达各门窗框、门窗扇的断面形状、构造关系以及门窗扇与门窗框的连接关系等内容。习惯上将水平（或竖直）方向上的门窗节点详图依次排列在一起，分别注明详图编号，并相应地布置在门窗立面图的附近，如图 11-12 所示。

门窗节点详图的尺寸主要为门窗料断面的总长、总宽尺寸。如 95×42、55×40、95×40 等为"X-0927"代号门的门框、亮子窗扇上下冒头、门扇上中冒头及边挺的断面尺寸。除此之外，还应标出门窗扇在门窗框内的位置尺寸，在如图 11-12 所示的②号节点详图中，门扇进门框为 10mm。

3．门窗料断面详图

门窗料断面详图常用 1:5 的比例绘制，主要用以详细说明各种不同门窗料的断面形状和尺寸。断面内所注尺寸为净料的总长、总宽尺寸（通常，每边要留 2.5mm 厚的加工裕量），断面图四周的虚线即为毛料的轮廓线，断面外标注的尺寸为决定其断面形状的细部尺寸，如图 11-11 所示。

4．门窗扇立面图

门窗扇立面图常用 1:20 的比例绘制，主要表达门窗扇形状及边挺、冒头、芯板、纱芯或玻璃板的位置关系，如图 11-13 所示。

门窗扇立面图在水平和竖直方向各标注两道尺寸，外边一道为门窗扇的外包防雨，里边一道为扣除裁口的边挺或各冒头的尺寸，以及芯板、纱芯或玻璃板的尺寸。

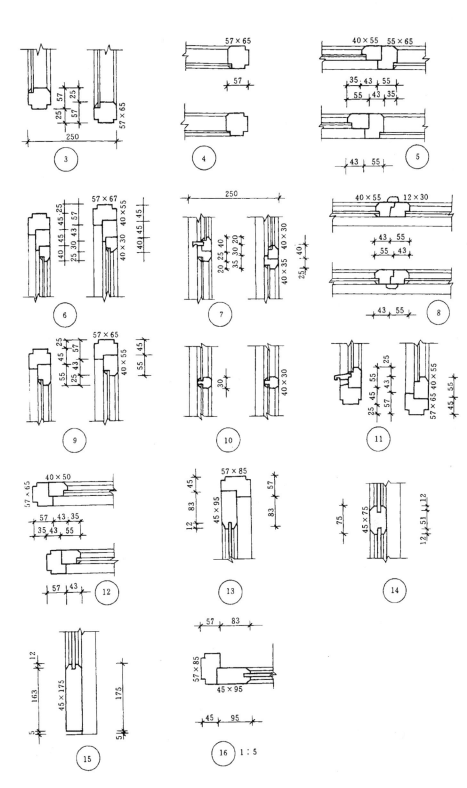

图 11-13　木门门窗详图

视频\11\墙身详图的绘制.avi
案例\11\墙身详图.dwg ···

　　用户在绘制墙身详图时，首先根据需要设置绘图环境，包括设置图纸界限、设置图层、设置文字样式、设置标注样式、保存为样板文件等，再根据需要绘制墙身大样的轮廓，并对其进行图案填充，再进行文字说明标注、尺寸标注、标高标注、图名标注等。绘制完成后的效果如图 11-14 所示。

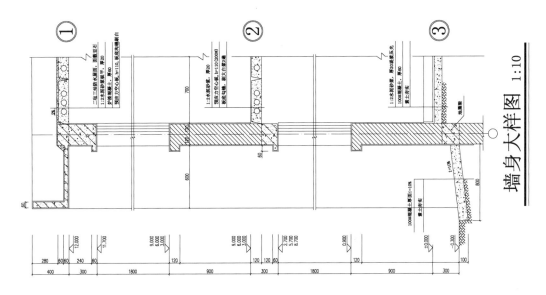

图 11-14　墙身详图的效果

 11.2.1　详图绘图环境的设置

　　建筑详图相对于平面图、立面图、剖面图而言一般采用较大的绘制比例，因此须重新设置与详图相匹配的绘图环境。

　　（1）启动 AutoCAD 2014 软件，选择"文件 | 保存"菜单命令，将该文件保存为"案例\11\墙身详图.dwg"文件。

　　（2）选择"格式 | 图形界限"菜单命令，依照提示，设置图形界限的左下角为（0,0），右上角为（42000,29700）。

　　（3）单击"图层"工具栏的"图层"按钮，打开"图层特性管理器"面板，利用"新建图层"按钮，创建表 11-2 中的各图层，并进行图层颜色、线宽、线型等特性的设置，结果如图 11-15 所示。

表 11-2　图层设置

序　号	图　层　名	线　宽	线　型	颜　色	打印属性
1	墙面	默认	实线	洋红	打印
2	墙体	0.30mm	实线	黑色	打印
3	标注	默认	实线	蓝色	打印
4	文字	默认	实线	黑色	打印
5	图案填充	默认	实线	黑色	打印
6	轴线	默认	点画线	红色	打印

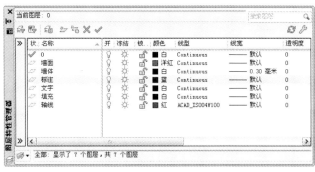

图 11-15　设置图层

（4）选择"格式 | 线型"菜单命令，打开"线型管理器"对话框，将"全局比例因子"设置为"10.0000"，如图 11-16 所示。

（5）选择"格式 | 文字样式"菜单命令，按照表 11-3 对每一种样式进行字体、高度、宽度因子的设置，如图 11-17 所示。

表 11-3　文字样式

文字样式名	打印到图纸上的文字高度	图形文字高度（文字样式高度）	字　体　文　件
图内文字	3.5	35	tssdeng / gbcbig
尺寸文字	3.5	0	tssdeng / gbcbig
图名及轴线文字	5	50	tssdeng / gbcbig

图 11-16　设置线型比例

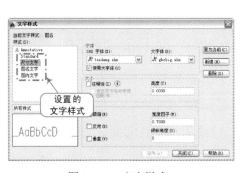

图 11-17　文字样式

（6）选择"格式 | 标注样式"菜单命令，创建"建筑详图-10"标注样式，单击"继续"按钮后，则进入到"新建标注样式"对话框，然后分别在各选项卡中设置相应的参数，其设置后的效果见表 11-3。

表 11-4　"建筑详图-10"标注样式的参数设置

"线"选项卡	"符号和箭头"选项卡	"文字"选项卡	"调整"选项卡

（7）选择"文件|另存为"菜单命令，打开"图形另存为"对话框，选择文件类型为"AutoCAD 图形样板（*.dwt）"，系统会自动将已设置的图形环境保存到 AutoCAD 2014 目录下的样板文件夹中（Template），在"文件名"文本框中输入"建筑详图"，然后单击"保存"按钮，如图 11-18 所示。

图 11-18　保存为样板文件

11.2.2　绘制墙面、墙体的层次结构

首先绘制垂直构造线，并对其构造线进行偏移，然后使用多段线绘制每段墙体的墙面，

并向内偏移形成墙体，然后对其进行修剪等操作。

（1）在"图层"工具栏中选择"轴线"图层作为当前图层。

（2）在"绘图"工具栏中单击"构造线"按钮✎，根据命令行提示选择"垂直(V)"选项，绘制一条垂直构造线，再使用偏移命令（O），将其依次向左偏移 120mm、60mm、600mm，再将原始的构造线向右偏移 120mm、700mm，如图 11-19 所示。

（3）使用直线命令（L）过垂直构造线绘制一条水平线段，再使用偏移命令（O），将水平线段向上依次偏移 200mm、100mm、780mm、120mm，如图 11-20 所示。

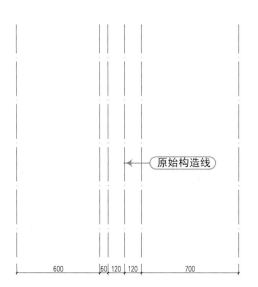

图 11-19　绘制并偏移的垂直构造线　　　　图 11-20　绘制并偏移的水平线段

（4）在"图层"工具栏中选择"墙面"图层作为当前图层。

（5）使用多段线命令（L），按照要求绘制相应的墙面多段线，如图 11-21 所示。

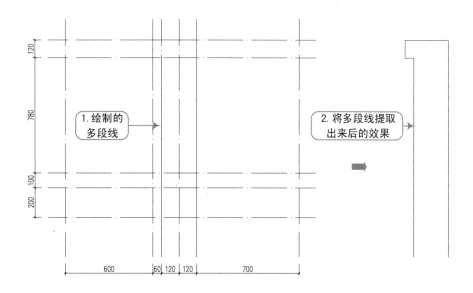

图 11-21　绘制的墙面多段线

（6）使用偏移命令（O），将绘制的多段线对象向内偏移 10mm，然后将偏移的多段线转换为"墙体"图层，如图 11-22 所示。

（7）再使用偏移、修剪、删除等命令，绘制图形墙体下段的效果，如图 11-23 所示。

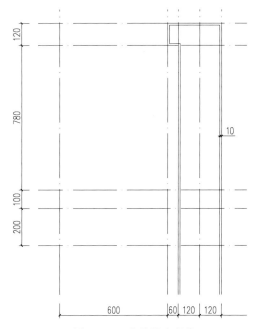

图 11-22　偏移的多段线

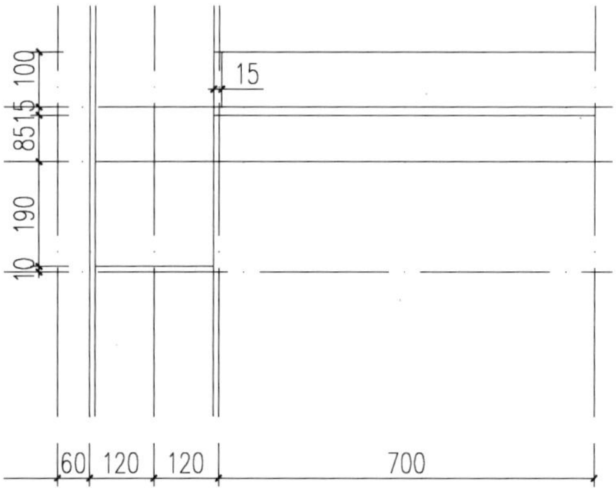

图 11-23　绘制墙体下段效果

（8）使用偏移命令（O），将最上侧的水平线段向上偏移依次 800mm、60mm、120mm、120mm、780mm、120mm，如图 11-24 所示。

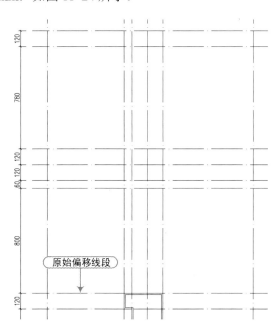

图 11-24　偏移水平线段

（4）在"图层"工具栏中选择"标注"图层作为当前图层。

（5）在"标注"工具栏中单击"线性"按钮和"连续"按钮，进行尺寸标注，如图11-36所示。

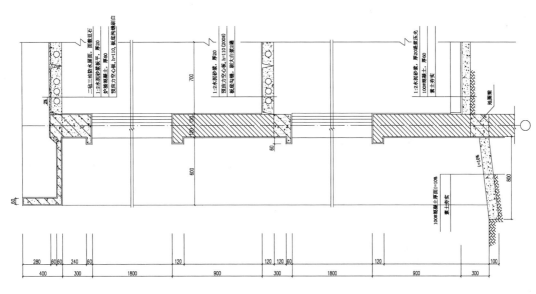

图11-36 尺寸标注的效果

（6）使用直线命令绘制标高符号，并填写标高文字内容，再将其复制到相应的标高位置处，并编辑标高文字内容，如图11-37所示。

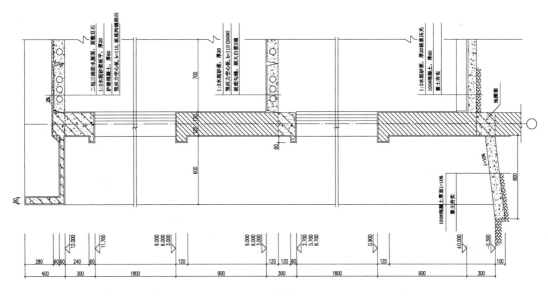

图11-37 标高标注的效果

（7）使用圆命令（C）绘制直径为200mm的圆，再将圆向外偏移10mm，在圆中输入文字编号，然后将其复制到其他位置并编辑，如图11-38所示。

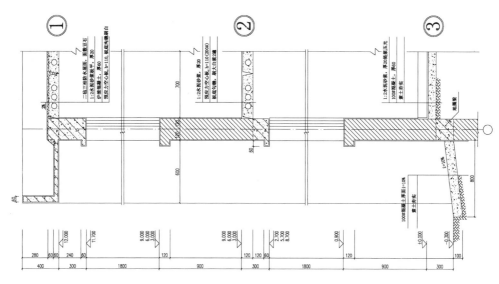

图 11-38 详图的编号

（8）使用文字、多段线等命令，在图形的下侧进行图名及比例的标注。

（9）至此，该墙身详图已经绘制完成，按〈Ctrl+S〉组合键对其进行保存。

软件
技能

11.3 楼梯节点详图的绘制

视频\11\楼梯节点详图的绘制.avi
案例\11\楼梯节点详图.dwg

从图 11-39 所示的楼梯剖面图中的索引符号可以看出，踏步、扶手和栏杆都另有详图，因此在详图中需要用更大的比例画出它们的形式、大小、材料及构造情况等。下面讲解楼梯节点详图的绘制方法，绘制的效果如图 11-40 所示。

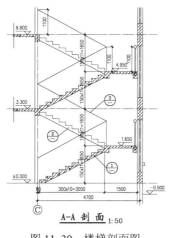

图 11-39 楼梯剖面图

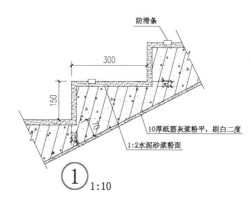

图 11-40 楼梯节点详图

（1）启动 AutoCAD 2014 软件，选择"文件 | 保存"菜单命令，将其保存为"案例\11\

楼梯节点详图.dwg"文件。

（2）使用多段线命令绘制踏步宽为 300mm、高为 150mm 的几个踏步对象，再过踏步的拐角点绘制斜线段，并将其偏移70mm，然后绘制两边的打断线，如图 11-41 所示。

（3）使用偏移命令（O），将表示踏面的多段线向外偏移 20mm，将梯段板线向外侧偏移10mm，然后使用修剪命令（TR）将多余的线段进行修剪，如图 11-42 所示。

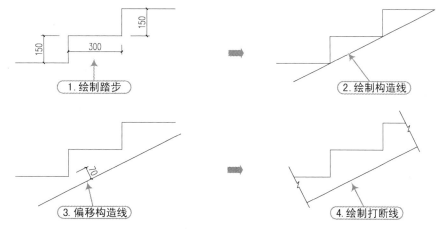

图 11-41　绘制的踏步

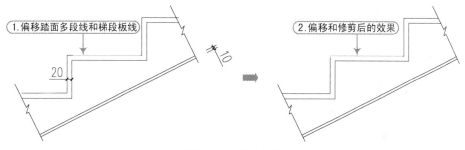

图 11-42　绘制面层

（4）使用矩形命令（REC），在踏面上绘制 30mm×17mm 的矩形防滑条，再使用修剪命令对其进行修剪，如图 11-43 所示。

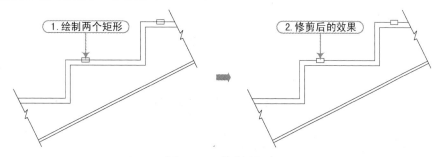

图 11-43　绘制防滑条

（5）单击"图案填充"按钮，将踏步内部填充为"钢筋混凝土材料（ANSI31+AR_CONC）"，面层为"水泥砂浆（AR_SAND）"，填充后的效果如图 11-44 所示。

（6）使用直线命令绘制标注引线，再使用单行文字命令编写文字说明，如图 11-45 所示。

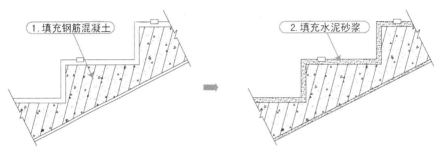

图 11-44　填充图案

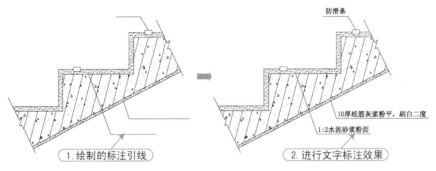

图 11-45　详图文字说明

（7）在"标注"工具栏中单击"线性"标注按钮，对其详图进行尺寸标注，再使用"圆（C）"命令绘制一个直径为 100mm 的圆，并在圆中填写详图的编号，然后再在圆的右下侧进行比例文字标注，如图 11-46 所示。

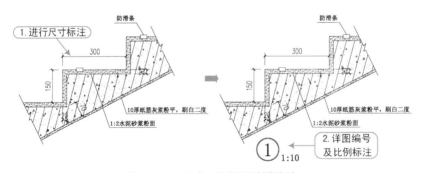

图 11-46　尺寸、比例及详图编号

（8）至此，该楼梯节点详图已经绘制完毕，按〈Ctrl+S〉组合键对其进行保存。

 软件技能　**11.4　实战总结与案例拓展**

　　本章首先讲解了建筑详图的特点、建筑详图的填充图例、建筑详图内容、建筑详图的绘制方法和步骤、外墙详图的识读、楼梯详图的识读和门窗详图的识读，再通过某墙身详图和楼梯节点详图的绘制实例来讲解建筑详图的绘制方法和步骤。

　　为了能够更加牢固地掌握建筑详图的绘制方法，并达到熟能生巧的目的，读者可根据如图 11-47 左图所示的剖面图结构来绘制相应的檐口详图（参照"案例\11\檐口详图.dwg"）。

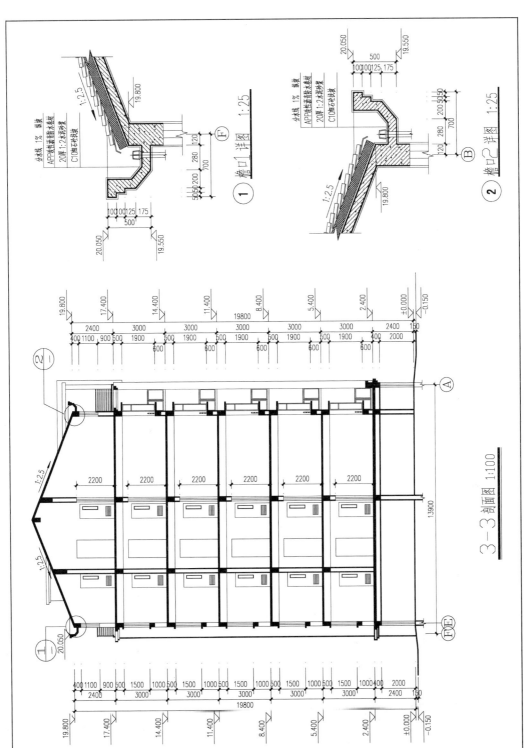

图 11-47 檐口详图效果

第12章 建筑水电施工图概述与绘制方法

本章导读

本章首先讲解了室内给水排水系统的组成、分类与制图规定，给水排水施工图的内容和绘制要求，还讲解了电气线路图的内容、种类和特点，电气照明线路图、平面图和系统图的识读方法，常用电气安装施工图的基本图例等。在后面的实例中，首先讲解了某卫生间给水排水平面图的绘制实例，还讲解了某平面图灯具开关布置图的绘制实例，让用户掌握建筑设备管道图的绘制方法和步骤。最后，在"实战测试"部分以某住宅室内平面图和某照明平面图为实例，让读者更加牢固地掌握给水排水和电气管道图的绘制方法。

主要内容

☑ 了解室内给水排水系统的组成、分类与制图规定
☑ 掌握给水排水施工图的内容和绘制要求
☑ 练习室内给排水平面图的绘制实例
☑ 了解电子电气施工图的概述
☑ 讲解电气照明线路图、电气照明平面图和电气照明系统图的识读方法
☑ 练习灯具开关布置图的绘制实例

效果预览

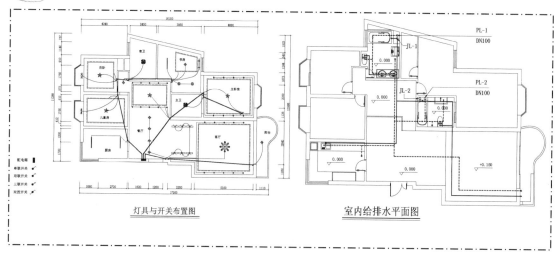

灯具与开关布置图　　　　室内给排水平面图

12.1　给水排水施工图概述

给水排水施工图一般分为室内给水排水施工图和室外给水排水施工图。室内给水排水施工图是表示一幢建筑物内部的卫生器具、给水排水管道及其附件的类型、大小、与房屋的相对位置和安装方式的施工图。室外给排水施工图表示的范围较广，可以表示一幢建筑物外部的给水排水工程，也可以表示一个厂区（建筑小区）或一个城市的给水排水工程。本节主要讲解室内给水排水施工图。

 ## 12.1.1　室内给水排水系统的组成与分类

室内给水排水施工图由室内给水系统和室内排水系统两部分组成。前者是指将水从室外自来水给水总管引入室内，并送至各个出水口（如各种水龙头、卫生洁具出水口、消防水栓等用水设备等）的管道施工；后者是指将生活污水从各污水收集点（如卫生间洁具、厨房盥洗槽的地漏等）引入排污管道，再排出到室外的检查井、化粪池段的管道施工。

1. 室内给水系统的组成与分类

一般情况下，室内给水系统由以下几个基本部分组成。

- ☑ 供水管：供水管采用地下敷设的方式，穿越住宅建筑的基础和墙体，由室外给水管将水引入室内给水管网的管段。
- ☑ 水表节点：在供水管上安装水表、阀门、出水口等计量及控制附件，构成水表节点。其作用是对管道的用水进行计量或控制。
- ☑ 给水管网：由水平干管（俗称横杠）、立管（俗称立杠）和供水支线管等组成的管道系统。
- ☑ 用水和配水设备：即建筑物中的各种供水出口点（如各种水龙头、洁具出水口和淋浴喷头等）。水通过给水系统送到这些用水和配水设备后，才能供人们使用，从而完成供水过程。
- ☑ 给水附件：给水管线上安装与连接的各种闸门、止回阀、储用水设备（包括水泵、水箱）等。

根据室内给水引入管和干管的布置方式的不同，给水管网的布置形式可以分为环形布置和枝形布置两种。环形布置是指给水干管首尾相连形成环状，有两根引入管。枝形布置是指给水干管首尾不相连，只有一个引入管，支管布置形状像树枝。

根据给水干管敷设位置的不同，常见的给水管网的布置形式可分为下行上给式、上行下给式和分区供给式等。

- ☑ 下行上给式：当给水管网水压、水量能满足使用一定层高的建筑用水要求，或者在底层设有增压设备时，可将给水干管穿越建筑底层地面和墙体，经给水立管和支管直接送至各室内用水设备和用水点，如图 12-1 所示。
- ☑ 上行下给式：当给水管网水压及水量在用水高峰时间不能满足使用要求时，可用水泵将水输送至建筑顶部设置的水箱储水。给水干管敷设在建筑顶层上面，在管网直接供水不足时，再将水从水箱向下输送至各用水设备和出水点，又称二次供水，如图 12-2 所示。

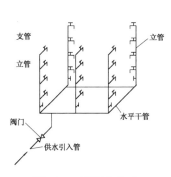 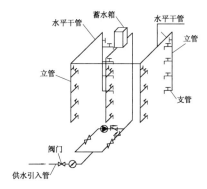

图 12-1　下行上给式　　　　　　图 12-2　上行下给式

☑ 分区供给式：是上述两种的结合，即下层由室外给水管网直接供水，上层由水箱供给。

2．消防给水系统

消防给水系统可以分为普通消防给水系统、自动喷洒消防给水系统和水幕消防给水系统三类。其中，水幕消防给水系统是用于防止火灾蔓延的特殊消防给水系统，主要用于较大型的公共空间。普通的居民住宅或高级公寓采用普通消防给水系统或自动喷洒消防给水系统即可。

3．室内排水系统的组成与分类

根据建筑的性质，排水系统分为生产污水管道系统、雨水管道系统和生活污水管道系统三类。住宅室内排水系统一般为生活污水管道系统。通常，住宅室内排水系统由以下几个部分组成。

☑ 污水收集设备：是室内排水系统的起点，如各种盥洗池、浴盆、大便池、小便池等。卫生洁具带有的排水管一般设有水封（P 形可 S 形存水弯）或地漏等，这些污水收集器具接纳各种污水后排入管网系统。

☑ 横支管：连接污水收集器具排水管和排水立管之间水平方向的管段，能够将从各污水收集器具流来的污水送至排水立管。横支管应具有一定的坡度，与排水立管相接的一端应较低，以利于排水。

☑ 排水立管：是主要的排水管道，接收各横支管流来的污水，再排至建筑物底部的排出管。

☑ 排出管：将排水立管流来的污水排至室外的检查井、化粪池的水平管段。埋地敷设的排出管应具有较大的坡度，与室外的检查井、化粪池相接的一端较低，以利于排除污水。

☑ 通气管：与排水立管相连，上口一般伸出屋面或室外，作用是排放排水管网中的有害气体和平衡管道内气压。

☑ 清通设备：用于排水管道的清理疏通，如检查口、清扫口等。

☑ 其他设备：包括污水抽升设备、局部污水处理设备等。

12.1.2　室内给水排水施工图的制图规定

给水排水施工图要遵循《房屋建筑制图统一标准》（GB/T50001-2001）和《给水排水制图标准》（GB/T 50106-2001）中的专业制图规定。

1．图线

根据图纸的类别、比例和复杂程度，线宽 b 宜为 0.7mm 或 1.0mm。给水排水施工图中图线的运用应符合表 12-1 中的规定。

表 12-1　给水排水施工图中的常用线型

名　称	线　型	线　宽	用　途
粗实线	———	b	新设计的各种排水和其他重力流管线
粗虚线	— — —	b	新设计的各种排水和其他重力流管线的不可见轮廓线
中粗实线	———	$0.75b$	新设计的各种给水和其他压力流管线；原有的各种排水和其他重力流管线
中粗虚线	- - - -	$0.75b$	新设计的各种给水和其他压力流管线及原有的各种排水和其他重力流管线的不可见轮廓线
细实线	———	$0.25b$	建筑的可见轮廓线；总图中原有的建筑物和构筑物的可见轮廓线；制图中的各种标准线
细虚线	- - - - - -	$0.25b$	建筑的不可见轮廓线；总图中原有的建筑物和构筑物的不可见轮廓线
单点长画线	—·—·—	$0.25b$	中心线、定位轴线
打断线	——/——	$0.25b$	断开界线
波浪线	∿∿∿	$0.25b$	平面图中水面线；局部构造层次范围线；保温范围示意线等

2．比例

住宅给水排水施工图中常用的比例较多，泵房平面图、剖面图、给水排水系统图等多采用 1:50、1:30 的比例绘制，管道纵断面图采用 1:500 或 1:100 的比例绘制，而部件、零件详图多采用 1:2、1:1 或 2:1 的比例绘制。

3．标高

给水排水施工图中的标高以 m（米）为单位，一般注写到小数点后第 3 位。住宅室内管道应标注相对标高，而室外管道没有绝对标高资料时，可标注相对标高，但应与总图一致。常见的标高标注方法如图 12-3 所示。

给水排水工程图中在下列部位应标注标高。

☑ 沟渠和重力流管道的起止点、转角点、连接点、变坡点、变尺寸（管径）点及交叉点。

☑ 压力流管道中的标高控制点。

☑ 管道穿外墙、剪力墙和构筑物的壁及底板等处。

☑ 不同水位线处。

☑ 构筑物和土建部分的相关标高。

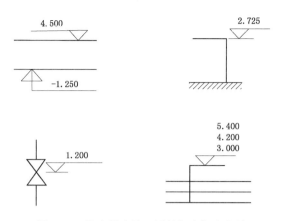

图 12-3　给水排水施工图的标高标注方法

4. 管径

给水排水施工图中的管径尺寸应以 mm（毫米）为单位。镀锌钢管、铸铁管、PVC 管等应以公称直径"DN"表示，如 DN28 表示公称直径为 28mm；无缝钢管应以外径 D 和壁厚表示，如 D114×5 表示外径为 114mm、壁厚为 5mm；而陶瓷管、混凝土管等则采用内径表示，如 d230 表示内径为 230mm。同一种管径的管道较多时，可在附注中统一说明管径尺寸，而不用在图上标注。

管径在图样上一般标注在管径变径处；水平管道标注在管道上方；斜管道标注在管道的斜上方；立管道标注在管道的左侧。

5. 系统编号

给水排水施工图中某种设备或管道较多时，可用汉语拼音字头的类别代号+阿拉伯数字编号标注。如 JL-1 表示编号为 1 的给水立管，PL-3 表示编号为 3 的排水立管。其他附属设施，如阀门井、检查井、水表井、化粪池等也应按照顺序编号；供水设施可以按照从水源到用水设备、先干管后支管的顺序编号；排水设施则应按从上游到下游，先干管后支管的顺序编号。

6. 图例

室内给水排水安装图中用规定的图例符号表示各种设备、管道的类型及安装位置。这些图例符号只是示意性地表示相应的器具和设备，其大小可以适当地按比例放大和缩小。绘制给水排水施工图应按照 GB/T 50106-2001 中规定的图例符号执行。

给水排水常用图例见表 12-2。

7. 双线图和单线图

在给水排水管道施工图中，往往用两根线表示一根管道的形状而不表示其壁厚，用这种方法绘制的管道图样就是双线图。但有时为了使绘图更加简化，也可以用一条粗实线表示管道形状、管道位置和走向，而不标注壁厚和管径数值，这种图则是单线图。在工程施工图中，单线图运用较多，管线的其他技术细节可以通过详图或文字说明等表示。

表 12-2　给水排水常用图例

图例	名称	图例	名称	图例	名称	图例	名称
	管道伸缩器	管件:		仪表:			室内消火栓(单口)
	波纹伸缩器		偏心异径管		水泵		室外消火栓水表(下给)
	可曲挠橡胶接头		异径管		定量泵		网式自闭冲洗水表(下给)
	立管检查口		乙字管(乙管弯)		卡式水表交换器		网式自闭冲洗水表(上给)
	清扫口		喇叭形水口		开水器		侧壁式冲洗水表
	通气帽		柔性管节头		户用水表		水龙喷头
	雨水斗		双承唧冲器		蒸汽减温减水器		水停头
	防爆冲水斗		S形存水弯		紧闭式减水机		混流喷阀
	圆形地漏		P形存水弯			温度计		紧固形整阀
	毛条斗		瓶形存水弯		压力表		喷淋阀
	Y形过滤器		浴盆排水件		自动记录压力表		干泼溢喷阀
	刚性防水套管	卫生活具:		压力控制器		信号阀
	柔性防水套管		浴盆		自动计算流量计		水喷流示器
	固定支架		洗脸盆(立式, 挂式)		转子流量计		水喷锁
	柔性连接		洗涤盆(台式)		真空度计		消防水泵结合器
	活接头		坐式大便器		温度传感器		水炮
	管堵		立式小便器		压力传感器		低区消水给水管
	法兰连接		壁挂式小便器		PH值传感器		高区自动喷大入给水管
	管道丝接		蹲式大便器		酸碱传感器		高区消大给水立管
	管道丁字上接		妇女卫生盆		余氯传感器		高区消火大给水立管
	管道丁字下接		自动冲洗水箱	消防设施:			高温大花洒大管
	三通连接		湿盆式大桶		低区消水给水管		水温火洒大管
	四通连接		污盆槽(池)		高区消水给水大管		室内事冲水栓
	管道交叉	给水排水设备:		清洗槽			
			立式水泵		瓷瓷槽 保瓷盆			
			卧式水泵		污水池			
				室内消火栓			

8. 管道图示方法

在给水排水施工图中，管道的积聚、重叠、交错是比较常见的现象。在投影表示方法上，双线图和单线图有所不同。

12.1.3 给水施工图的绘制内容

室内给水施工图主要包括室内给水平面图、室内给水系统图、给水施工详图、目录和说明等几个部分。

1. 室内给水平面图

室内给水平面图是以建筑平面图为基础（建筑平面以细线画出），表明给水管道、用水设备、器材等平面位置的图样。其主要反映下列内容。

☑ 表明房屋的平面形状及尺寸，用水房间在建筑中的平面位置。

☑ 表明室外水源接口位置、底层引入管位置及管道直径等。

☑ 表明给水管道主管位置、编号、管径，支管的平面走向、管径及有关平面尺寸等。

☑ 表明用水器材和设备的位置、型号及安装方式等。

为了能够清晰地表达室内给水施工图的内容，室内给水平面图可分层单独绘制。对内容较为简单的建筑，也可将给水平面图与排水平面图绘制在一起。若多个楼层的给水排水平面图样相同，也可用一个标准层平面代替。图 12-4 所示为某农贸市场首层给水排水及消防平面图。

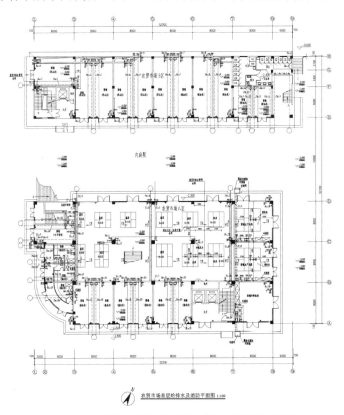

图 12-4　某农贸市场首层给水排水及消防平面图

2. 室内给水系统图

室内给水系统图是表明室内给水管网和用水设备的空间关系及管网、设备与房屋的相对位置、尺寸等情况的图样，一般采用 45°三等正面斜轴测绘制。给水系统图具有较好的立体感，与给水平面图结合，能较好地反映给水系统的全貌，是对给水平面图的重要补充。图 12-5 所示为某公厕给水系统图。

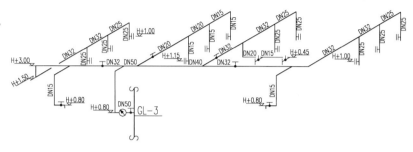

图 12-5　某公厕给水系统图

其主要反映以下内容。

☑ 表明建筑的层高、楼层位置（用水平线示意）、管道及管件与建筑层高的关系等，如果设有屋面水箱或地下加压泵站，则还应表明水箱、泵站等内容。

☑ 表明给水管网及用水设备的空间关系（前后、左右、上下），以及管道的空间走向等。

☑ 表明控水器材、配水器材、水表、管道变径等位置及管道直径，以及安装方法等，通常用"DN"（公称直径）表示。

☑ 表明给水系统图的编号。

3. 给水施工详图

给水施工详图是详细表明给水施工图中某一部分管道、设备和器材安装的大样图。目前，国家和各省市均有有关的安装手册或标准图，施工时应参见相关内容。图 12-6 所示为某卫生间给水施工详图。

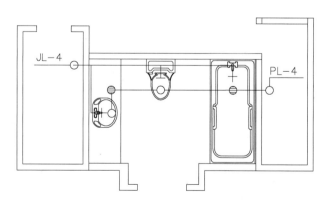

图 12-6　某卫生间给水施工详图

4. 目录和说明

目录表明室内给水施工图的编排顺序及每张图的图名，说明是对室内给水排水施工图的施工安装要求、引用标准图、管材材质及连接方法、设备规格型号等内容通过文字一一说明。

12.1.4 排水施工图的绘制内容

排水施工图的绘制包括以下内容。

1．排水平面图

排水平面图是以建筑平面图为基础画出的，其主要反映卫生洁具、排水管材、器材的平面位置、管径及安装坡度要求等内容，图中应注明排水位置的编号。对于不太复杂的排水平面图，通常和给水平面图画在一起，组成建筑给水排水平面图，如图12-4所示。

2．排水系统图

排水系统图采用45°三等正面斜轴测画出，表明排水管材的标高、管径大小、管件及用水设备下接管的位置，管道的空间相对关系、系统图的编号等内容。图12-7所示为某卫生间的排水系统图。

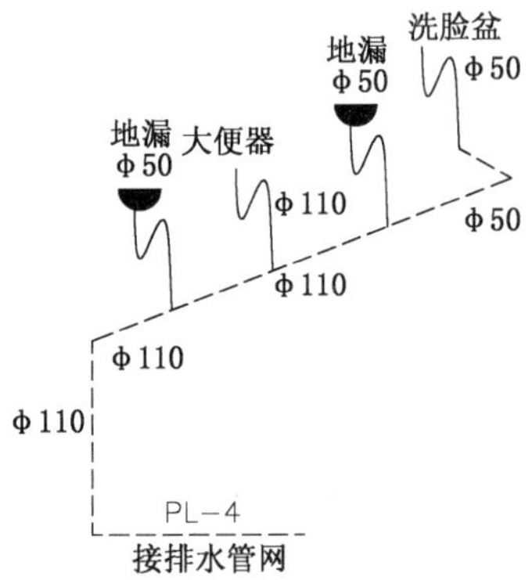

3．节点详图及说明

节点详图主要用于反映排水设备及管道的详细安装方式，可参照有关安装手册。说明可并入给水排水设计总说明中，用文字表明管道连接方式、坡度、防腐方法、施工配合等诸方面的要求。

图 12-7　某卫生间排水系统图

12.1.5 给水排水施工图的绘制要求

建筑给水排水平面图应按照下列规定绘制。

1）建筑物轮廓线、轴线号、房间名称、绘图比例等均应与建筑专业一致，并用细实线绘制。

2）各类管道、用水器具以及设备、消火栓、喷洒头、雨水斗、阀门、附件、立管位置等，应按照图例以正投影法绘制在平面图上，线型按表12-1所示规定执行。

3）安装在下层空间或埋设在地面下而为本层使用的管道，可绘制于本层平面图上；如有地下层，则排水管、引入管、汇集横干管可绘制地下层内。

4）各类管道应标注管径。生活热水管要标注出伸缩装置及固定支架位置；立管应按管道类别和代号自左至右分别进行编号，且各楼层相一致；消火栓可按需要分层按顺序编号。

5）引入管、排水管应注明与建筑轴线的定位尺寸、建筑外墙标高、防火套管形式。

6）标高为±0.000的平面图应在右上方绘制指北针。

建筑给水排水系统原理图按下列规定绘制。

1）多层建筑、中高层建筑和高层建筑的管道以立管为主要表示对象，按管道类别分别绘制立管系统原理图。如果绘制立管在某层偏置（不含乙字管）设置，则该层偏置立管宜另行编号。

2）以平面图左端立管为起点，顺时针自左向右按编号依次顺序均匀排列，不按比例绘制。

3）横管以首根立管为起点，按平面图的连接顺序，水平方向在所在层与立管相连接，如水平呈环状管网，绘两条平行线并于两端封闭。

4）立管上的引出管在该层水平绘制。如支管上的用水或排水器具另有详图时，其支管可在分户水表后断掉，并注明详见编号。

5）楼地面线、层高相同时应等距离绘制，夹层、跃层、同层升降部分应以楼层线反映，在图纸的左端注明楼层层数和建筑标高。

6）管道阀门及附件（过滤器、除垢器、水泵接合器、检查口、通气帽、波纹管、固定支架等）、各种设备及构筑物（水池、水箱、增压水泵、气压罐、消毒器、冷却塔、水加热器、仪表等）均应示意绘出。

7）系统的引入管和排水管绘制穿墙轴线号。

8）立管和横管均应标注管径，排水立管上检查口及通气帽注明距楼地面或屋面的高度。

12.2 室内给水排水平面图的绘制

视频\12\室内给水排水平面图的绘制.avi
案例\12\室内给水排水平面图.dwg

在绘制室内给水排水平面图时，首先将准备好的室内平面布置图打开，并另存为新的文件，根据要求建立"给水"和"排水"图层，再绘制给水的"出口设施"和给水立管线，然后绘制排水孔和排水立管线，最后进行给水排水管线的文字标注和图名标注。绘制完成后的效果如图 12-8 所示。

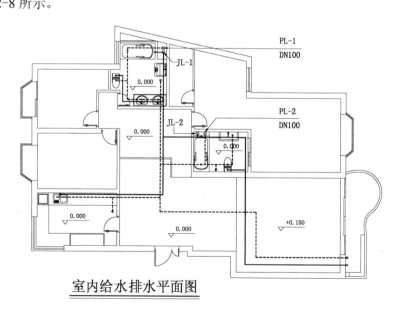

室内给水排水平面图

图 12-8 室内给水排水平面图效果

（1）启动 AutoCAD 2014 软件，选择"文件 | 打开"菜单命令，将"案例\12\室内平面图.dwg"文件打开，如图 12-9 所示。

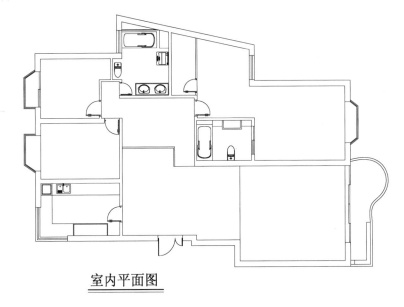

室内平面图

图 12-9 打开的"室内平面图.dwg"文件

（2）选择"文件 | 另存为"菜单命令，将该文件另存为"案例\12\室内给水排水平面图.dwg"文件，且双击下侧图名修改为"室内给水排水平面图"。

（3）选择"格式 | 图层"菜单命令，新建"给水"和"排水"两个图层，如图 12-10 所示。

图 12-10 新建的图层

（4）在"图层"工具栏的"图层控制"下拉列表框中将"给水"图层置为当前图层。

（5）执行圆命令（C），绘制直径为 75mm 的圆，作为出水点。

（6）执行多段线命令（PL）和直线命令（L），设置宽度为 25mm，绘制垂直多段线和水平直线，作为水龙头，如图 12-11 所示。

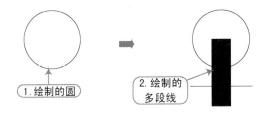

图 12-11 绘制出水点

（7）执行移动命令（M）、复制命令（CO）和旋转命令（RO），将出水点放置到相应位置，如图 12-12 所示。

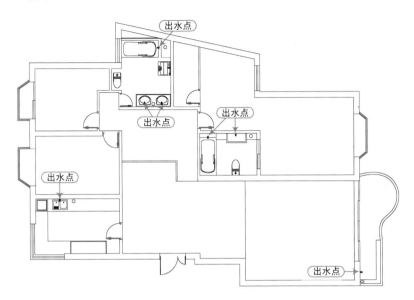

图 12-12　绘制出水点

（8）使用多段线命令（PL），设置多段线的宽度为 10mm，将复制的"出水点"进行连接，从而完成给水管线的绘制，如图 12-13 所示。

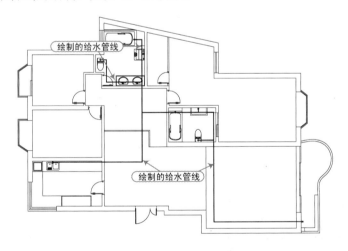

图 12-13　绘制的给水管线

　　确定线宽的方法有很多种，管道的宽度也可以在设置图层性质的时候确定，这时管线用"Continus"线型绘制，给水管用 0.25mm 的线宽，排水管用 0.30mm 的线宽，用"点"表示用水点，但是初学者在绘制步骤中对线宽的具体尺寸可能把握不好，所以这时根据实际效果来输入线宽可能比较直观。

（9）使用圆命令（C），在图形下侧的位置绘制直径为 150mm 的圆，将颜色设置为蓝色，再将圆移至给水立管的设计位置，并绘制多段线来进行连接，如图 12-14 所示。

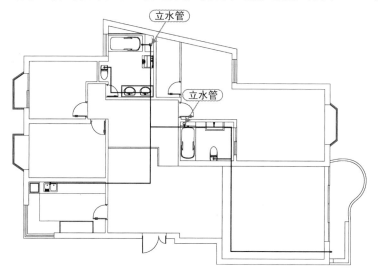

图 12-14　绘制好的立水管

（10）在"图层"工具栏的"图层控制"下拉列表框中将"排水"图层置为当前图层。

（11）使用圆命令（C）绘制直径为 75mm 的小圆作为排水口，再使用复制命令（CO）将其复制到洁具的相应位置，如图 12-15 所示。

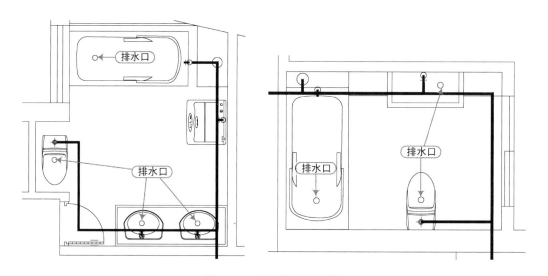

图 12-15　绘制并复制的圆

用户在此处绘制的小圆，可将其线型设置为实线。

操作提示

（12）执行插入块命令（I），将"案例/12"文件下面的"地漏"插入且复制到图形相应位置，如图 12-16 所示。

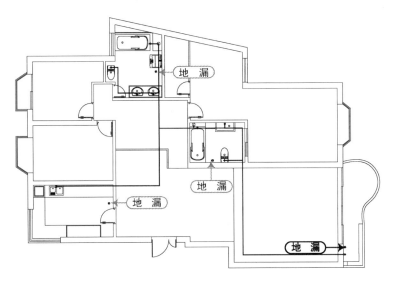

图 12-16　绘制的地漏

（13）使用多段线命令（PL），设置多段线的宽度为 10mm，将绘制的排水口和地漏进行连接，从而完成排水管线的绘制，如图 12-17 所示。

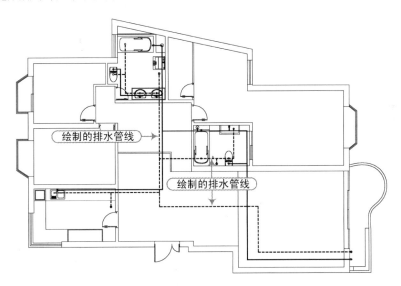

图 12-17　绘制的排水管线

　　由于绘制的排水立管线型为粗虚线，读者可在 AutoCAD 环境中执行"格式｜线型"菜单命令，设置线型的全局比例为"10"，从而显示出粗虚线效果。

（14）执行圆命令（C），在平面图的卫生间绘制直径为 100mm 的圆作为排水立管；再执行多段线命令（PL），将排水立管与排水管线进行连接，如图 12-18 所示。

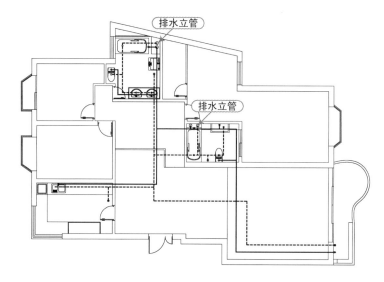

图 12-18 绘制的排水立管

　　（15）切换至"文字"图层，执行引线命令（LE），设置字体为"宋体"，文字大小为"250"，对平面图中的排水立管进行名称标注，标注名称分别为"PL-1""PL-2""JL-1""JL-2"，再进行"管径大小"标注，管径的大小为100mm，用"DN100"表示，如图 12-19 所示。

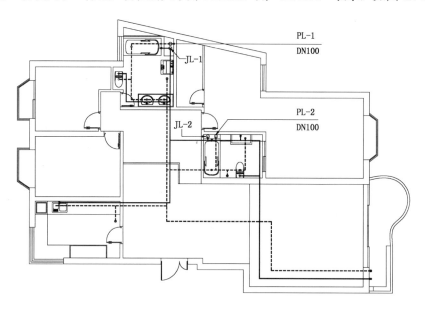

图 12-19 文字标注的效果

　　（16）执行插入块命令（I），将"案例/12"文件下面的"标高符号"插入并复制到图形相应位置，再修改相应的标高值，效果如图 12-20 所示。

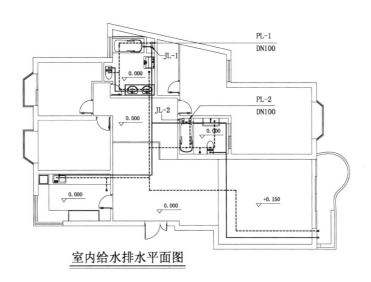

室内给水排水平面图

图 12-20　标高标注的效果

（17）至此，该室内给水排水平面图已经绘制完成，按〈Ctrl+S〉组合键对其进行保存。

给水排水布置图的标注

　　在进行给水排水布置图的标注说明时，应按照以下方式来操作。

　　1）文字标注及相关必要的说明：建筑给水排水工程图，一般采用图形符号与文字标注符号相结合的方法，文字标注包括相关尺寸、线路的文字标注以及相关的文字特别说明等，都应该按相关标准要求，做到文字表达规范，清晰明了。

　　2）管径标注：给排水管道的管径尺寸以 mm（毫米）为单位。

　　3）管道编号：

　　① 当建筑物的给水引入管或排水排出管的根数大于 1 根时，通常用汉语拼音的首字母和数字对管道进行标号。

　　② 对于给水立管及排水立管，即指穿过一层或多层的竖向给水或排水管道，当其根数大于 1 根时，也应采用汉语拼音首字母及阿拉伯数字进行编号。如"JL-2"表示 2 号给水立管，"J"表示给水；"PL-2"表示 2 号排水立管，"P"表示排水。

　　4）标高：对于建筑平面图来说，在同一标准层上可以同时表示出各个层的标高，这样更加直观。

　　5）尺寸标注：建筑的尺寸标注共三道，第一道是细部标注，主要是门窗洞的标注，第二道是轴网标注，第三道是建筑长宽标注。

软件技能

12.3　电子电气施工图概述

电子电气安装工程可以分为强电工程和弱电工程两大类，强电和弱电没有严格的区别标准。强电一般是交流电或电压较高的直流电；弱电 般指直流通信和广播线路上的电。在家居中弱电的安装项目相对较少，工程量相对较大的是电气设施的安装。住宅室内装饰装修的电气安装施工工程大致有电气设施安装、电子电器设备安装和综合布线系统施工三类。

电气设施的安装包括照明工程和室内配线工程。照明工程是指各种类型的照明灯具、开关、插座和照明配电箱等设备安装，其中最主要的是照明线路的敷设与电气零配件的安装；电子电器设备安装包括各种家用电器和家用电子设备的安装，如电热水器、空调器、煤气报警器、电子门铃等；综合布线系统施工是建筑工程的一种建筑集成化的配线安装方式，如智能化建筑各种设备、线路系统的综合敷设安装，它包括通信信息、有线电视、监控系统、远程检测作业信号的传送等。

12.3.1　电子电气施工图的种类

住宅装修工程中电子电气施工图既有建筑的电气安装图和各种电子装置的电子线路图，还有专用于表达电气设施与建筑结构关系的灯位图，以及照明电气、通信信息、有线电视的综合布线图等。从目前来看，与建筑装修工程有关的电气安装施工图样资料主要有电气平面图、系统图、电路图、设备布置图、综合布线图和图例、设备材料明细表等几种。

各种电子设备与装置的电路安装图主要有电路原理图、元器件安装图和方框图等三种。

设计说明主要表达电气工程设计的依据、施工原则和要求、建筑特点、电气安装标准、安装方法、工程等级、工艺要求等，以及有关设计的补充说明。图例一般只列出本套图纸中涉及的一些图形符号。而设备材料明细表则是在图样中列出该项电气工程所需要的设备和材料的名称、型号、规格和数量，供设计概算和施工预算时参考。

12.3.2　电气线路的组成

住宅装饰装修工程中的电气线路主要由下面几部分组成。

- ☑ 进户线：进户线通常是由市电的架空线路引进建筑物的室内，如果是楼房，线路一般是进入楼房的二级配电箱前的一段导线。
- ☑ 配电箱：配电箱是住宅电气照明工程中的主要设备之一，城市住宅多数用明装（嵌入式）的方式进行安装，只绘出电气系统图即可。进户线首先是接入总配电箱（盘），然后根据需要分别接入各个分配电箱（盘）。
- ☑ 室内照明电气线路：分为明敷设和暗敷设两种施工方式。暗敷设是指在建筑墙体内和吊顶棚内采用线管配线的敷设方法进行线路安装。线管配线就是将绝缘导线穿在线管内的一种配线方式，常用的线管有薄壁钢管、硬塑料管、金属软管、塑料软管等。在有易燃材料的线路敷设部位必须标注焊接要求，以避免产生打火点。
- ☑ 熔断器：为了保证用电安全，应根据负荷，选定额定电压和额定电流的熔断器。
- ☑ 灯具：建筑住宅常用的有吊灯、吸顶灯、壁灯、荧光灯、射灯等。在图样上以图形符号或旁标文字表示，进一步说明灯具的名称和功能。
- ☑ 电子电气元件和用电器：主要是各种开关、插座和电子装置。插座主要用来插接各种移动电器和家用电器设备，应明确开关、插座是明装还是暗装，以及它们的型

第**12**章 建筑水电施工图概述与绘制方法

号；而各种电子装置和元器件则要注意它们的耐压和极性。其他用电器有电风扇、空调器等。

12.3.3 电气安装图的特点

建筑电气安装图能够表达建筑中电气工程的组成、功能和电气装置的工作原理，提供安装和使用维护数据。电气安装图种类比较多，其中，平面图和接线图可表明安装位置和接线方法，电气系统图可表示供电关系，电气原理图可说明电气设备的工作原理。住宅装饰装修工程中常用的电气安装图有照明电气平面图、电气系统图、电路图、设备布置图和安装详图等。

1. 照明电气平面图

照明电气平面图是表示各种家用照明灯具、配电设备（配电箱、开关）、电气装置的种类、型号、安装位置和高度，以及相关线路的敷设方式、导线型号、截面、根数及线管的种类、管径等安装所应掌握的技术要求的图样，如图12-21所示。

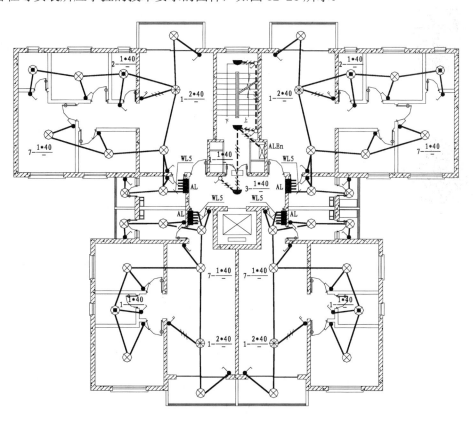

图 12-21　照明电气平面图

为了突出电气设备和线路的安装位置及安装方式，电气设备和线路一般在简化的建筑平面图上绘出，照明平面图上的建筑的墙体、门窗、楼梯、房间等平面轮廓是用细实线严格按比例绘制的，但电气设备和灯具、开关、插座、配电箱和导线并不按比例画出它们的形状和

385

外形尺寸，而是用中粗实线绘制的图形符号表示。导线和设置的空间位置和垂直距离应按建筑不同标高的楼层地面分别画出，并标注安装标高或用文字符号和安装代号表达，如 BLV 代表聚氯乙烯绝缘导线，BLX 代表铝芯橡胶绝缘导线等。

2．电气系统图

电气系统图是表现建筑室内外电力、照明及其他日用电器的供电与配电的图样。在家居的装饰装修中，电气系统图不经常使用。它主要是采用图形符号表达电源的引进位置，配电箱（盘）和干线的分布，各相线的分配，电能表和熔断器的安装位置、相互关系和敷设方法等。住宅电气系统图常见的有照明系统图、弱电系统图等，如图 12-22 所示。

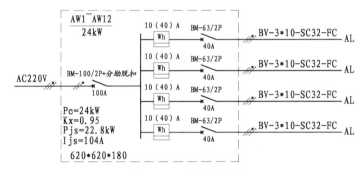

图 12-22　电气系统图

3．电路图

电路图也可以称为接线图或配线图，是用来表示电气设备、电器元件和线路的安装位置、接线方法、配线场所的一种图。一般，电路图包括两种。一种属于住宅装修电子电气施工图中的强电部分，主要表达和指导安装各种照明灯具、用电设施的线路敷设等安装图样，如图 12-23 所示。另一种属于电子电气施工图中的弱电部分，是表示和指导安装各种电子装置与家用电器设备的安装线路和线路板等电子元器件规格的图样，如图 12-24 所示。

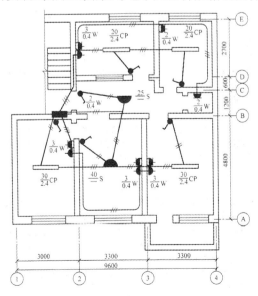

图 12-23　电路图（1）

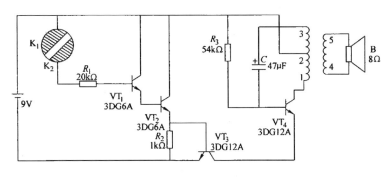

图 12-24 电路图（2）

4. 设备布置图

设备布置图是按照正投影图原理绘制的，用以表现各种电器设备和器件的平面与空间的位置、安装方式及其相互关系的图样。设备布置图通常由水平投影图、侧立面图、剖面图及各种构件详图等组成。

5. 安装详图

安装详图是表现电气工程中设备的某一部分的具体安装要求和做法的图样。国家已有专门的安装设备标准图集可供选用，如负荷开关手柄墙体安装的角钢支架详图（见图 12-25）。

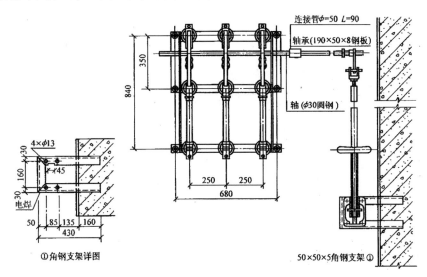

图 12-25 角钢支架安装详图

 12.3.4 电气照明线路图的识读

如图 12-26 所示是一个较简单的电气照明线路图。从这个平面图上可以看出，它实际上是一单元式套房，是有两室两厅、一卫一厨的住宅。楼梯间户门入口处照明配电箱的旁边有一个带黑点的双箭头符号，表明进入分户配电箱前的电源主干线可以垂直向上、下接入其他

分配电箱。而这户的电源从分户配电箱引入后，分别向图样的左、中、右三个方向引出①、②、③、④总共四条供电线路。从图中可以看出，这四条主要供电线路上都标有数字"3"，说明这四个方向的导线都是由三根导线所组成。当然，根据行业默认的条件说明，这三根导线分别是相线、零线和保护线。

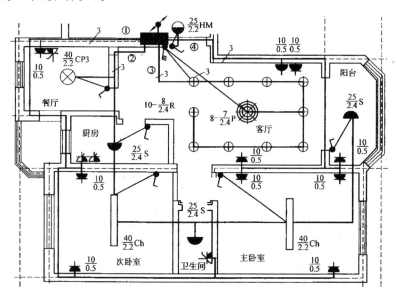

图 12-26　电气照明线路图

1）①号供电线路。①号供电线路是由位于入户门旁边的照明配电箱左侧引出，负责向餐厅、厨房、次卧室、卫生间和主卧室外侧的 4 只暗装保护接点插座和 4 只密闭专用插座供电的专用线路，共有各种暗装插座 8 个，每个暗装插座旁分式的分子数表示电流强度（A）。

2）②号供电线路。②号供电线路由照明配电箱的中部左侧引出，分别向餐厅、厨房、次卧室、卫生间、主卧室和客厅阳台的各种灯具供电。根据相关图例、数字和字母符号，可以看出餐厅安装的是距地面悬挂高度为 2.2m 的 40W 吊线器式的普通灯，室内安装暗装插座和密闭专用插座各一个。厨房安装的是高度 2.4m 的 25W 的吸顶灯，室内安装密闭专用插座两个。次卧室和主卧室安装的是悬挂高度为 2.2m 的 40W 的链吊式荧光灯，室内分别安装普通暗装插座两个和三个。引入卫生间的是一盏吸顶安装高度为 2.4m 的 25W 防水灯，室内安装密闭专用插座一个。而阳台安装的是高度为 2.4m 的 25W 吸顶灯和一个普通暗装插座。上述灯具均由单极暗装开关控制。②号供电线路总计有各种灯具 6 盏和相关配套的控制开关。

3）③号供电线路。③号供电线路由照明配电箱的中部右侧引出，主要负责向客厅照明灯和门灯提供电源。这条供电线路包括 10 盏 8W 内嵌式安装灯具（筒灯）、一盏 8 头 7W 管吊式安装吊灯和一盏 25W 座式安装的门灯，灯具的悬挂高度分别是距地面 2.4m 和 2.2m。它们由一个三级开关和一个单级开关分三路控制。客厅有不同暗装插座三个。

4）④号供电线路。这条供电线路比较简单，主要是为右侧客厅、阳台及主卧室内侧所有的 6 个暗装保护接点插座提供专用电源。

12.3.5　电气照明平面图的识读

图 12-27 是一个较简单的照明平面图。阅读电气照明平面图时，应按照下述步骤进行。

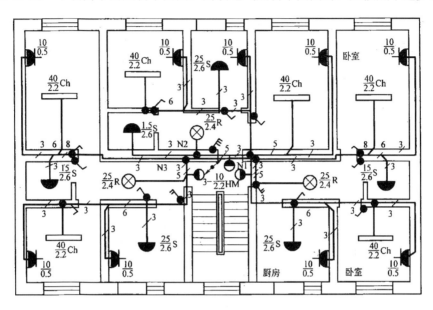

图 12-27　电气照明平面图

从建筑平面图来看，这是一梯三户的单元式住宅类型。

1）在楼梯间设有照明配电箱（盘），旁边的带有圆黑点的双向箭头，表示该电源线是向上向下引通的干线。

2）在每层的照明配电箱（盘）上，需要引出 3 家送电的 3 条线路，右户为 N1，中户为 N2，左户为 N3。

3）该层楼梯间的进户门处各有一门灯。它们的数字和文字符号的意义为："3"为三盏灯；分母"2.2"为灯具安装距离楼层地面的高度；分子"10"为每盏灯的功率；"HM"按照文字符号所表达的含义为座装；根据图形符号的表示可以看出门灯为壁灯。

4）该层左、右两户的建筑和照明布局是对称布置的，因此只要了解其中的一户即可。以右侧住宅照明布局为例，该户是两室、一厅、一厨和一厕，共 5 盏灯。

12.3.6　电气照明系统图的识读

图 12-28 所示为一栋三层三个单元的居民住宅楼的电气照明系统图。阅读电气照明系统时，应按照下述步骤进行。

1. 供电系统和电源种类

在进线旁的标注"3N-50Hz-380/220V"表示三相四线制（N 代表零线）电源供电，电源频率为 50Hz，电源电压为 380/220V。

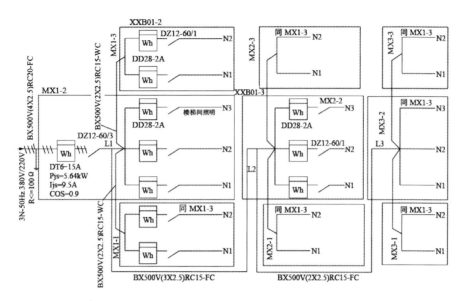

图 12-28　电气照明系统图

进户线的规格型号、敷设方式和部位、导线根数。从进户线标注"BX500V(4×2.5)RC20-FC，即表示进户线为 BX 型采用铜芯橡胶绝缘线，共 4 根，截面为 2.5mm²。穿管敷设，管径为 20mm，管材为水煤气管，敷设方式和部位为沿地面暗设。

2．总配电箱，总配电箱的型号和内部组成

进户线首先进入总配电箱，总配电箱在二楼，型号为 XXB01-3。总配电箱内装 DT6-15A 型三相四线制电表一块；三相空气开关一个，型号为 DZ12-60/3。

二楼配电在总配电箱内，有单相电表三块，型号 DD28-2A；单相空气开关三个，型号为 DZ12-60/1 供电负荷。供电线路的照明供电电路的计算功率为 5.6kW（符号为 Pjs），计算电流为 9.5A（符号为 Ijs），功率因数为 cosϕ=0.9。

3．分配电箱

分配电箱的设置：整个系统共有 9 个配电箱，每个单元每个楼层配置一个配电箱。一单元二楼的配电箱在总配电箱内。

分配电箱规格型号和构成：二、三单元二楼分配电箱型号均为 XXB01-3，每个配电箱内有三个回路，每个回路装有一个 DD28-2A 型单相电度表，共三块；每个回路装有一个 DZ12-60/1 型断路器，共三个；三个回路一个供楼梯照明，其余两个各供一户用电。

各单元一、三楼分配电箱型号均为 XXB01-2，每个配电箱内有两个回路，每个回路有 DZ12-60/1 型断路器和 DD28-2A 型单相电度表各一个。

4．供电干线、支线从总配电箱引出三条干线

两条干线供一单元一、三楼用电，这两条干线为 BX500V(2×2.5)RC15-WC，表示进户线为 BX 型采用铜芯橡胶绝缘线，共两根，截面为 2.5mm²，穿管敷设，管径为 15mm，管材为水煤气管，敷设方式和部位为沿墙暗设。

另一条干线引至二单元二楼配电箱供二单元使用，干线为 BX500V(3×2.5)RC15-FC，表示进户线为 BX 型采用铜芯橡胶绝缘线，共三根，截面为 2.5mm²，穿管敷设，管径为 15mm，管材为水煤气管，敷设方式和部位为沿地板暗设。

二单元二楼配电箱又引出三条干线，其中两条分别供该单元一、三楼用电，另一条干线引至三单元二楼配电箱。干线标注为 BX500V(2×2.5)RC15-FC，表示进户线为 BX 型采用铜芯橡胶绝缘线，共两根，截面为 2.5mm²，穿管敷设，管径为 15mm，管材为水煤气管，敷设部位为沿地板暗设。

 ### 12.3.7 常用电气安装施工图的基本图例

新的《电气图用图形符号》国家标准代号为 GB/T 4728。为了保证电气图形符号的通用性，不允许对 GB/T 48728 中已给出的图形符号进行修改和派生，但如果某些特定装置的符号在 GB/T 4728 中未作规定，则允许按已规定的符号适当组合派生。

电气图应用的图形符号引线一般不能改变位置，但某些符号的引线变动不会影响符号的含义，引线允许画在其他位置。电气安装施工基本图例见表 12-3～表 12-6 所示。

表 12-3 线路走向方式代号

序号	名称	图形符号	说明	序号	名称	图形符号	说明
1	向上配线		方向不得随意旋转	5	由上引来		
2	向下配线		宜注明箱、线编号及来龙去脉	6	由上引来向下配线		
3	垂直通过			7	由下引来向上配线		
4	由下引来						

表 12-4 灯具类型型号代号

序号	名称	图形符号	说明	序号	名称	图形符号	说明
1	灯		灯或信号灯一般符号	7	吸顶灯		
2	投光灯			8	壁灯		
3	荧光灯		示例为 3 管荧光灯	9	花灯		
4	应急灯		自带电源的事故照明灯装置	10	弯灯		
5	气体放电灯辅助设施		仅用于与光源不在一起的辅助设施	11	安全灯		
6	球形灯			12	防爆灯		

表 12-5　照明开关在平面布置图上的图形符号

序号	名称	图形符号	说明	序号	名称	图形符号	说明
1	开关		开关一般符号	5	单级拉线开关		
2	单级开关		分别表示明装、暗装、密闭（防水）、防爆	6	单级双控拉线开关		
				7	双控开关		
3	双级开关		分别表示明装、暗装、密闭（防水）、防爆	8	带指示灯开关		
				9	定时开关		
4	三级开关		分别表示明装、暗装、密闭（防水）、防爆	10	多拉开关		

表 12-6　插座在平面布置图上的图形符号

序号	名称	图形符号	说明	序号	名称	图形符号	说明
1	插座		插座的一般符号，表示一个级	4	多孔插座		示出三个
2	单相插座		分别表示明装、暗装、密闭（防水）、防爆	5	三相四孔插座		分别表示明装、暗装、密闭（防水）、防爆
3	单相三孔插座		分别表示明装、暗装、密闭（防水）、防爆	6	带开关插座		带一单级开关

软件
技能

12.4　灯具开关布置图的绘制实例

视频\12\灯具开关布置图的绘制avi
案例\12\灯具开关布置图.dwg

　　灯具开关布置图的绘制主要包括灯具、开关和连接线路。其通常的绘制过程是先布置配电箱和灯具，再布置开关，最后用线路连接各电气设备。在本实例中，已经绘制了各种灯具，接下来只需绘制灯具开关并进行布置，再绘制线路将灯具与开关进行连接，效果如图 12-29 所示。

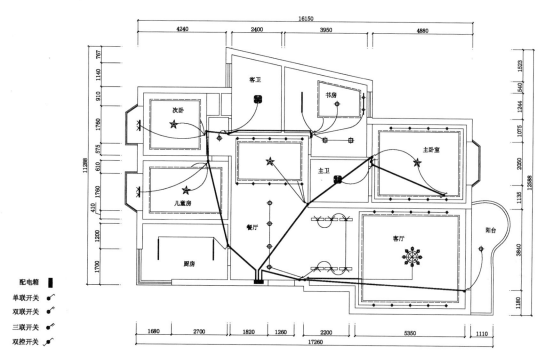

灯具与开关布置图

图 12-29　灯具开关布置图效果

　　（1）启动 AutoCAD 2014 软件，选择"文件|打开"菜单命令，将"案例\12\顶棚平面图.dwg"文件打开，再选择"文件|另存为"菜单命令，将其另存为"案例\12\灯具开关布置图.dwg"。

　　（2）将图形中的文字注释、图案填充和家具对象进行删除，从而保留墙体、顶棚造型及灯具对象，并将图名改为"灯具与开关布置图"，如图 12-30 所示。

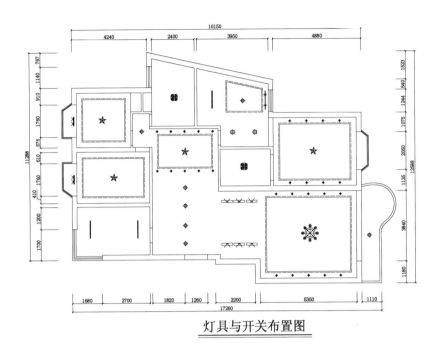

灯具与开关布置图

图 12-30　编辑整理后的顶棚平面图

（3）执行插入块命令（I），将"案例/12"文件下面的"灯具开关图例"插入到图形相应的位置，如图 12-31 所示。

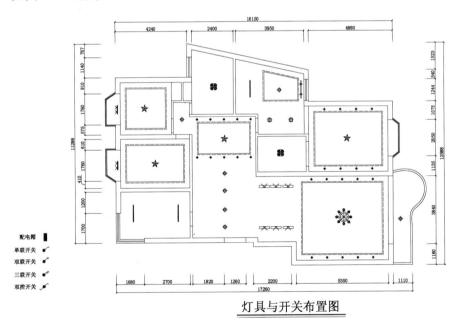

灯具与开关布置图

图 12-31　插入的灯具开关图例

（4）执行编组命令（G），分别对指定的电器符号进行编组，使一个符号中的多个对象组成为一个对象。

（5）执行复制命令（CO），将双联开关、三联开关、配电箱和单联开关复制到客厅和餐厅的相应位置，如图 12-32 所示。

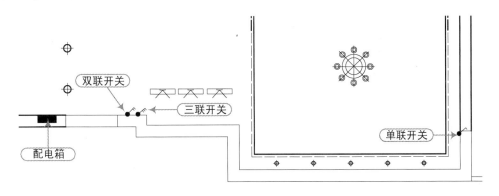

图 12-32　插入的电气图块及名称

（6）执行图层管理命令（LA），新建一个"开关线路"图层，并将图层置为当前图层，如图 12-33 所示。

图 12-33　新建图层

（7）使用多段线命令（PL）和"圆弧"命令（A），将灯具与开关连接起来，如图 12-34 所示。

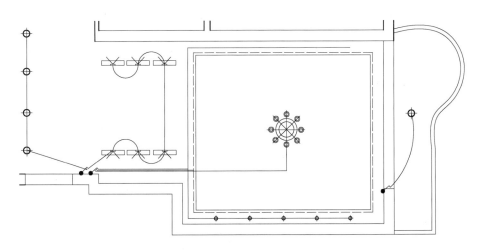

图 12-34　绘制灯具开关连线

　　在绘制多段线的过程中，命令行提示"指定下一个点或 [圆弧(A)/半宽(H)/长度(L)/放弃(U)/宽度(W)]:"，可以根据需要选择"圆弧(A)"，捕捉灯具来绘制带弧形的多段线。若要转换回直线，则选择"长度(L)"即可。

（8）通过复制、旋转、多段线和圆弧等命令，复制两个双控开关到主卧室中来控制吸顶灯；将双联开关复制到主卧室中来控制灯带和筒灯；最后将单联开关复制到相应位置来控制主卫浴霸，如图 12-35 所示。

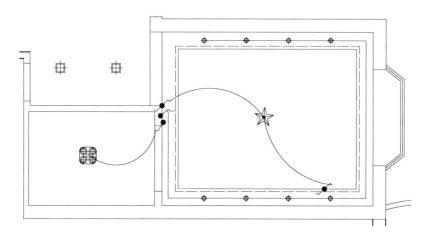

图 12-35　绘制主卧室开关连线

（9）重复前面的步骤，分别绘制出儿童房、次卧、客卫、工作间和练琴区的灯具开关连线布置图，如图 12-36 所示。

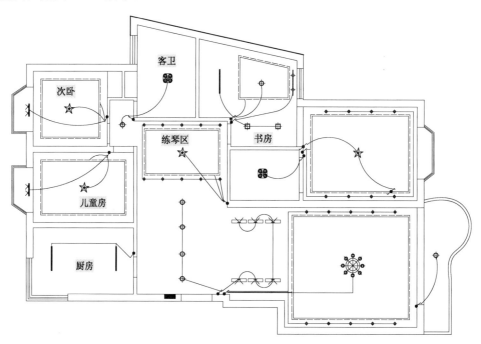

图 12-36　各房间灯具开关连线图

操作提示

　　由于图形过大而进行了大幅度缩图，里面的开关符号不是很清晰，读者可以根据一组开关线路的根数来确定安装的是几联开关。

（10）新建"回路线"图层，图层颜色设为蓝色，并置为当前层，如图 12-37 所示。

| ✔ | 回路线 | | ☼ | ☐ | ■ 蓝 | Contin... | —— 默认 | 0 |

图 12-37　新建图层

（11）使用多段线命令（PL），设置线型宽度为"40"，顺序连接厨房、儿童房、次卧、客卫和书房开关，完成第一条照明回路，如图 12-38 所示。

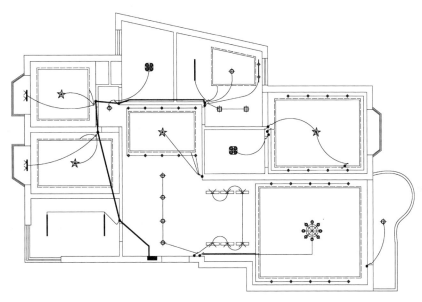

图 12-38　绘制第一条照明线路

（12）重复上一步骤，绘制另外两条照明回路，如图 12-39 所示。

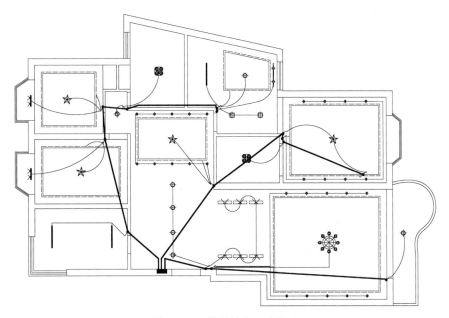

图 12-39　绘制其他照明线路

（13）将"文字"图层置为当前图层，执行多行文字命令（MT），设置字体大小为"200"，标注房间名称，效果如图 12-40 所示。

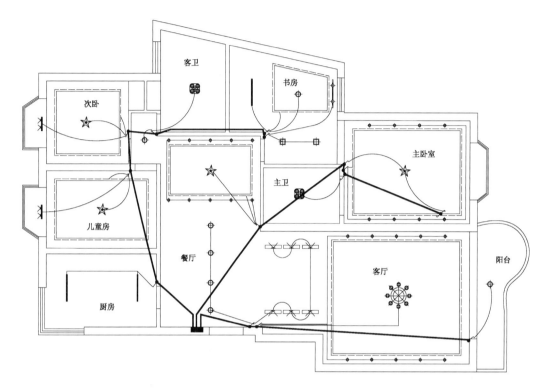

图 12-40　标注房名

（14）至此，该灯具开关布置图已经绘制完毕，按〈Ctrl+S〉组合键对文件进行保存。

12.5　实战总结与案例拓展

本章首先讲解了室内给水排水系统的组成、分类和制图规定，再讲解了给水排水施工图的绘制内容和要求，然后通过一个卫生间给水排水平面图绘制的典型实例，介绍通过 AutoCAD 2014 软件绘制电子化的图形对象。紧接着讲解了电子电气施工图的内容、安装施工图的种类、电气线路的组成与特点，还讲解了电气照明线路图、平面图和系统图的识读，以及常用电气安装施工图的基本图例，然后通过灯具开关布置图绘制的典型实例，让读者掌握绘制室内各种灯具、插座、开关、线路等图形的方法和步骤。

为了能够更加牢固地掌握给水排水、电子电气施工图的绘制方法，并达到熟能生巧的目的，读者可参考图 12-41、图 12-42 所示的图形效果进行绘制（参照"案例\12\.超市给水排水大样图"和"案例\12\照明线路图.dwg"）。

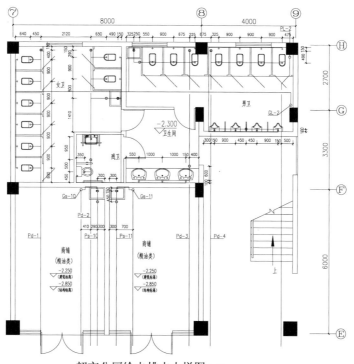

超市公厕给水排水大样图 1:50

图 12-41　超市公厕给水排水大样图效果

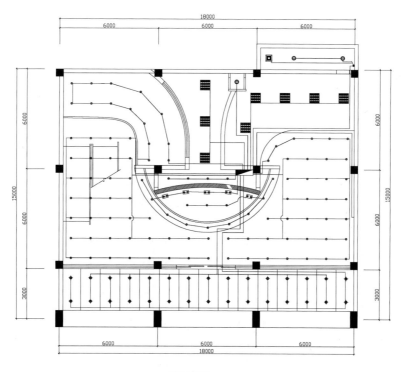

一层照明布置图　　　1:60
说明：本设计所有尺寸均应在施工前做现场校正。

图 12-42　照明布置图效果

第 13 章　整套办公楼施工图的绘制方法

本章导读

　　本章以某办公楼的建筑施工图为例，对相应的施工图进行详略得当的讲解，包括办公楼一层平面图、二～五层和屋顶平面图、①-⑤立面图、⑤-①立面图、A-D 立面图、D-A 立面图、1-1 剖面图、楼梯 T-1 平面图以及其他相关施工图等。通过该套办公楼施工图的预览及绘制，使用户更加熟练地掌握综合阅读与绘制一整套施工图的方法。

主要内容

- ☑ 练习办公楼一层平面图的绘制
- ☑ 练习办公楼二至五层平面图的绘制
- ☑ 练习办公楼①-⑤立面图的绘制
- ☑ 练习办公楼其他立面图的绘制
- ☑ 练习办公楼 1-1 剖面图的绘制
- ☑ 练习办公楼楼梯平面图的绘制
- ☑ 练习办公楼其他建筑施工图的绘制

效果预览

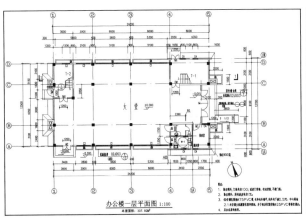

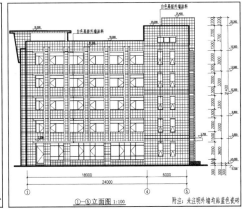

13.1　办公楼一层平面图的绘制

视频\13\办公楼一层平面图的绘制.avi
案例\13\办公楼一层平面图.dwg

　　本案例所绘制的某办公楼，共分为 5 层楼，上北下南，其一层平面图的水平宽度为 24 200mm，垂直宽度为 13 700mm，面积为 307.82m²。左侧为正大门，居中是大堂。该办公楼一层平面图的效果如图 13-1 所示。

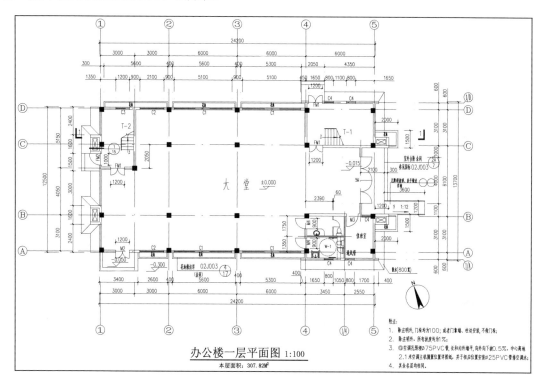

图 13-1　办公楼一层平面图的效果

13.1.1　一层平面图绘图环境的调用

　　在绘制办公楼一层平面图之前，首先应设置绘图环境。本案例调用"建筑平面图.dwt"样板文件。

　　（1）正常启动 AutoCAD 2014 软件，按〈Ctrl+O〉键打开"案例\13\建筑平面图.dwt"文件。

　　（2）按〈Ctrl+Shift+S〉键，将该样板文件另存为"案例\13\办公楼一层平面图.dwg"文件。

13.1.2 一层平面图轴网、墙体及柱子的绘制

通过前面几章的讲解，读者已经初步掌握了绘制建筑平面图的方法。通过使用构造线、偏移、修剪等命令，绘制轴网线；再使用多线命令绘制墙体对象；使用矩形、图案填充等命令，绘制柱子对象。

（1）接前例，单击"图层"面板的"图层控制"下拉列表框，选择"轴线"图层为当前图层。

（2）在键盘上按〈F8〉键切换到"正交"模式。

（3）执行构造线命令（XL），分别绘制水平和垂直的构造线各一条；再执行偏移命令（O），按照如图 13-2 所示的尺寸，将构造线进行偏移；然后执行修剪命令（TR），将轴线结构进行修剪操作，从而完成轴网线结构的绘制。

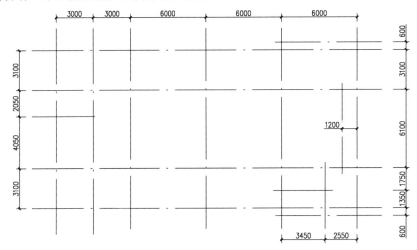

图 13-2　绘制的轴网线

（4）单击"图层"面板的"图层控制"下拉列表框，选择"柱子"图层为当前图层。

（5）执行矩形（REC）和图案填充等命令，分别绘制边长为 400mm 的正方形并填充，表示柱子。

（6）使用"夹点编辑"方法中的"复制"命令，将柱子对象分别复制到相应的轴线交点上，结果如图 13-3 所示。

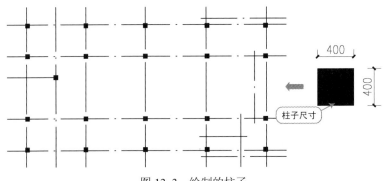

图 13-3　绘制的柱子

（7）单击"图层"面板的"图层控制"下拉列表框，选择"墙体"图层为当前图层。

（8）执行多线样式命令（MLSTYLE），新建名称为"Q200"的多线样式，并设置图元的偏移量分别为 100 和-100，并置为当前，如图 13-4 所示。

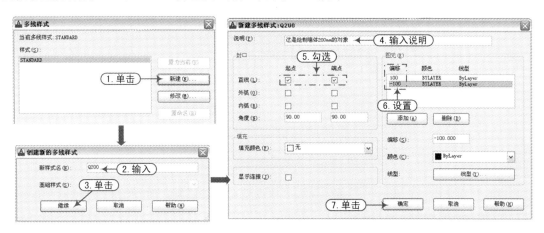

图 13-4　新建 Q200 多线样式

（9）使用相同的方法，在 Q200 多线样式的基础上，新建"Q100"多线样式，图元的偏移量为 50 和-50。

（10）执行多线命令（ML），根据命令行的提示，设置对正方式为"无"，比例为 1，分别捕捉轴线的交点，绘制厚度为 200mm 的墙体及图 13-5 中框选住的 100mm 的墙体。

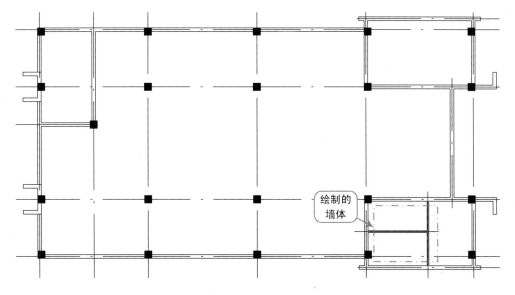

图 13-5　绘制的墙体

（11）直接用鼠标双击需要编辑的多线对象，打开"多线编辑工具"对话框，如图 13-6 所示。

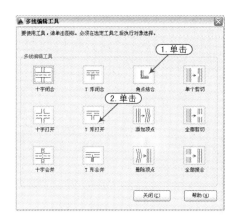

图 13-6 "多线编辑工具"对话框

（12）分别单击"T 形打开"按钮⊤⊤、"角点结合"按钮L，对指定的交点进行 T 形打开和角点结合编辑操作，效果如图 13-7 所示。

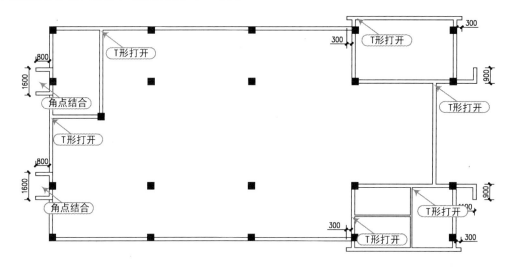

图 13-7 编辑后的墙体效果

为了让读者更加清晰地观察墙体编辑后的效果，单击"轴线"图层的图标，让其变成灰色图标，即隐藏"轴线"图层。

若遇到编辑困难的多线对象，可以使用"分解(X)"命令，将多线对象分解后，再进行编辑。

13.1.3 一层平面图门窗的安装

下面根据图形的绘制要求，在一层平面图中分别开启门窗洞口，再安装相应的门窗对象。

（1）接前例，执行偏移（O）和修剪（TR）命令，按照如图 13-8 所示的尺寸，偏移和修剪线段，从而形成门窗洞口。

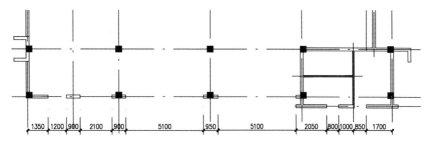

图 13-8　开启的门窗洞口

（2）执行偏移（O）和修剪（TR）命令，偏移和修剪线段，开启其他的门窗洞口，如图 13-9 所示。

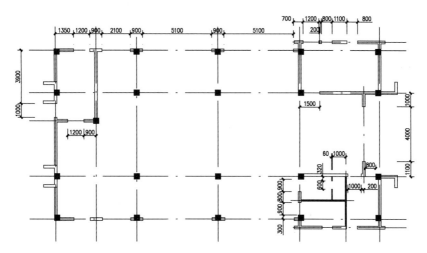

图 13-9　开启其他的门窗洞口

（3）单击"图层"面板的"图层控制"下拉列表框，选择"0"图层为当前图层。

（4）执行直线（L）、圆弧（A）等命令，绘制 M1000 平面门。再执行写块命令（W），将平面门保存为"案例\13\M1000.dwg"文件，结果如图 13-10 所示。

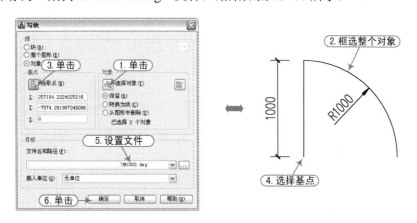

图 13-10　保存平面门

（5）单击"图层"面板的"图层控制"下拉列表框，选择"门窗"图层为当前图层。

（6）执行插入命令（I），将"案例\13"文件夹下的 M1000 图块，分别插入到相应的位置；再使用旋转（RO）、镜像（MI）等命令，对插入的门块进行编辑，结果如图 13-11 所示。

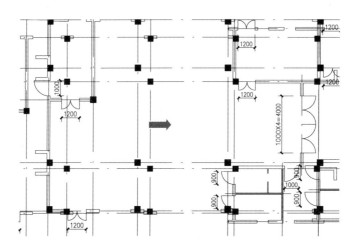

图 13-11　插入的门图块

　　用户在插入图块时，可以将同一方向、相同比例的图块全部插入到相应位置，这样可以省去重复设置旋转角度的烦琐操作。如果实际门宽为 900mm，则图块的缩放比例为（900÷1000=0.9），依此类推。

　　在安装宽为 1200mm 的门对象时，可先插入比例为 0.6 的图块，再进行镜像，从而形成双开门的效果。

（7）使用多线样式命令（MLST），新建"C"多线样式，设置图元的偏移量分别为 100、-100、33 和-33，如图 13-12 所示。

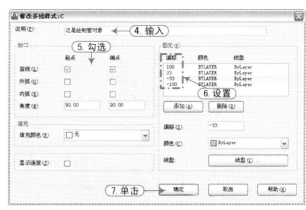

图 13-12　新建"C"多线样式

（8）按下〈F8〉键，打开正交模式。使用多线命令（ML），分别捕捉轴线交点，在窗洞口位置绘制窗 C 对象，结果如图 13-13 所示。

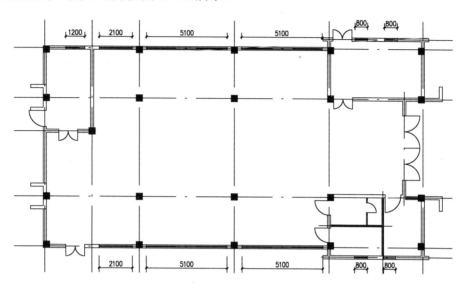

图 13-13　绘制的"C"窗

 13.1.4　一层平面图楼梯、散水、设施的绘制

本案例中的办公楼一层平面图包括楼梯 1～2、散水、花台等对象，将事先准备好的设施图块，分别布置在相应的位置。

（1）接前例，单击"图层"面板的"图层控制"下拉列表框，选择"楼梯"图层为当前图层。

（2）执行矩形命令（REC），分别绘制 1674mm×50mm、1050mm×1624mm 的矩形，且两个矩形水平顶端对齐，如图 13-14 所示。

（3）执行分解（X）、偏移（O）等命令，将右侧的矩形进行分解；再将底侧的水平线段向上偏移 5 次 260mm，如图 13-15 所示。

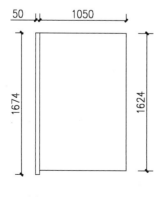

图 13-14　绘制矩形

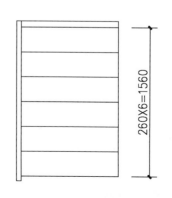

图 13-15　偏移水平线段

（4）执行直线（L）、修剪（TR）等命令，绘制表示折断的斜线段，再修剪掉多余的线段，结果如图 13-16 所示。

（5）执行多段线命令（PL），绘制如图 13-17 所示的方向箭头，箭头起点为 80，末端为 0。

（6）使用复制（CO）、拉伸（S）、旋转（RO）等命令，将绘制的楼梯对象 1 水平向右复制一份；将其由 1100mm 宽拉伸到 1450mm；再将其旋转-90°，形成楼梯对象 2，如图 13-18 所示。

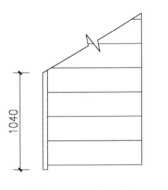

图 13-16　修剪线段

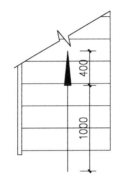

图 13-17　绘制方向前头

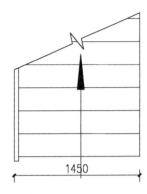

图 13-18　进行拉伸

（7）使用编组命令（G），将绘制的楼梯对象 1、2，分别进行编组操作。

（8）使用移动命令（M），将编组后的楼梯对象移动相应的位置，如图 13-19 所示。

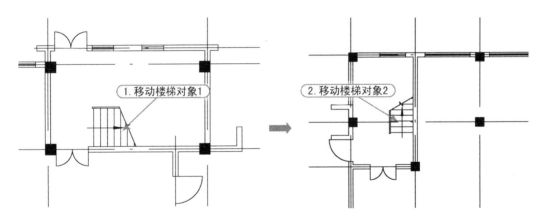

图 13-19　移动的楼梯对象 1、2

（9）单击"图层"面板的"图层控制"下拉列表框，选择"设施"图层为当前图层。

（10）执行多段线（PL）、直线（L）、矩形（REC）等命令，绘制如图 13-20 所示标注的对象。

（11）执行插入命令（I），将"案例\13"文件夹下的马桶、洗漱盆、拖把池等图块插入到相应的位置，如图 13-21 所示。

（12）单击"图层"面板的"图层控制"下拉列表框，选择"其他"图层为当前图层。

（13）执行多段线（PL）、偏移（O）等命令，绘制和偏移线段，表示花池对象，如图 13-22 所示。

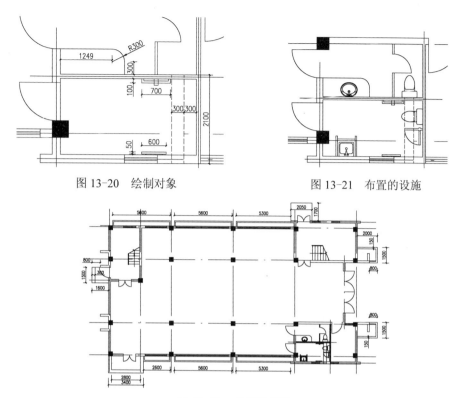

图 13-20 绘制对象　　　　　　　　　图 13-21 布置的设施

图 13-22 绘制的花池

（14）执行矩形（REC）、直线（L）等命令，绘制矩形和对角线；再将对象分别复制到相应的花池中，如图 13-23 所示。

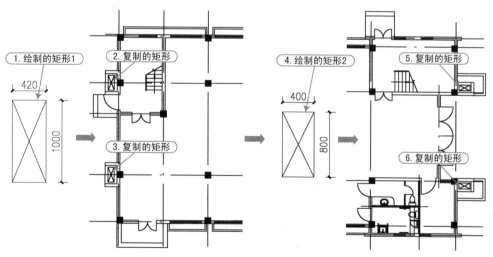

图 13-23 进行复制操作

（15）单击"图层"面板的"图层控制"下拉列表框，选择"散水"图层为当前图层。

（16）执行多段线（PL）、偏移（O）、删除（E）、直线（L）等命令，沿着外墙线绘制一条封闭的多段线；再将绘制的多段线向外偏移 800mm；删除与外墙线重合的多段线；绘制与散水端点连接的斜线段，结果如图 13-24 所示。

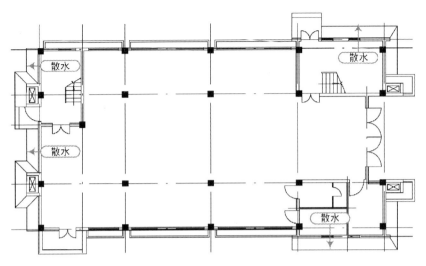

图 13-24　绘制的散水

专业技能

　　散水是与外墙勒脚垂直交接倾斜的室外地面部分，用以排除雨水，保护墙基免受雨水侵蚀。其作用是防止屋面落水滴下而渗入地基损坏地基。

　　散水的宽度应根据屋面挑出的实际尺寸来定，会受到当地土壤性质、气候条件、建筑物的高度和屋面排水形式等影响，一般为 600～1000mm。当屋面采用无组织排水时，散水宽度应大于檐口挑出长度 200～300mm。为保证排水顺畅，一般散水的坡度为 3%～5%，散水外缘高出室外地坪 30～50mm。散水常用材料为混凝土、水泥砂浆、卵石和块石等。

　　（17）单击"图层"面板的"图层控制"下拉列表框，选择"0"图层为当前图层。

　　（18）执行矩形（REC）、偏移（O）、直线（L）等命令，绘制表示无障碍的坡道，如图 13-25 所示。

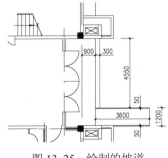

图 13-25　绘制的坡道

　13.1.5　一层平面图尺寸和文字的标注

　　根据图形的绘制要求，在一层平面图中分别开启门窗洞口，再安装相应的门窗对象。前面已将图形基本绘制好，接下来进行文字说明、尺寸标注和图名的标注。

（1）接前例，单击"图层"面板的"图层控制"下拉列表框，选择"文字标注"图层为当前图层。

（2）单击"注释"选项板中的"文字"面板，选择"图内说明"文字样式。

（3）执行单行文字命令（DT），对图形进行文字说明，文字大小为"400"。

（4）单击"图层"面板的"图层控制"下拉列表框，将"标高"图层置为当前图层。

（5）执行插入命令（I），将"案例\13\标高.dwg"文件插入到图形相应的位置，并修改其属性值，结果如图 13-26 所示。

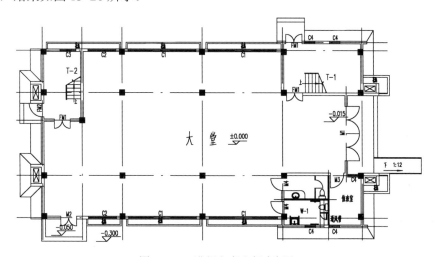

图 13-26 进行文字和标高标注

（6）单击"图层"面板的"图层控制"下拉列表框，将"尺寸标注"图层置为当前图层。

（7）执行线性标注（DLI）和连续标注（DCO）等命令，对一层平面图的四周进行尺寸标注，如图 13-27 所示。

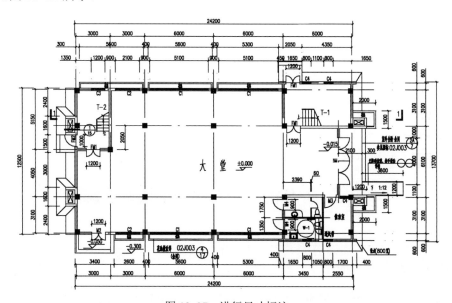

图 13-27 进行尺寸标注

（8）单击"图层"面板的"图层控制"下拉列表框，将"轴线编号"图层置为当前图层。

（9）执行插入命令（I），将"案例\13\轴线编号.dwg"文件插入到图形四周的位置，并修改其属性值，结果如图 13-28 所示。

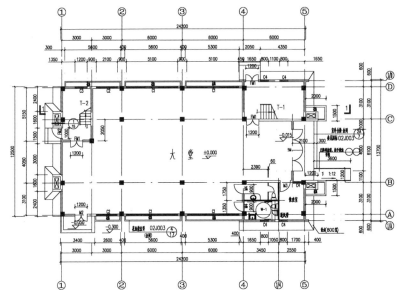

图 13-28　插入的定位轴线

（10）执行插入命令（I），将之前绘制好的"案例\13\指北针.dwg"文件插入到图形的右下角位置。

（11）单击"注释"选项板中的"文字"面板，选择"H1"文字样式。

（12）执行单行文字（DT）、多段线（PL）等命令，输入文字内容，图名和比例的大小分别为 700mm 和 500mm；在图名的下侧绘制一条宽度为 50mm，与文字标注大约等长的水平多线段，再在水平线下方标注面积，文字大小为 350mm，如图 13-29 所示。

（13）单击"注释"选项板中的"文字"面板，选择"图内说明"文字样式。

（14）执行多行文字（T），在图形的右下侧输入说明，文字大小为 450，如图 13-30 所示。

办公楼一层平面图 1:100
本层面积：307.82M²

图 13-29　进行图名标注

附注：
1. 除注明外，门垛均为100mm；或者门靠墙、柱边安装，不做门垛；
2. 除注明外，所有坡度均为1%；
3. @空调孔预埋Ø75PVC管，长和内外墙平，向外向下坡0.5%，中心离地2.1m空调主机搁置位置详图纸，并于相应位置安装Ø25PVC管排空调水；
4. 其余各层均相同。

图 13-30　标注说明

（15）至此，该办公楼一层平面图已经绘制完毕，用户可按〈Ctrl+S〉组合键进行保存。

软件技能

13.2　办公楼二至五层平面图的演练

视频\13\无
案例\13\案例\13\办公楼二×五层平面图.dwg

图 13-31～图 13-34 所示为办公楼二至五层的平面图效果，用户可以参照前面办公楼一

层平面图的绘制方法进行绘制，参照"案例\13"文件夹下的"×办公楼层平面图.dwg"文件来对照练习，从而加强建筑平面图的绘制练习。

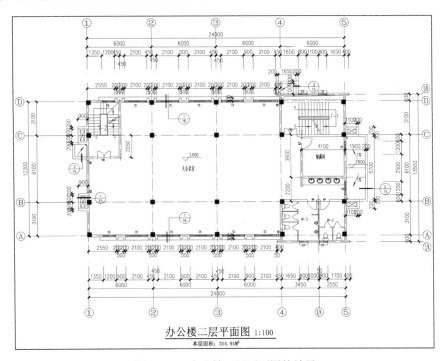

图 13-31　办公楼二层平面图的效果

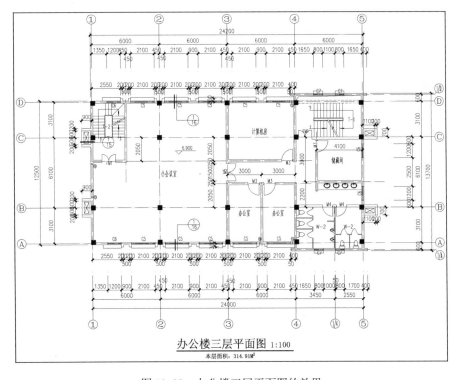

图 13-32　办公楼三层平面图的效果

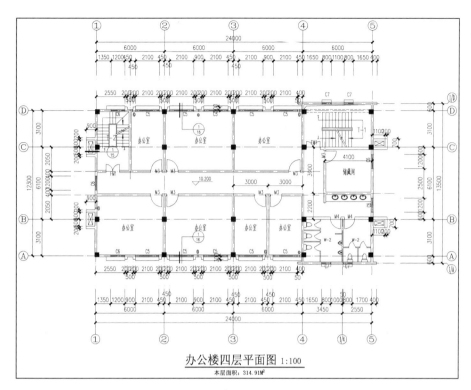

办公楼四层平面图 1:100

本层面积：314.91M²

图 13-33　办公楼四层平面图的效果

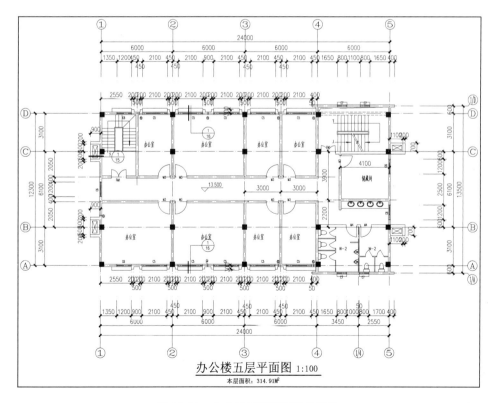

办公楼五层平面图 1:100

本层面积：314.91M²

图 13-34　办公楼五层平面图的效果

13.3　办公楼 1-5 立面图的绘制

视频\13\办公楼1-5立面图的绘制.avi
案例\13\办公楼1-5立面图.dwg

建筑立面图是在一层平面图的基础上进行绘制的。立面图的横向尺寸由相应的平面图确定。因此，在绘制办公楼 1-5 立面图时，要参照其一层平面图的定位尺寸，并且在建筑平面图的基础上设置立面图的绘图环境，然后根据建筑立面图的绘制步骤绘制各图形元素。

在绘制 1-5 立面图时，首先观察其一层平面图，从左向右分别有 M2、C2、C1、C1、C4 和 C4 对象；二至五层平面图中，从左向右分别有 C6、C5、C5、C5、C5、C5、C7 和 C7，屋顶层有立面窗 C8。其中，M2 的尺寸为 3000mm×1200mm，C2 的尺寸为 2100mm×2550mm，C1 的尺寸为 5100mm×2550mm，C4 与 C7 的尺寸为 800mm×2200mm，C5 的尺寸为 2100mm×2000mm，C6 的尺寸为 1200mm×2000mm，C8 的尺寸为 2800mm×1000mm。办公楼 1-5 立面图的最终效果如图 13-35 所示。

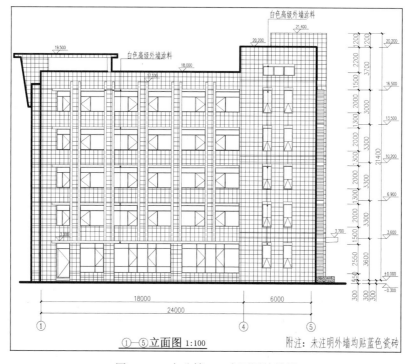

图 13-35　办公楼 1-5 立面图的效果

13.3.1　立面图绘图文件的调用

在绘制办公楼立面图时，首先应调用其一层平面图的绘图环境，将其另存为"办公楼

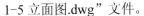

1-5 立面图.dwg"文件。

（1）启动 AutoCAD 2014 软件，按下〈Ctrl+O〉组合键，在打开的"选择文件"对话框中，将"案例\13\办公楼一层平面图.dwg"打开，如图 13-1 所示。

（2）按下〈Ctrl+Shift+S〉组合键，在打开的"图形另存为"对话框中将其另存为"案例\13\办公楼 1-5 立面图.dwg"。

 13.3.2　立面图外轮廓的绘制

通过一层平面图的定位尺寸，绘制水平引申线段，再使用偏移、修剪等命令，完成 1-5 立面图外轮廓的绘制。

（1）接前例，单击"图层"面板的"图层控制"下拉列表框，将部分图层进行隐藏，并选择"辅助线"图层为当前图层。

（2）在键盘上按〈F8〉键切换到"正交"模式。

（3）执行构造线命令（XL），捕捉隐藏部分图层后的一层平面图墙线端点，绘制垂直构造线，如图 13-36 所示。

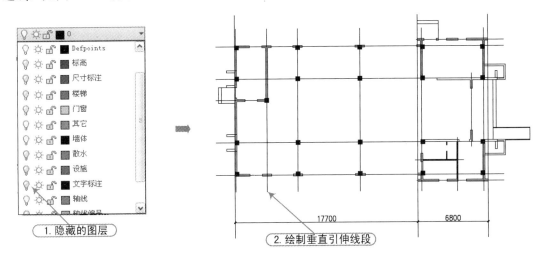

图 13-36　绘制引伸线段

　由于办公楼一层平面图中所包含的元素较多，因此可以单击各相应图层前面的亮色小灯泡，将其变成灰色小灯泡，即可隐藏暂时不需要的图层对象，如标高、尺寸标注、文字标注、楼梯、门窗、散水、设施、轴线编号等，从而更加快捷地绘制垂直引申线段。

（4）执行构造线（XL）、偏移（O）、修剪（TR）等命令，绘制一条水平构造线；再将水平构造线向上各偏移 18 300mm，再修剪掉多余的线段，如图 13-37 所示。

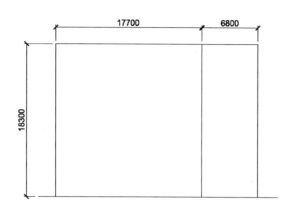

图 13-37　形成的立面轮廓

（5）执行图层命令（LA），新建"地坪线"图层，设置其线宽为 0.7mm，如图 13-38 所示。

　　　　✓　　地坪线　　　🔆　☼　🔓　■白　CONTINUOUS　━━━ 0.70 ...

图 13-38　新建"地坪线"图层

（6）将最底侧的水平线段由"辅助线"图层转换为"地坪线"图层。

（7）执行偏移命令（O），将顶侧的水平线段向下各偏移 1500mm、2000mm、1300mm、2000mm、1300mm、2000mm、1300mm、2000mm、1300mm 和 2800mm，如图 13-39 所示。

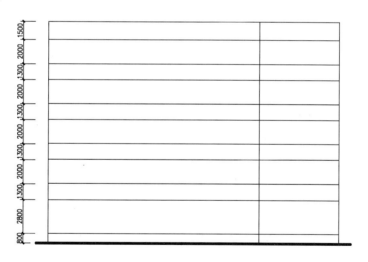

图 13-39　偏移水平线段

（8）执行偏移（O）、延伸（EX）等命令，将左侧的垂直线段向左偏移 800mm，向右各偏移 1450mm、1200mm、900mm、2100mm、900mm、5100mm、950mm 和 5100mm；将水平线段向左延伸到最左侧的垂直线段上，结果如图 13-40 所示。

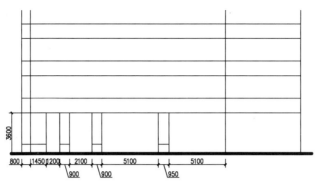

图 13-40　偏移和延伸线段

（9）执行偏移（O）、修剪（TR）等命令，按照如图 13-41 所示的尺寸，偏移和修剪线段，表示台阶和窗槛线。

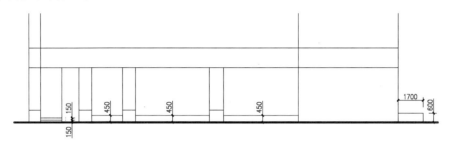

图 13-41　偏移和修剪线段（1）

（10）执行直线（L）、偏移（O）、"修剪"（TR）等命令，修剪掉图形右侧多余的水平线段；在 3900mm 高的位置绘制一条水平线段；并将其向上各偏移 500mm、6100mm、500mm、6100mm 和 500mm，如图 13-42 所示。

（11）执行直线（L）、偏移（O）、修剪（TR）等命令，将右侧的垂直线段向右偏移 700mm 和 200mm，在距离地坪线 3600mm 位置绘制一条水平线段，并将其分别向上偏移 8 次 300mm，如图 13-43 所示。

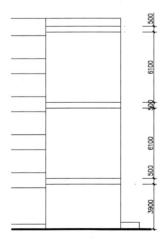

图 13-42　偏移和修剪线段（2）

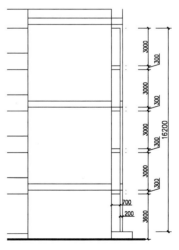

图 13-43　偏移和修剪线段（3）

（12）执行直线命令（L），绘制雨篷对象，如图 13-44 所示。

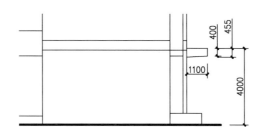

图 13-44　绘制的雨篷

（13）执行"偏移"（O）、"修剪"（TR）等命令，在立面窗位置顶侧偏移和修剪线段，如图 13-45 所示。

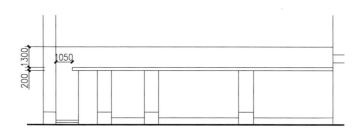

图 13-45　偏移和修剪线段（4）

（14）执行偏移（O）、延伸（EX）、修剪（TR）等命令，延伸和修剪线段，如图 13-46 所示。

（15）执行复制命令（CO），将左侧的对象向右进行复制，结果如图 13-47 所示。

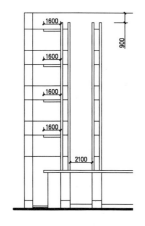

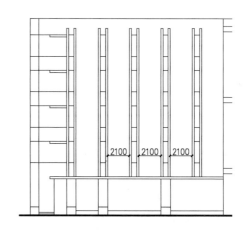

图 13-46　偏移和修剪线段（5）　　　　图 13-47　复制对象

（16）执行直线（L）、修剪（TR）等命令，绘制和修剪线段形成屋顶，如图 13-48 所示。

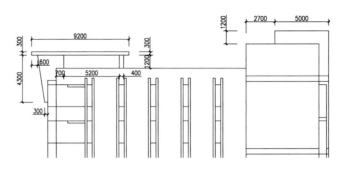

图 13-48　绘制屋顶线段

（17）将部分线段由"辅助线"图层换为"墙体"图层，结果如图 13-49 所示。

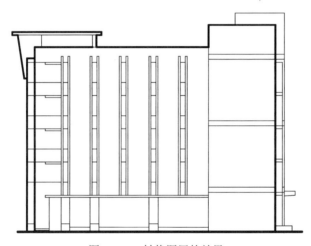

图 13-49　转换图层的效果

13.3.3　立面图立面门窗的绘制

当立面图轮廓对象绘制完成后，应绘制相应的立面门窗对象，并保存为图块对象，然后将其安装在相应的位置。

（1）接前例，单击"图层"面板的"图层控制"下拉列表框，选择"0"图层为当前图层。

（2）执行直线（L）、矩形（REC）等命令，绘制立面门 M2，如图 13-50 所示。

（3）执行直线（L）、矩形（REC）等命令，绘制立面窗 C4、C2，如图 13-51 和图 13-52 所示。

（4）执行镜像（MI）、直线（L）等命令，将上一步绘制的 C2 窗对象向右镜像一份；然后在两窗之间绘制长为 900mm 的水平连接线段，表示窗 C1，如图 13-53 所示。

（5）执行直线（L）、矩形（REC）等命令，绘制立面窗 C5、C6，如图 13-54 和图 13-55 所示。

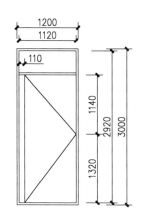

图 13-50 绘制的门 M2

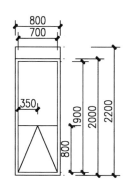

图 13-51 绘制的窗 C4

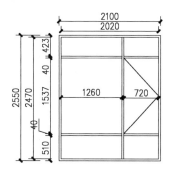

图 13-52 绘制的窗 C2

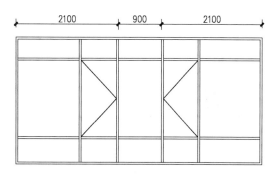

图 13-53 绘制的窗 C1

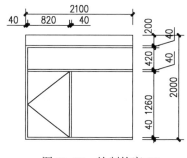

图 13-54 绘制的窗 C5

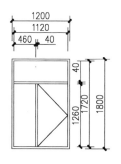

图 13-55 绘制的窗 C6

（6）执行直线（L）、矩形（REC）等命令，绘制立面窗 C8，如图 13-56 所示。

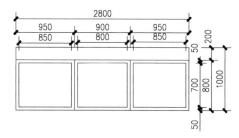

图 13-56 绘制的窗 C8

（7）执行写块命令（W），将绘制的 M2 对象保存为"案例\13\M2.dwg"文件，如图 13-57 所示。

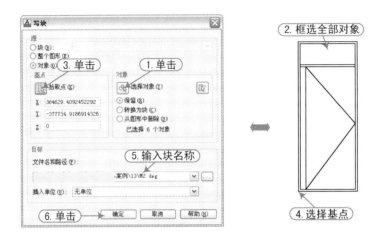

图 13-57　保存立面门 M2

（8）使用以上相同的方法，将 C1、C2、C4、C5、C6、C8 保存为图块。

（9）单击"图层"面板的"图层控制"下拉列表框，选择"门窗"图层为当前层。

（10）执行插入命令（I），将"案例\13"文件夹下的 M1、C1、C2、C4、C5、C6 等图块插入到相应的位置，一层从左向右分别是 M2、C2、C1、C1、C4、C4，二层从左向右分别是 C6、C5、C5、C5、C5、C5、C7、C7，其中 C4 就是 C7 对象；再使用镜像命令（MI），将窗对象向右进行镜像操作，结果如图 13-58 所示。

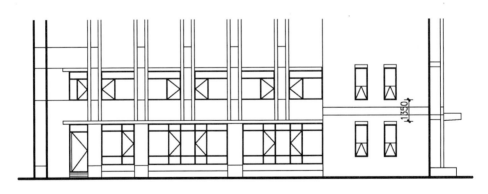

图 13-58　插入图块

（11）使用复制命令（CO），将立面窗 C5、C6、C4 对象以 3300mm 的距离向上进行复制，结果如图 13-59 所示。

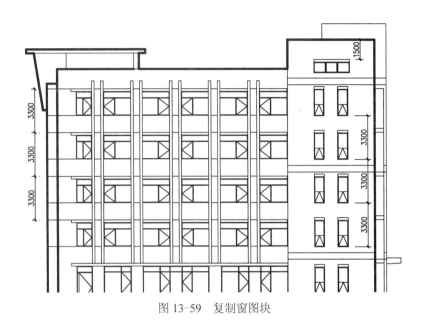

图 13-59 复制窗图块

 13.3.4 办公楼 1-5 立面图的标注

绘制好立面图的轮廓对象，并安装好门窗对象后，在相应的位置进行图案填充，并进行填充材料的文字标注说明，然后在立面图的右侧进行尺寸标注和插入标高符号，再插入相应的立面轴号，最后对其进行图名标注。

（1）单击"图层"面板的"图层控制"下拉列表框，选择"填充"图层为当前图层。

（2）执行图案填充命令（H），选择图案"LINE"，设置比例为 1000，角度为 90°，填充后的效果如图 13-60 所示。

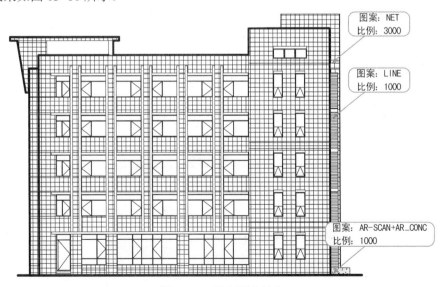

图 13-60 进行图案填充

（3）再单击"图层"面板的"图层控制"下拉列表框，选择"尺寸标注"图层为当前图层。

（4）执行线性标注（DLI）和连续标注（DCO）等命令，对立面图的右侧、底侧进行尺寸标注，效果如图 13-61 所示。

图 13-61 进行尺寸标注

（5）单击"图层"面板的"图层控制"下拉列表框，选择"文字标注"图层为当前图层。

（6）单击"注释"选项板中的"文字"面板，选择"图内文字"文字样式。

（7）执行单行文字命令（DT），对图形进行大小为 700 的文字标注。

（8）单击"图层"面板的"图层控制"下拉列表框，将"标高"图层设置为当前图层。

（9）执行插入命令（I），将"案例\13\标高.dwg"文件插入到图形右侧，并修改其属性值，结果如图 13-62 所示。

图 13-62 进行文字和标高标注

（10）执行复制命令（CO），将一层平面图中的轴线编号①、④和⑤，复制到立面图的底侧，如图 13-63 所示。

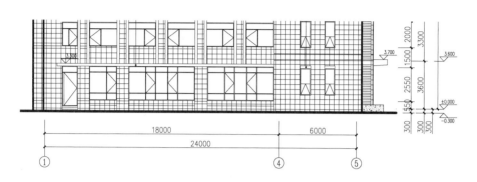

图 13-63　进行轴号标注

（11）单击"注释"选项板中的"文字"面板，选择"图名"文字样式。

（12）执行单行文字（DT）、多段线（PL）等命令，输入文字内容，图名和比例的大小分别为 700 和 500；并在图名的下侧绘制一条宽度为 50、与文字标注大约等长的水平多线段，如图 13-64 所示。

①—⑤立面图 1:100

图 13-64　进行图名标注

（13）至此，该办公楼 1-5 立面图已经绘制完毕，用户可按〈Ctrl+S〉组合键进行保存。

 软件技能　**13.4　办公楼 5-1 立面图的演练**

视频\13\无
案例\13\办公楼5~1立面图.dwg

从图 13-65 所示的办公楼 5-1 立面图中可以看出，从左向右分别有 C4、C4、C1、C1、C2 和 C3 对象；二至五层平面图中，从左向右分别有 C7、C7、C5、C5、C5、C5、C5 和 C6，屋顶层有立面窗 C8。其中，C1 的尺寸为 5100mm×2550mm，C2 的尺寸为 2100mm×2550mm，C3 与 C6 的尺寸为 1200mm×2000mm，C4 与 C7 的尺寸为 800mm×2200mm，C5 的尺寸为 2100mm×2000mm，C8 的尺寸为 2800mm×1000mm。

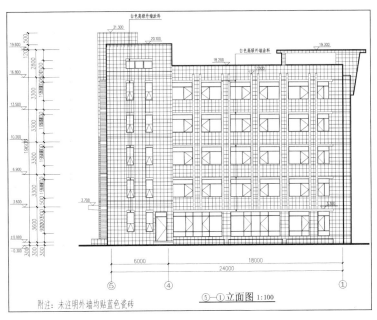

图 13-65　办公楼 5-1 立面图的效果

13.5　办公楼 A-D 立面图的演练

视频\13\无
案例\13\办公楼A～D立面图.dwg

从图 13-66 所示的办公楼 A-D 立面图中可以看出，一层立面有 M1 门对象，其尺寸为 4000mm×3100mm；在二至五层立面中是 C6 窗对象，其尺寸为 1200mm×2000mm。

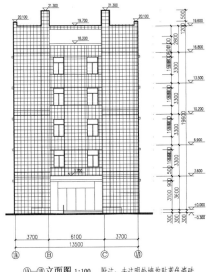

图 13-66　办公楼 A-D 立面图的效果

13.6　办公楼 D-A 立面图的演练

视频\13\无
案例\13\办公楼D～A立面图.dwg

从图 13-67 所示的办公楼 D-A 立面图中可以看出，在三至五层立面中是 C6 窗对象，其尺寸为 1200mm×2000mm。

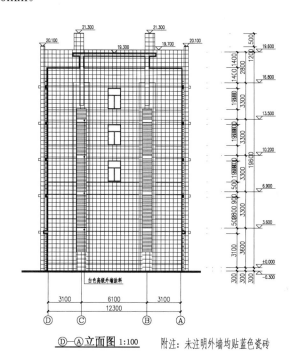

图 13-67　办公楼 D-A 立面图的效果

13.7　办公楼 1-1 剖面图的绘制

视频\13\办公楼1-1剖面图的绘制.avi
案例\13\办公楼1-1剖面图.dwg

在绘制建筑剖面图之前，首先应在建筑底（一）层平面图上作出相应的剖切符号，才能够绘制相应的剖面图。在本实例的办公楼 1-1 剖面图中，用户首先应根据如图 13-1 所示的一层平面图中剖切符号的指向，结合二至五层平面图、屋顶平面图和 5-1 立面图，绘制办公楼的 1-1 剖面图。

其中，1-1 剖切符号在旋转 180°后的一层平面图中，穿过 C-4 窗、C-4 窗、C-1 窗、C-1 窗、楼梯、C-2 窗，二层平面图中穿过 C-7 窗、C-7 窗、C-5 窗、C-5 窗、C-5 窗、C-5 窗、C-5 窗，屋顶平面图剖到 C-8 窗，以及绘制相应楼板和楼梯的剖面，最终效果如图 13-68 所示。

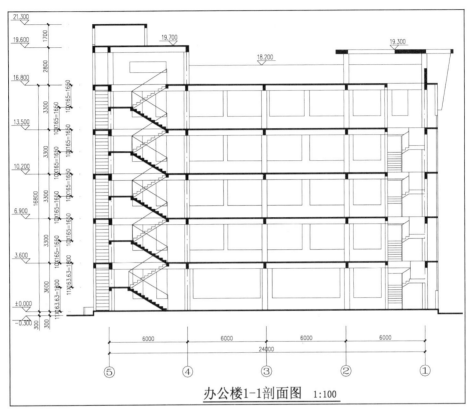

图 13-68　办公楼 1-1 剖面图的效果

 13.7.1　剖面图绘制文件的调用

在绘制办公楼 1-1 剖面图时，首先调用办公楼 5-1 立面图的绘图环境，将其另存为"办公楼 1-1 剖面图.dwg"文件。

（1）启动 AutoCAD 2014 软件，按下〈Ctrl+O〉组合键，在打开的"选择文件"对话框中，将"案例\13\办公楼 5-1 立面图.dwg"打开，如图 13-66 所示。

（2）按下〈Ctrl+Shift+S〉组合键，在打开的"图形另存为"对话框中将其另存为"案例\13\办公楼 1-1 剖面图.dwg"。

 13.7.2　剖面图外轮廓的绘制

将前面绘制的一层平面图文件插入，并旋转图形，然后隐藏多余的对象，只保留外轮廓对象，并进行偏移，形成楼层轮廓。

（1）接前例，执行插入命令（I），将"案例\13\办公楼一层平面图.dwg"文件插入到当前视图中，并隐藏散水、尺寸标注、轴线编号、标高、设施等图层，如图 13-69 所示。

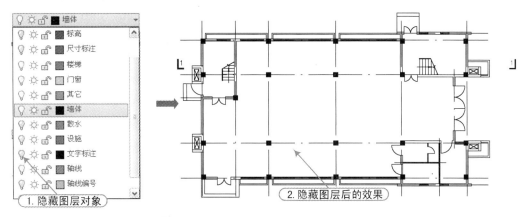

图 13-69　隐藏图层

（2）执行旋转命令（RO），将隐藏图层后的一层平面图图块旋转 180°，如图 13-70 所示。

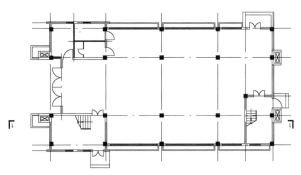

图 13-70　旋转平面图的效果

（3）单击"图层"面板的"图层控制"下拉列表框，分别将"0"层、门窗、文字标注、轴线编号、尺寸标注、标高、其他、填充等图层隐藏；再执行复制命令（CO），将轮廓水平向右复制一份，如图 13-71 所示。

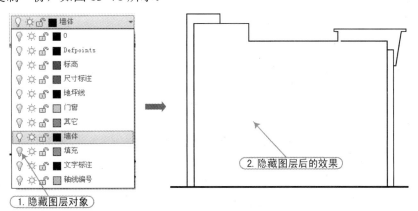

图 13-71　隐藏图层的效果

（4）单击"图层"面板的"图层控制"下拉列表框，选择"辅助线"图层为当前层。

（5）在键盘上按〈F8〉键切换到"正交"模式。执行偏移命令（O），将底侧的水平线段向上分别偏移 300mm、3600mm、3300mm、3300mm、3300mm 和 3300mm，如图 13-72 所示。

（6）执行修剪命令（TR），修剪掉多余的线段，结果如图 13-73 所示。

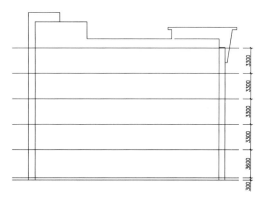

图 13-72　偏移水平线段

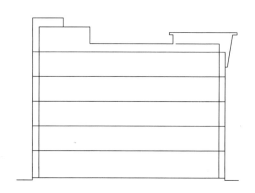

图 13-73　修剪多余的线段

 ### 13.7.3　剖面图楼板和墙体的绘制

将楼层线偏移、修剪和填充，形成剖面楼板对象，再绘制立柱轮廓，从而完成整个剖面图的细节轮廓对象的绘制。

（1）接前例，执行偏移命令（O），将水平线段分别向下各偏移 400mm 和 100mm，如图 13-74 所示。

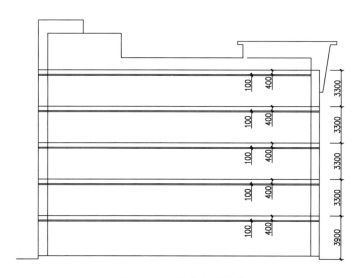

图 13-74　偏移水平线段

（2）执行偏移命令（O），将右侧的垂直线段向左各偏移 200mm、200mm、2600mm、200mm、2700mm、400mm、5800mm、400mm、5500mm、200mm、200mm、5400mm、200mm、200mm、1000mm 和 200mm，如图 13-75 所示。

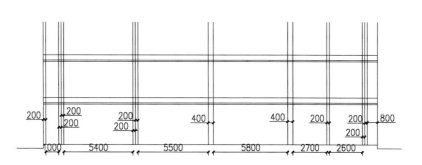

图 13-75　偏移垂直线段

（3）将偏移得到的水平线段和垂直线段转换为"楼板"图层。单击"图层"面板中的"图层控制"下拉列表框，选择"楼板"图层为当前图层。

（4）执行修剪命令（TR），修剪掉多余的线段；再执行图案填充命令（H），对楼板进行图案"SOLID"的填充，填充后的效果如图 13-76 所示。

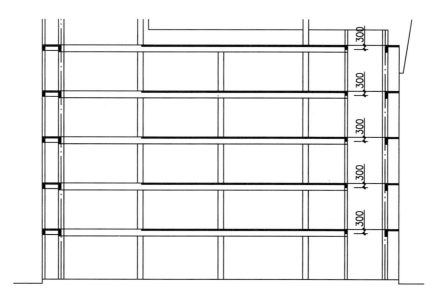

图 13-76　修剪和填充楼板

（5）执行修剪命令（TR），修剪掉多余的线段；再执行图案填充命令（H），对楼板进行图案"SOLID"的填充，填充后的效果如图 13-77 所示。

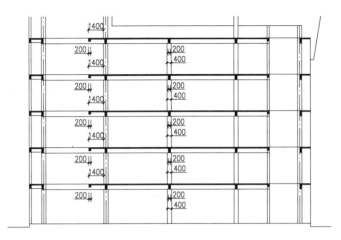

图 13-77　楼板填充

13.7.4　剖面图楼板的绘制

通过构造线、直线、复制、修剪和图案填充命令来绘制楼梯剖面平台、楼梯板和栏杆对象，并安装在相应的位置。

（1）接前例，执行多段线（PL）、图案填充（H）等命令，绘制楼梯平台处的楼板，如图 13-78 所示。

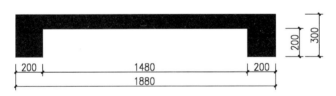

图 13-78　绘制的楼梯平台楼板

（2）单击"图层"面板中的"图层控制"下拉列表框，选择"楼梯"图层为当前图层。

（3）执行直线（L）、偏移（O）、多段线（PL）、删除（E）等命令，绘制夹角为 31° 的斜线段，再向上偏移 100mm；在底端绘制 280mm×165mm 的多段线，表示楼梯的踏步，如图 13-79 所示。

（4）执行复制（CO）、删除（E）等命令，将上一步绘制的踏步向右复制一份，再删除一个小踏步，结果如图 13-80 所示。

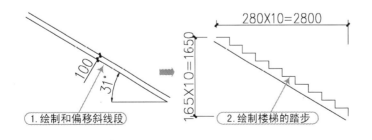

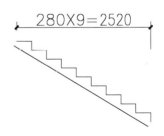

图 13-79　绘制的踏步（1）　　　　　　　　　　图 13-80　绘制的踏步（2）

（5）执行镜像（MI）、移动（M）等命令，将两部分踏步组合在一起，如图 13-81 所示。

（6）执行移动（M）、图案填充（MI）等命令，将前面绘制的楼梯平台楼板对象移动到楼梯踏步处，并填充底部的踏步，结果如图 13-82 所示。

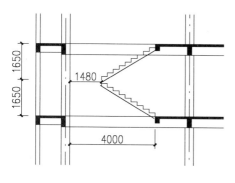

图 13-81　镜像的踏步

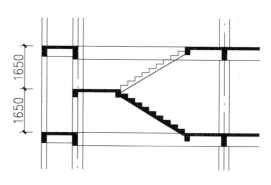

图 13-82　移动的楼梯

（7）单击"图层"面板中的"图层控制"下拉列表框，选择"栏杆"图层为当前图层。

（8）执行直线命令（L），在踏步上方绘制高为 1151mm 的线段，表示楼梯的栏杆，如图 13-83 所示。

（9）执行复制命令（CO），将楼梯对象分别复制到各楼层，如图 13-84 所示。

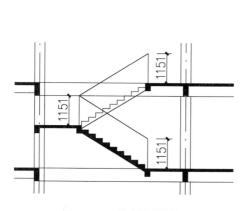

图 13-83　绘制楼梯栏杆

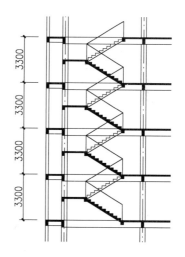

图 13-84　进行复制操作

（10）前面的标准层高为 3300mm，而底层楼高为 3600mm，所以首先应执行复制命令（CO），将标准层的楼梯对象复制一份，再参照前面相同的方法和如图 13-85 所示的尺寸，进行相应的编辑操作，使之符合要求。

（11）执行移动命令（M），将编辑后的楼梯对象移动到底层的位置，如图 13-86 所示。

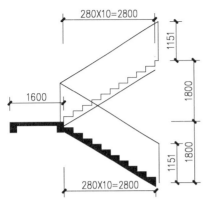

图 13-85　进行编辑操作

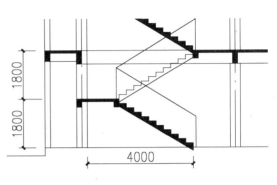

图 13-86　进行移动操作

（12）执行图案填充命令（H），选择图案"LINE"，比例为 2000，对左侧图形进行填充，结果如图 13-87 所示。

（13）单击"图层"面板的"图层控制"下拉列表框，选择"楼梯"图层为当前图层。

（14）执行直线命令（L），绘制如图 13-88 所示的图形。

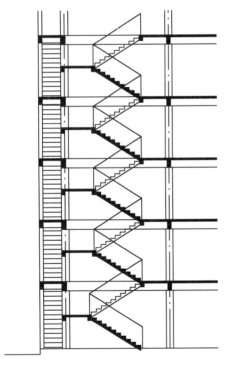

图 13-87　进行图案填充

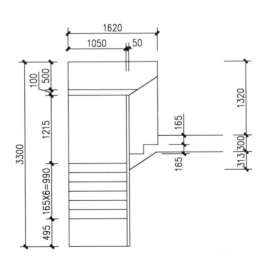

图 13-88　绘制图形（1）

（15）执行直线命令（L），绘制如图 13-89 所示的图形。

（16）执行复制命令（CO），将绘制的两个图形分别复制到右侧图形中，结果如图 13-90 所示。

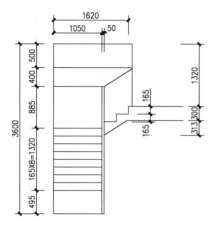

图 13-89　绘制图形（2）

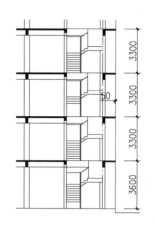

图 13-90　进行复制操作

 13.7.5　剖面图门窗的绘制

在办公楼的屋顶位置处绘制楼板对象，再分别绘制一、二层楼的剖面门窗对象，再通过复制的方法来绘制三至五层楼的剖面门窗对象，以及绘制屋顶门窗对象。

（1）接前例，单击"图层"面板中的"图层控制"下拉列表框，选择"门窗"图层为当前图层。

（2）执行直线命令（L），在右侧相应位置绘制如图 13-91 所示的线段。

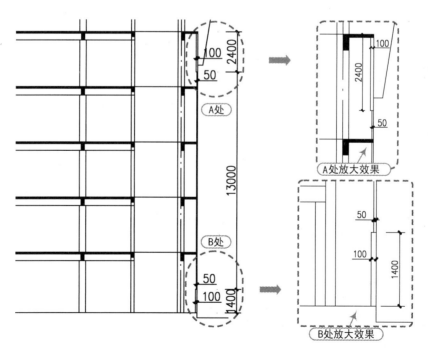

图 13-91　绘制窗线段

（3）单击"图层"面板中的"图层控制"下拉列表框，选择"楼板"图层为当前图层。

（4）执行直线（L）、偏移（O）、修剪（TR）、图案填充（H）等命令，绘制和填充线段，结果如图 13-92 所示。

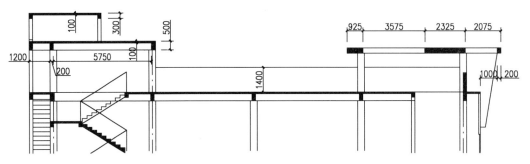

图 13-92　绘制屋顶的线段

（5）单击"图层"面板中的"图层控制"下拉列表框，选择"门窗"图层为当前图层。

（6）执行矩形命令（REC），在一层从左向右，分别绘制尺寸为 800mm×2200mm、5100mm×2200mm、2100mm×2200mm 的矩形，表示剖开的门窗对象 C4、C4、C1、C1 和 C2，如图 13-93 所示。

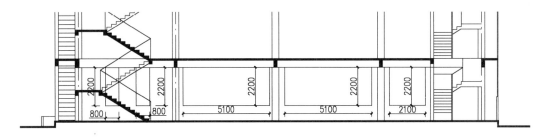

图 13-93　绘制一层的剖面门窗

（7）执行矩形命令（REC），在二层从左向右，分别绘制尺寸为 800mm×1900mm、2600mm×1900mm、2100mm×1900mm 的矩形，表示剖开的门窗对象 C7、C7、C5、C5、C5、C5 和 C5，如图 13-94 所示。

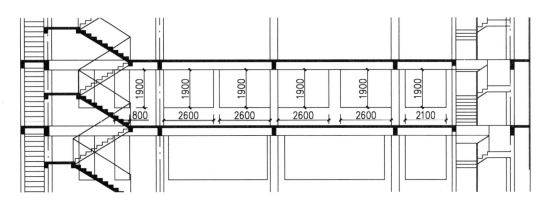

图 13-94　绘制二层剖面门窗

（8）执行复制命令（CO），将二层绘制的剖开门窗对象向三、四、五层以 3300mm 距离进行复制操作，结果如图 13-95 所示。

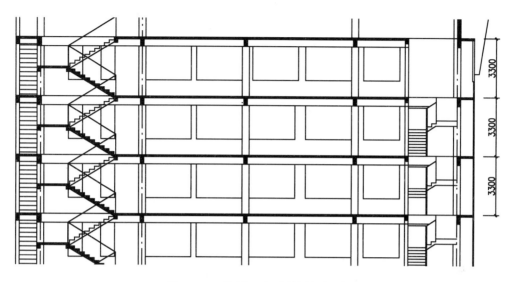

图 13-95　绘制三至五层的剖面门窗

（9）执行矩形命令（REC），分别绘制 2800mm×800mm、1200mm×1900mm 的矩形，表示 C8，如图 13-96 所示。

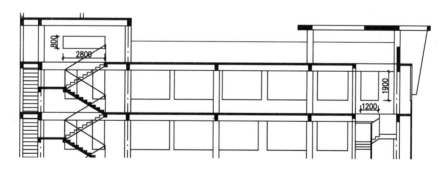

图 13-96　绘制屋顶的剖面门窗

 13.7.6　办公楼 1-1 剖面图的标注

首先，在图形的左侧、下侧进行尺寸标注，并插入标高对象和轴号，最后进行图名标注。

（1）单击"图层"面板中的"图层控制"下拉列表框，选择"尺寸标注"图层为当前图层。

（2）执行线性标注（DLI）和连续标注（DCO）等命令，对剖面图的左侧、底侧进行尺寸标注，效果如图 13-97 所示。

（3）单击"图层"面板中的"图层控制"下拉列表框，将"标高"图层设置为当前图层。

（4）执行插入命令（I），将"案例\13\标高.dwg"文件插入到图形左侧，并修改其属性值。

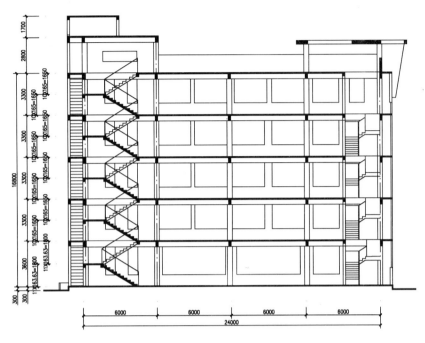

图 13-97   进行尺寸标注

（5）单击"图层"面板中的"图层控制"下拉列表框，将"轴线编号"图层设置为当前图层。

（6）执行插入命令（I），将"案例\13\轴线编号.dwg"文件插入到图形底侧，并修改其属性值，如图 13-98 所示。

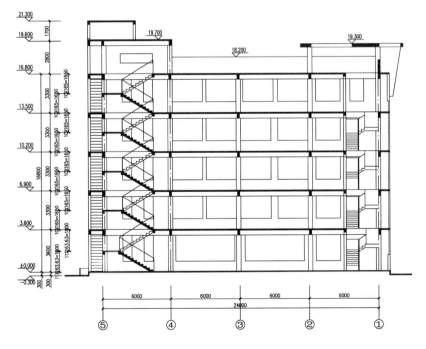

图 13-98   进行标高和轴号标注

（7）单击"图层"面板中的"图层控制"下拉列表框，选择"文字标注"图层为当前图层。

（8）再单击"注释"选项板中的"文字"面板，选择"图名"文字样式。

（9）执行单行文字（DT）、多段线（PL）等命令，输入文字内容，图名和比例的大小分别为700和500；并在图名的下侧绘制一条宽度为50、与文字标注大约等长的水平多线段，如图13-99所示。

办公楼1-1平面图　1:100

图13-99　进行图名标注

（10）至此，该办公楼1-1剖面图已经绘制完毕，用户可按〈Ctrl+S〉组合键进行保存。

软件技能　13.8　办公楼楼梯平面图的绘制

视频\13\办公楼楼梯平面图的绘制.avi
案例\13\办公楼楼梯平面图.dwg

在绘制办公楼楼梯平面图时，首先调用其一层平面图的绘图环境，将其另存为"办公楼楼梯平面图.dwg"文件。绘制完一层楼梯平面图后，复制三份，再进行相应的编辑，从而绘制二层、三～五层、屋面楼梯平面图，最终效果如图13-100所示。

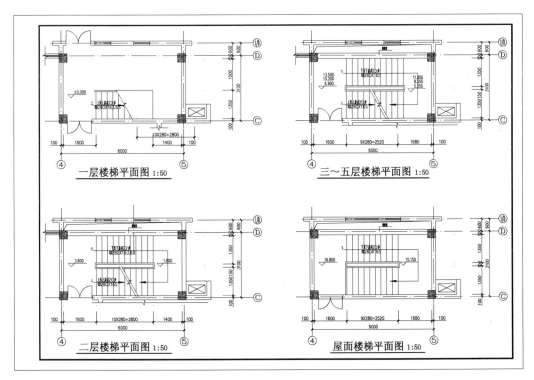

图13-100　办公楼各楼梯平面图的效果

（1）启动 AutoCAD 2014 软件，按下〈Ctrl+O〉组合键，在打开的"选择文件"对话框中，将"案例\13\办公楼一层平面图.dwg"打开。

（2）按下〈Ctrl+Shift+S〉组合键，在打开的"图形另存为"对话框中将其另存为"案例\13\办公楼楼梯平面图.dwg"文件。

（3）执行复制命令（CO），将一层平面图中楼梯位置的图形对象复制一份，如图 13-101 所示。

（4）执行删除（E）、修剪（TR）、直线（L）等命令，将复制后图形中多余的对象删除掉；并在左上、右下处绘制表示折断符号的线段，结果如图 13-102 所示。

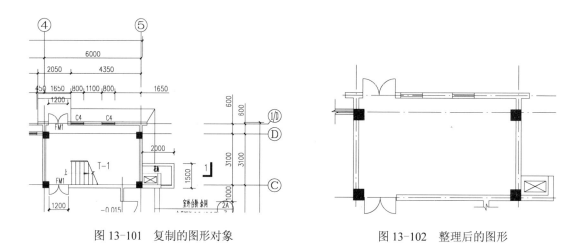

图 13-101　复制的图形对象　　　　　　图 13-102　整理后的图形

（5）单击"图层"面板中的"图层控制"下拉列表框，选择"柱子"图层为当前图层。

（6）在键盘上按〈F8〉键切换到"正交"模式。

（7）执行图案填充命令（H），删除之前在一层平面图中对柱子对象填充的"SOLID"图案，重新填充图案"ANSI31+AR_CONC"，比例分别为 300 和 10，表示剖开后的柱子，如图 13-103 所示。

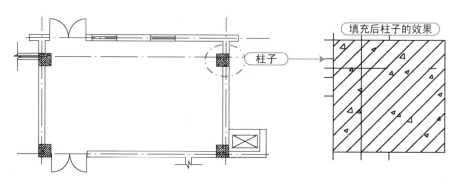

图 13-103　填充柱子

专业技能

楼梯是楼层垂直交通的必要设施，由梯段、平台和栏杆（或栏板）扶手组成。

一般情况，每一层楼都要画出相应的楼梯平面图。对于三层以上的房屋建筑，若中间各层的楼梯位置及其梯段数、踏步数和大小都相同，通常只画出底层、中间（标准）层和顶层三个平面图。三个楼梯平面图画在同一张图纸内，并互相对齐，以便于阅读。

楼梯平面图的剖切位置，是在该层往上走的第一梯段（休息平台下）的任一位置处。各层被剖切到的梯段，按"国标"规定，均在平面图中用一条45°的折断线表示。在每一梯段处画有一长箭头，并注写"上"或"下"字和步级数，表明从该层楼（地）面往上或往下走多少步级可达到上（或下）一层的楼（地）面。

各层平面图中应标出该楼梯间的轴线，在底层平面图最好标注楼梯剖面图的剖切符号，具体依实际情况而定。

（8）单击"图层"面板中的"图层控制"下拉列表框，选择"楼梯"图层为当前图层。

（9）执行矩形（REC）、分解（X）、偏移（O）、直线（L）、多段线（PL）等命令，绘制一层的楼梯，其中方向箭头起点为80，末端为0，折断线为45°，如图13-104所示。

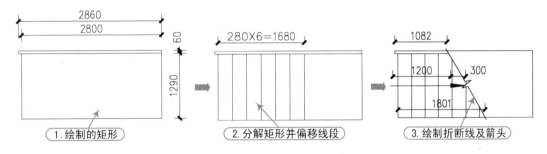

图13-104 绘制的一层楼梯

（10）执行编组命令（G），将绘制的楼梯编组成一个整体。

（11）执行移动命令（M），将编组的楼梯移动到整理后的平面图中，距离左侧内墙线1600mm，如图13-105所示。

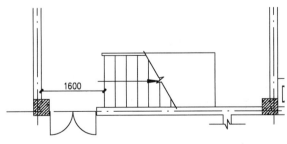

图13-105 移动的一层楼梯

（12）使用前面相同的方法，再打开"案例\13\办公楼二~五层平面图.dwg"文件；由于二~五层平面图属于本案例中标准层的平面图，因此可以只复制任何一层楼梯位置的图形对象，结果如图13-106所示。

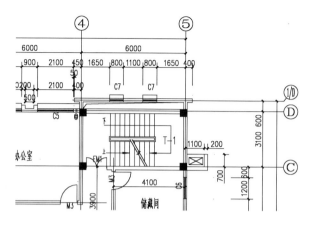

图 13-106　复制的标准层图形对象

（13）执行删除（E）、修剪（TR）、直线（L）等命令，将复制后图形中多余的对象删除掉；并在左上、右下处绘制表示折断符号的线段；再执行图案填充命令（H），重新填充图案"ANSI31+AR_CONC"，比例分别为 300 和 10，表示剖开后的柱子，结果如图 13-107 所示。

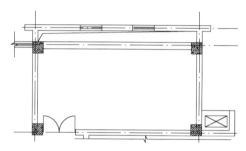

图 13-107　填充柱子

（14）执行矩形（REC）、分解（X）、偏移（O）、直线（L）、多段线（PL）等命令，绘制一层的楼梯，其中方向箭头起点为 80，末端为 0，折断线为 45°，如图 13-108 所示。

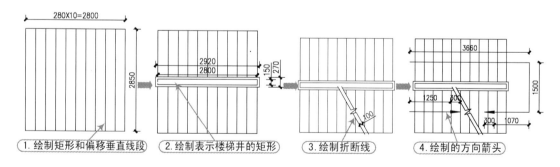

图 13-108　绘制的标准层楼梯

（15）执行编组命令（G），将绘制的楼梯编组成一个整体。

（16）执行移动命令（M），将编组的楼梯移动到整理后的平面图中，距离左侧内墙线 1600mm，如图 13-109 所示。

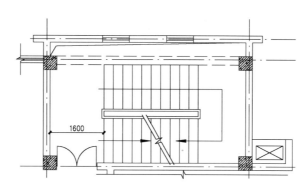

图 13-109 移动的标准层楼梯

（17）执行复制命令（CO），将绘制好的标准层（二~五层）楼梯平面图复制两份，由于二层楼梯与一层楼梯相接，所以其中一份用来表示二层楼梯平面；另一份用来表示屋面楼梯平面；再进行相应的编辑操作，结果如图 13-110 所示。

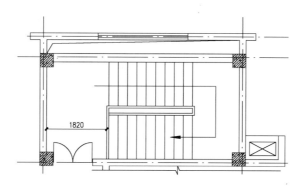

图 13-110 编辑后的屋面楼梯平面

由于屋面楼梯是顶层楼梯，所以在图形表示上与标准层楼梯有所区别，需要将已经编组的对象"取消编组"操作，可单击"常用"选项卡中"组"面板中的按钮，对其进行删除、修剪等操作，使之符合设计的需要，再对楼梯对象进行"编组"操作。

（18）接下来进行各楼梯平面图的相关标注。单击"图层"面板中的"图层控制"下拉列表框，分别选择"尺寸标注"、"标高"、"轴线编号"、"文字标注"图层为当前图层。

（19）执行线性标注（DLI）和连续标注（DCO）等命令，对一层楼梯平面图进行尺寸标注。

（20）单击"图层"面板中的"图层控制"下拉列表框，将"标高"图层设置为当前图层。

（21）执行插入命令（I），将"案例\13\标高.dwg"文件插入到图形左侧，并修改其属性值。

（22）单击"图层"面板中的"图层控制"下拉列表框，将"轴线编号"图层设置为当前图层。

（23）执行插入命令（I），将"案例\13\轴线编号.dwg"文件插入到图形底侧，并修改其属性值，如图 13-111 所示。

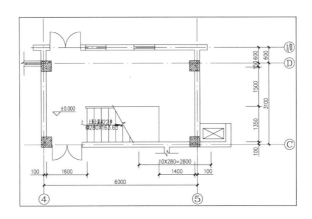

图 13-111　进行标注

（24）再单击"注释"选项板中的"文字"面板，选择"图名"文字样式。

（25）执行单行文字（DT）、多段线（PL）等命令，输入文字内容，图名和比例的大小分别为 350 和 250；并在图名的下侧绘制一条宽度为 20、与文字标注大约等长的水平多线段，如图 13-112 所示。

一层楼梯平面图 1:50

图 13-112　进行图名标注

（26）使用相同的方法，对二层、三～五层、屋面楼梯平面图进行标注，结果如图 13-113～图 13-115 所示。

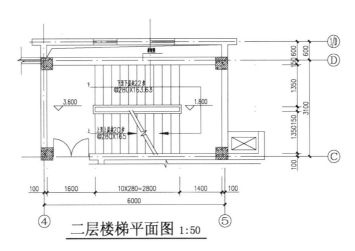

图 13-113　二层楼梯平面图的标注

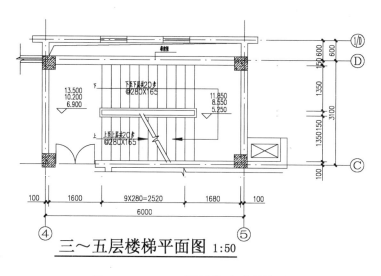

图 13-114　三～五层楼梯平面图的标注

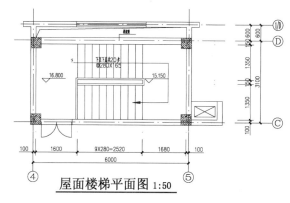

图 13-115　屋面楼梯平面图的标注

（27）至此，该办公楼楼梯平面图已经绘制完毕，用户可按〈Ctrl+S〉组合键进行保存。

　13.9　办公楼其他建筑施工图的演练　

　视频\13\无
　　　案例\13\办公楼相关施工图.dwg

　　办公楼其他相关的施工图包括 T-2 楼梯一层平面图、二～四层平面图、五层平面图、A-A 剖面图、B-B 剖面图、C-C 剖面图，以及其他建筑详图等，图形效果如图 13-116～图 13-119 所示。

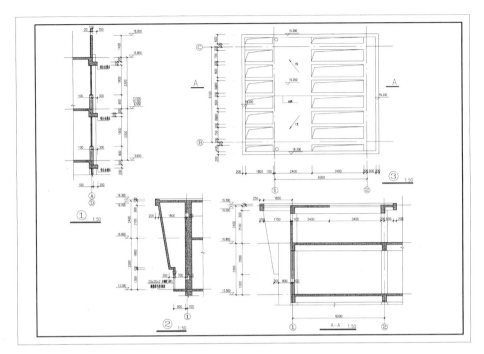

图 13-116　屋顶相关施工图

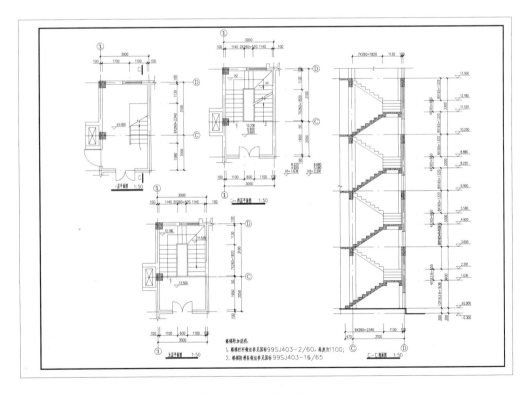

图 13-117　楼梯相关施工图

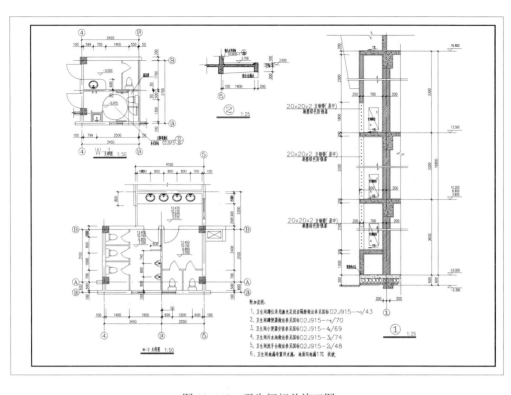

图 13-118　卫生间相关施工图

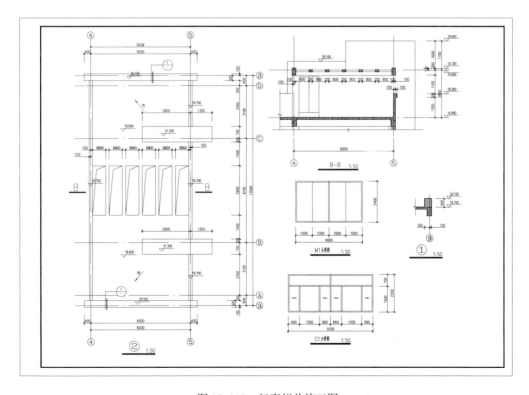

图 13-119　门窗相关施工图